明日之星教研中心　编著

孩子们的编程书

Scratch编程进阶 图形化

上

内容简介

本书是“孩子们的编程书”系列里的《Scratch编程进阶：图形化》分册。本系列图书共分6级，每级两个分册，书中内容结合孩子的学习特点，从编程思维启蒙开始，逐渐过渡到Scratch图形化编程，最后到Python编程，通过简单有趣的案例，循序渐进地培养和提升孩子的数学思维和编程思维。本系列图书内容注重编程思维与多学科融合，旨在通过探究场景式软件、游戏开发应用，全面提升孩子分析问题、解决问题的能力，并养成良好的学习习惯，提高自身的学习能力。

本书基于Scratch图形化编程语言编写而成，分为上、下两册。上册以Scratch基础及编程基本结构为主，通过开发游戏引导孩子掌握Scratch编程基础，培养孩子的编程思维和创新意识；下册以实际应用及Scratch进阶内容为主，通过每课完成一个游戏设计任务，使孩子能够熟练掌握Scratch编程，并能够用编程的思维去解决实际生活中遇到的问题。全书共24课，每课均以一个完整的作品制作为例展开讲解，让孩子边玩边学，同时结合思维导图的形式，启发和引导孩子去思考和创造。

本书采用全彩印刷＋全程图解的方式展现，每节课均配有微课教学视频，还提供所有实例的源程序、素材，扫描书中二维码即可轻松获取相应的学习资源，大大提高学习效率。

本书特别适合中小学生进行图形化编程初学使用，适合完全没有接触过编程的家长和小朋友一起阅读。对从事编程教育的老师来说，这也是一本非常好的教程。本书可以作为中小学兴趣班以及相关培训机构的教学用书，也可以作为全国青少年编程能力等级测试的参考教程。

图书在版编目（CIP）数据

Scratch编程进阶：图形化：上、下册/明日之星教研中心编著. —北京：化学工业出版社，2023.1
ISBN 978-7-122-42314-6

Ⅰ.①S… Ⅱ.①明… Ⅲ.①程序设计-少儿读物
Ⅳ.①TP311.1-49

中国版本图书馆CIP数据核字（2022）第184519号

责任编辑：曾　越　周　红　雷桐辉　　装帧设计：水长流文化
责任校对：田睿涵

出版发行：化学工业出版社（北京市东城区青年湖南街13号　邮政编码100011）
印　　装：中煤（北京）印务有限公司
787mm×1092mm　1/16　印张$15^1/_2$　字数216千字　2023年3月北京第1版第1次印刷

购书咨询：010-64518888　　售后服务：010-64518899
网　　址：http://www.cip.com.cn
凡购买本书，如有缺损质量问题，本社销售中心负责调换。

定　　价：108.00元（上、下册）　

——写给孩子们的话

嗨，大家好，我是《Scratch编程进阶：图形化》。当你看到这里的时候，说明你已经欣赏过我漂亮的封面了，但在这漂亮封面的里面，其实有更值得你去发现的内容……

认识我的小伙伴

本书中，我的小伙伴们会在每课前面跟大家见面，有博学的精奇博士、喜欢探索的乐乐、来自仙女星系呆萌的卡洛、来自盾牌座UY正义的圆圆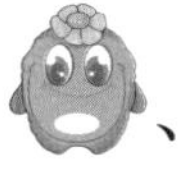、来自木星喜欢创造的木木，以及来自明日之星的智慧的小明。

学习中游戏　游戏中学习

“玩游戏咋那么起劲呢，学习就不能像你玩游戏一样吗？”“要是孩子学习像玩游戏一样积极该多好啊！”你们的爸爸妈妈是不是总说类似的话。

本书是学习Scratch编程的教程，结合多种情景和游戏设计，融合语文、数学、英语、科学等相关知识。有趣的游戏项目能让我们愉快地学习，多学科知识的融合应用能帮助我们提高分析问题、解决问题的能力，使我们以后遇到各种问题时，都能冷静分析解决，战胜各种难题！

漫画引入

每课均从精奇博士、乐乐、卡洛、圆圆、木木和小明之间发生的一系列有趣的故事开始，快点来看看都发生了哪些好玩的事情吧！

任务探秘

上节课中，我们一起帮助小猫成功地到达了学校，并且帮助小猫买了橙子。猫妈妈为了奖励小猫，允许他去游乐场玩一天，小猫开心地走出家门。但是小猫刚走出家门就犯了难，游乐场在哪里呢？下面请你帮小猫走到游乐场吧，街道如图2.1所示！

根据上面的任务要求，思考一下如何让小猫到达游乐场呢？小猫前进线路应该如图2.2所示，根据图2.2所示路线图规划本课程序流程，如图2.3所示。

游戏情景式学习

通过有趣的情景或者游戏引出本课任务，并用流程图形式帮你理清学习思路。

探索实践

1.有限重复执行

实现本课任务时，如果使用上节课的知识，可以得到如图2.4所示的程序（提示：每个格子需要走60步）。

观察图2.4所示代码，我们看到代码比较长，而且其中有很多重复的代码！遇到这种情况，可以通过循环结构简化代码。

循环，即重复执行一些代码。如果执行的代码有次数限制，可以使用“有限重复执行”，相当于重复执行有限次数的代码段，它的使用可以让程序变得更加简洁，如图2.5所示。生活中也有很多“有限重复执行”的例子，例如：绕着操场跑3圈、写10遍大字、吃5个苹果等。

实践 + 探索学习方式

本书使用Scratch软件，通过实际动手实践的方式引导、探索完成任务，激发主动学习意识，挖掘内在潜力。

挑战无处不在

学习最重要的是“学会”，书中设计的挑战空间栏目，让你勇于挑战自己，并且可以通过知识卡片巩固学到的内容。

小猫现在想去同学家玩，图2.12是同学家的位置示意图，请运用本课所学知识，设计一个程序，帮助小猫走到同学家吧！

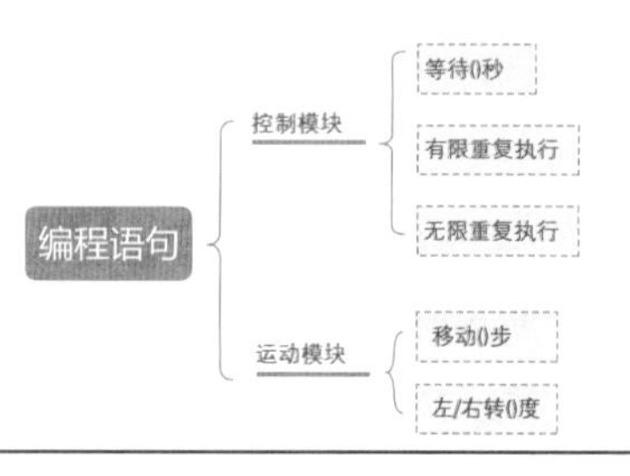

本书的学习方法

方法1　循序渐进地学习，多动手

本书知识按照从易到难的结构编排，所以我们建议从前往后，并按照每课内容循序渐进地学习。在学习过程中，一定要多动手实践（本书使用Scratch开发工具进行实践，其下载、安装及使用请参见本书附录或二维码）。

方法2　经常复习，多思考

天才出自勤奋，很少有人能做到过目不忘！只有多温故复习，并且在学习过程中多思考，培养自己的思维能力，久而久之，才能做到“熟能生巧”。

方法3　要有耐心，编程思维并不是一朝形成的

每次学习时间最好控制在45分钟以内，每课可以分为两次学习。编程思维从来不是一朝一夕就能培养起来的，唯有坚持，才有可能成就更好的自己。

方法4　邀请爸爸妈妈一起参与吧

在学习时，邀请爸爸妈妈一起参与其中吧！本书提供了程序运行效果和微课视频，需要配合电子产品使用，这也需要爸爸妈妈的帮助，你才能更好地利用这些资源去学习。

要感谢的人

在本书编写过程中，我们征求了全国各地很多优秀教师和教研人员的意见，书稿内容由常年从事信息技术教育的优秀教师审定，全书漫画和图画素材由专业团队绘制，在此表示衷心的感谢。

在编写过程中，我们以科学、严谨的态度，力求精益求精，但疏漏之处在所难免，衷心希望您在使用本书过程中，如发现任何问题或者提出改善性意见，均可与我们联系。

- 微信：明日IT部落
- 企业QQ：4006751066
- 联系电话：400-675-1066、0431-84978981

明日之星教研中心

如何使用本书

本书分上、下册，共24课，每课学习顺序是一样的，先从开篇漫画开始，然后按照任务探秘、规划流程、探索实践、编程实现和挑战空间的顺序循序渐进地学习，最后是知识卡片。学习顺序如下：（本书使用Scratch平台进行实践，其下载、安装及使用请参见本书上册附录。）

小勇士，快来挑战吧！

- 开篇漫画：知识导引
- 任务探秘：任务描述、预览任务效果
- 规划流程：理清思路
- 探索实践：探索知识、学科融合
- 编程实现：编码测试
- 挑战空间：挑战巅峰
- 知识卡片：思维导图总结

互动App——一键扫码、互动学习

微课视频——解除困惑、沉浸式学习

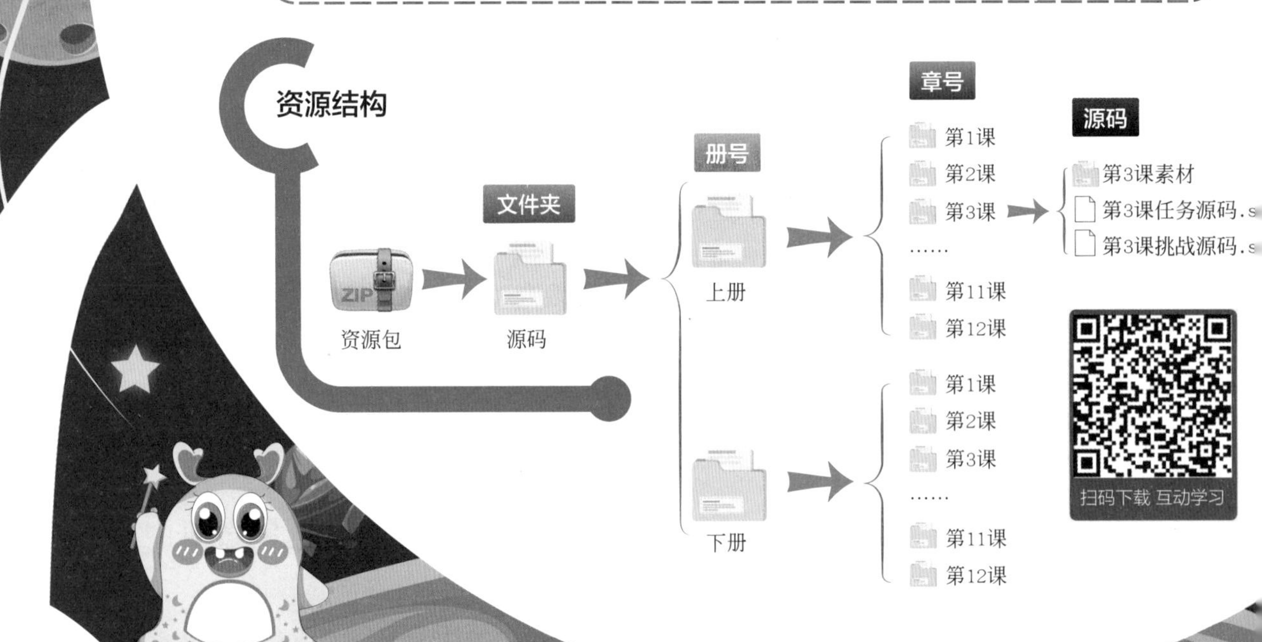

人物介绍

一天傍晚，依林小镇东方的森林里出现一个深坑，从造型奇特的飞行器中走出几个外星人，来自外太空的卡洛和他的小伙伴们就这样带着对地球的好奇在小镇生活下来。

卡洛（仙女星系）

关键词：机灵 呆萌

来自距地球254万光年的仙女星系，对地球的一切都很感兴趣，时而聪明，时而呆萌，乐于助人。

圆圆（盾牌座UY）

关键词：正义 可爱

来自一颗巨大的恒星——盾牌座UY，活泼可爱，有点娇气，虽然偶尔在学习上犯小迷糊，但正义感十足。

木木（木星）

关键词：爱创造 憨厚

性格憨厚，总因为抵挡不住美食诱惑而闹笑话，但对于数学难题经常有令人惊讶的新奇解法。

小明（明日之星）

关键词：智慧 乐观

充满智慧，学习能力强，总能让难题迎刃而解。精通编程算法，有很好的数学思维和逻辑思维。平时有点小骄傲。

精奇博士（地球）

关键词：博学 慈爱

行走的“百科全书”，无所不知，喜欢钻研。经常教给小朋友做人的道理和有趣的编程、数学知识。

乐乐（地球）

关键词：爱探索 爱运动

依林小镇的小学生，喜欢天文、地理；爱运动，尤其喜欢玩滑板。从小励志成为一名伟大的科学家。

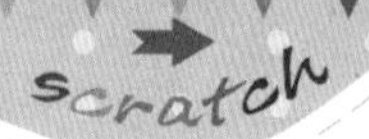

目录

Scratch

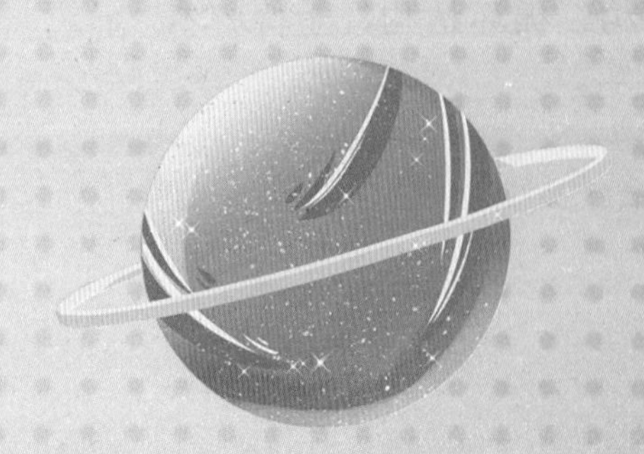

第1课

去上学的小猫

本课学习目标

- 熟悉 Scratch 软件的界面
- 初识程序结构中的顺序结构
- 学习使用程序控制角色移动、旋转的方法

扫描二维码
获取本课资源

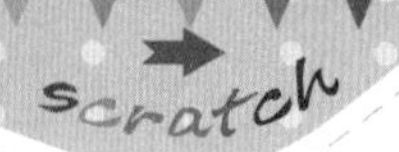

任务探秘

本书将带领大家走进神奇的编程世界，我们将使用Scratch（一款用来编程的软件）来制作各种有趣的程序，充分发挥想象，让编程带给我们快乐。首先我们一起来认识一下Scratch吧。

- 名字：Scratch
- 别名：全球少儿图形化编程工具（语言）
- 技能：通过拼接图形化的积木代码，让大家更容易理解编程，并且能够使用它制作功能各异的程序。

当我们第一次打开Scratch时，会发现一个特别的角色——小猫，如图1.1所示，他是Scratch的代表人物，我们可以根据情况选择是否使用他。

图1.1　Scratch中的小猫

那么，今天我们要让他完成什么任务呢？

其实，本课的任务非常简单，图1.2是一张街道示意图，乐乐为小猫设计了一条去上学的路，但是没有指令，小猫不知道该如何到达学校，请你按照街道路线图设计程序，帮助小猫成功到达学校。

规划流程

根据上面的任务要求，小猫到达学校的线路如图1.3所示，根据线路图可以得出如图1.4所示的流程图。

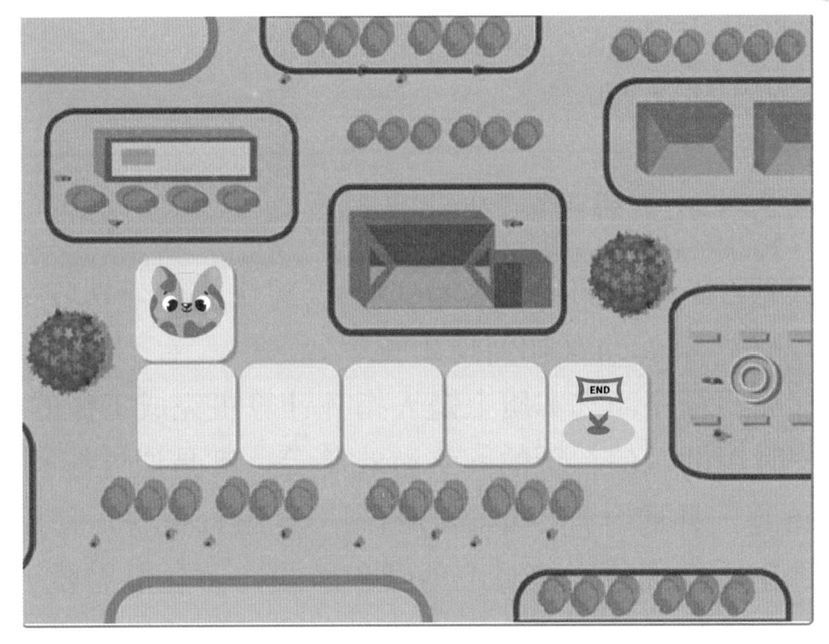

图 1.2　本课任务图

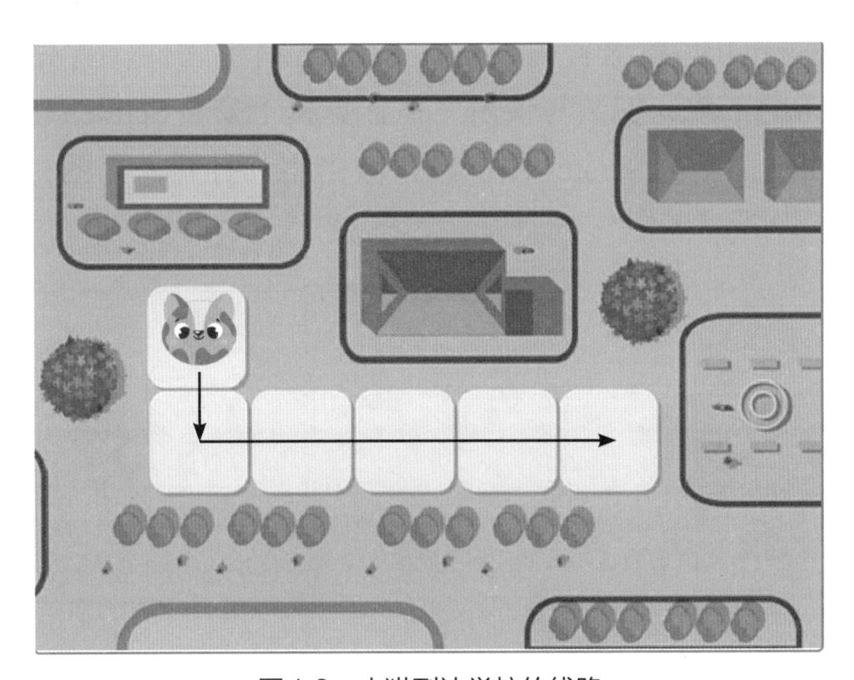

图 1.3　小猫到达学校的线路

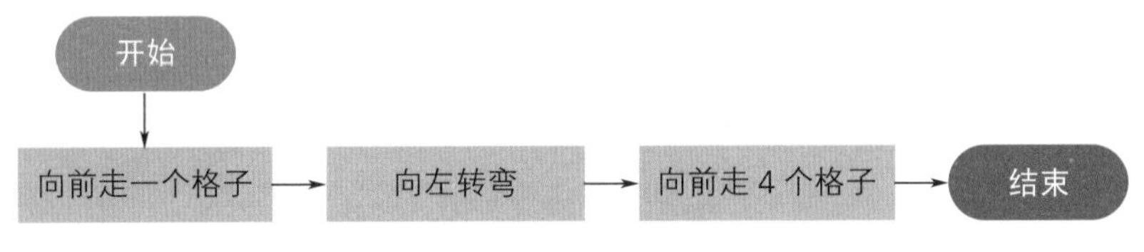

图 1.4　流程图

1. 认识Scratch界面

前面提到，本节课将使用Scratch编程实现让小猫到达学校，那么什么是编程呢？Scratch又如何使用呢？

编程即编写程序，它本质上是人指挥计算机完成工作的一个过程，例如我们平时用的微信、玩的网络游戏等等，都是通过编程实现的。

Scratch是一种适合青少年学习的图形化编程语言，使用它可以很容易地创造出交互式故事情节、动画和游戏，而且不需要用键盘打太多的字，只要像搭积木一样把命令语句一块一块地堆叠起来，然后计算机就会从上到下一块积木一块积木地执行指令了。

使用Scratch编程语言需要运用Scratch编程软件。首先按照“附录　Scratch的下载、安装与使用”在计算机上安装Scratch软件，然后找到计算机桌面上的Scratch图标，双击将其打开，如图1.5所示。

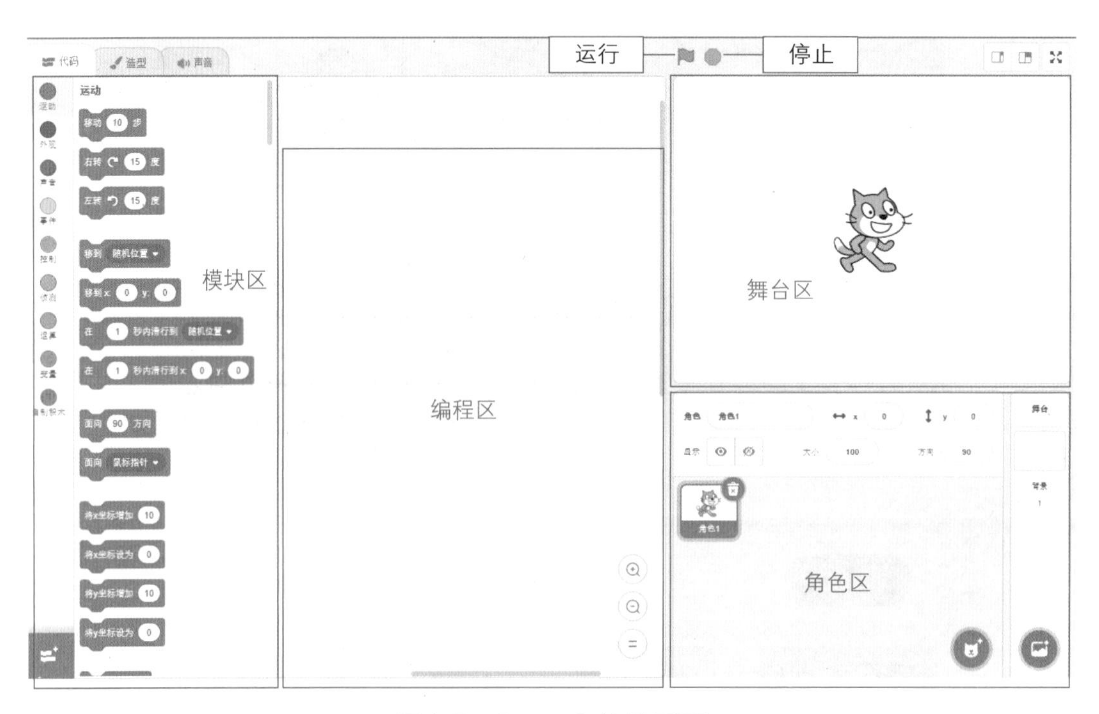

图1.5　Scratch软件界面

Scratch软件界面包含编程区、角色区、模块区和舞台区，分别如下：

- 编程区：这一区域是用来编写程序的地方，角色会按照设计的程序脚本进行活动。
- 角色区：这里放置着参加演出的所有角色和所需要的舞台背景。
- 模块区：由3种类型的积木组成，分别是代码、造型和声音。代码类积木里是编写程序时用到的指令；造型类积木里有各种角色的多种造型；声音类积木里有各种声音，如小牛“哞哞”的叫声，汽车的喇叭声等，也可以根据需要自己录制声音。
- 舞台区：就像舞台一样，我们编写的程序的最终效果将会在这一区域进行展示。

在舞台区的上方有两个图标，和生活中的红绿灯很像，小绿旗代表程序开始运行，红色的多边形图标代表停止程序的运行。

2.让小猫向前走

熟悉了Scratch软件的界面后，那么如何让角色在Scratch中移动呢？在运动模块（如图1.6所示）中找到“移动”积木，将其拖到编程区。

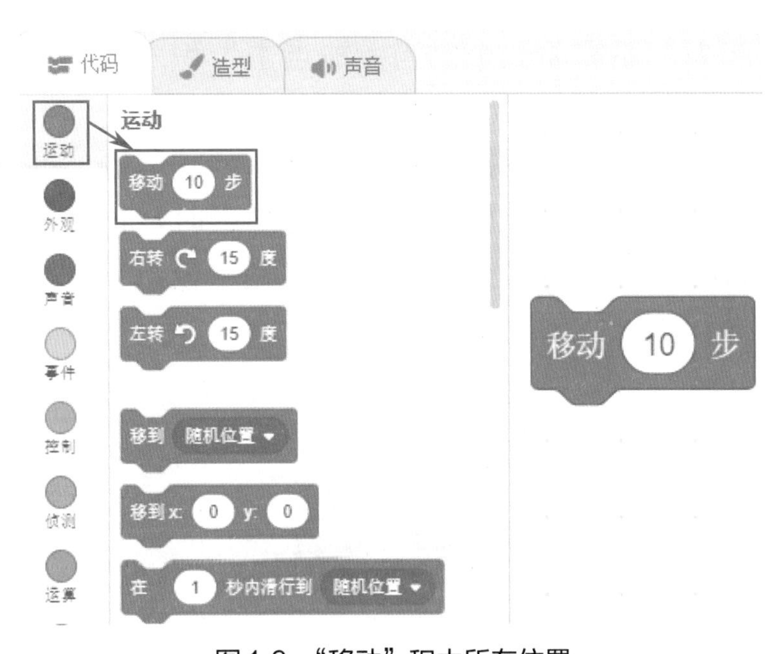

图1.6 “移动”积木所在位置

如果将移动积木里面的数字修改为1、20、–20，那么会产生什么样的效果呢？为什么会出现这样的不同？

小知识

正数和负数是数学术语，比0大的数叫正数，比0小的数叫负数。正数与负数表示意义相反的量。正数前面有一个符号“+”，通常可以省略不写，负数用负号“–”和一个正数标记，如–2，代表的就是2的相反数。在数轴线上，正数都在0的右侧，负数都在0的左侧，如图1.7所示。

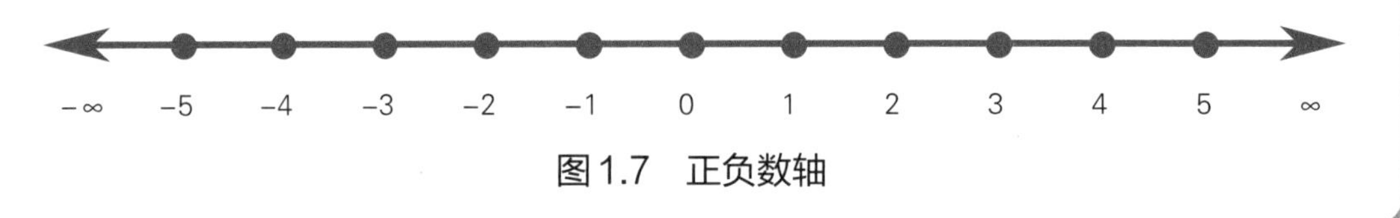

图1.7　正负数轴

3. 拼接积木

只把“移动10步”积木拖到编程区，并不能让小猫动起来。如果想让小猫动起来，还需要一个“当🏳被点击”积木，并将这两个积木拼接在一起。那么如何在Scratch中拼接积木呢？

拼接积木时，使用鼠标拖拽想要的积木到编程区，并移动到编程区原有的积木附近，当两个积木中间出现阴影时，松开鼠标，即可完成拼接。例如，将“移动10步”积木和“当🏳被点击”积木拼接在一起的效果如图1.8所示。

图1.8　拼接积木

4.让小猫等待

在Scratch中，如果想让小猫执行完一个操作后等待一下，可以使用控制模块中的“等待”积木，如图1.9所示，使用时将其拖放到指定积木的下方即可。

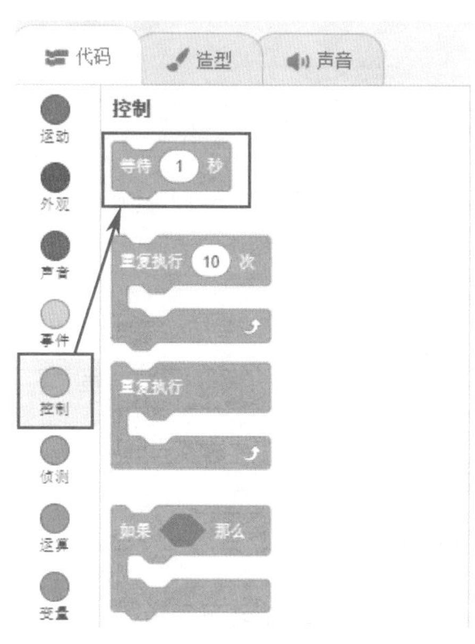

图1.9 “等待”积木

5.让小猫转弯

本课任务中，小猫需要实现转弯功能，这时可以使用运动模块中的“左转”和“右转”积木，如图1.10所示。

图1.10 “左转”和“右转”积木

根据需要将左转或右转积木拖放到编程区指定积木下方，并改变默认的旋转角度“15”后，单击▶运行程序，可以看到小猫的旋转效果，如图1.11所示。

图1.11　小猫的旋转效果

有公共端点的两条射线组成的图形叫做角，符号：∠。公共端点是角的顶点，两条射线是角的两条边。角的分类主要有以下3种：

锐角：大于0°，小于90°的角叫做锐角。

直角：等于90°的角叫做直角。

钝角：大于90°而小于180°的角叫做钝角。

3种不同角的示意图如图1.12所示。

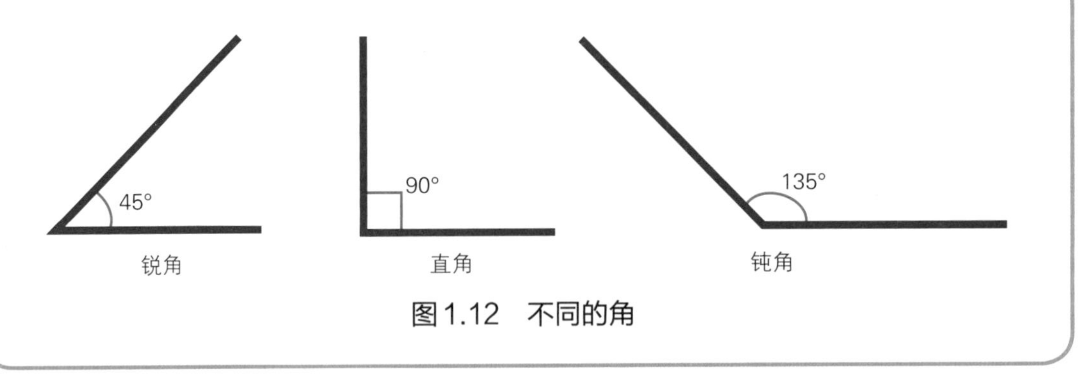

图1.12　不同的角

6.顺序结构

当我们在一个角色的编程区中拼接出一组积木后，程序将按照从

上往下的顺序运行。例如，本课任务中，小猫需要先向前走一个格子（62步），然后左转90度，则可以编写代码如图1.13所示。

图1.13　小猫向前走1格并左转90度

如图1.13所示的程序，在单击绿旗按钮运行时，是按照从上到下的顺序依次执行的，类似这样的程序结构，叫作顺序结构，其执行流程如图1.14所示。

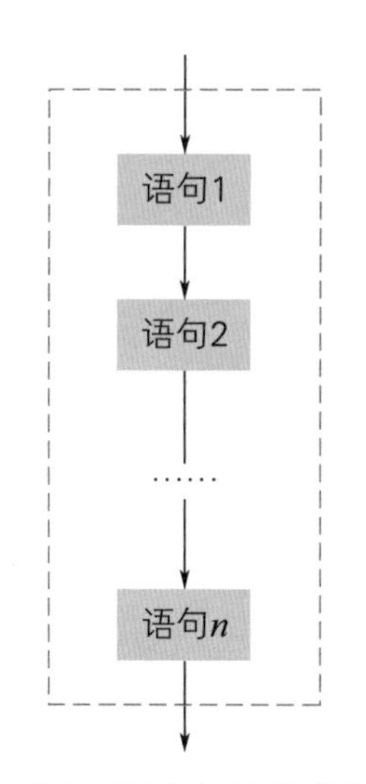

图1.14　顺序结构执行流程

小猫先向前走62步相当于一个格子，等待1秒后再进行左转，每隔1秒再向前走一个格子，共走4个格子。具体程序如图1.15所示。

当 被点击
等待 1 秒
移动 62 步
等待 1 秒
左转 90 度
等待 1 秒
移动 62 步
等待 1 秒
移动 62 步
等待 1 秒
移动 62 步
等待 1 秒
移动 62 步
程序开始
等待1秒，以观察运动轨迹
向前移动1个格子
等待1秒，以观察运动轨迹
向左转90度
等待1秒，以观察运动轨迹
向前移动1个格子
等待1秒，以观察运动轨迹
向前移动1个格子
等待1秒，以观察运动轨迹
向前移动1个格子
等待1秒，以观察运动轨迹
向前移动1个格子

图1.15　程序图

说明

（1）图1.15实现本课任务时，增加了很多“等待( )秒”积木，主要作用是，每执行一步操作后，有一个等待操作，方便观察小猫的运动轨迹。

（2）由于Scratch软件每次点击绿旗时，角色都从当前位置出发，因此每次需要将角色位置复原，可以通过如图1.16所示代码复原角色的位置。该代码单独为角色编写即可，后面涉及时将不再重复提示。

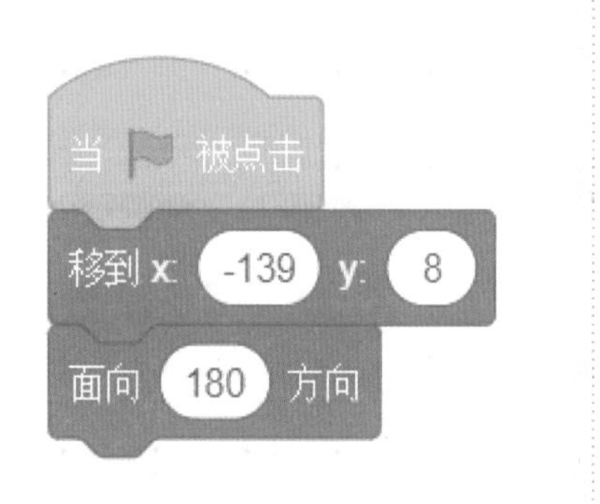

图1.16　复原角色位置

挑战空间

妈妈要做橙汁，可是家里的橙子吃光了，小猫自告奋勇去买，请根据图1.17设计程序，帮助小猫到达水果摊终点。

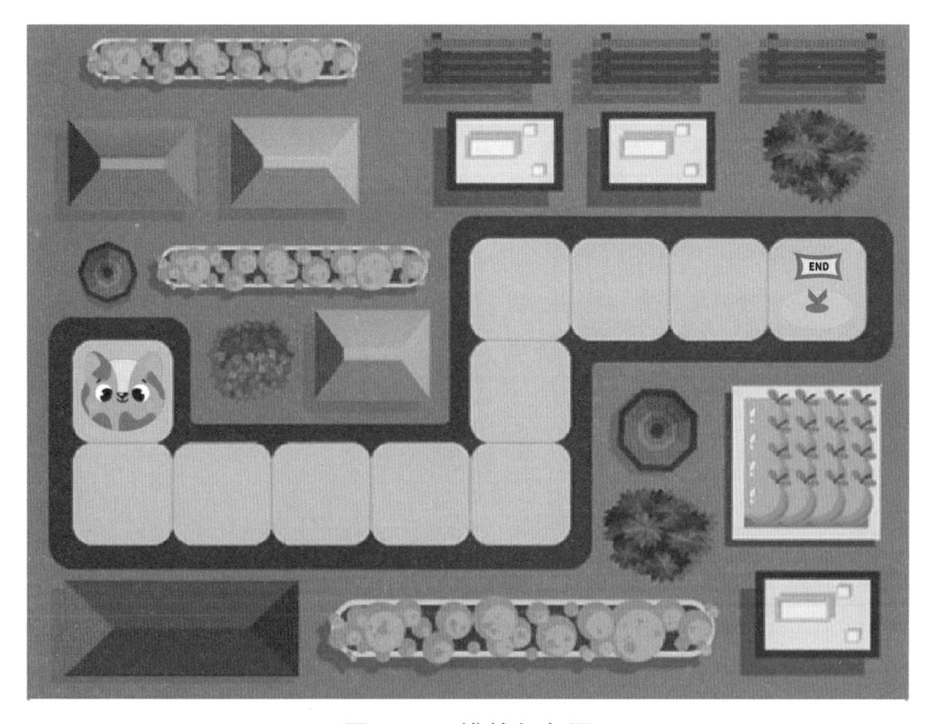

图1.17　挑战任务图

programar
compartir
crear

知识卡片

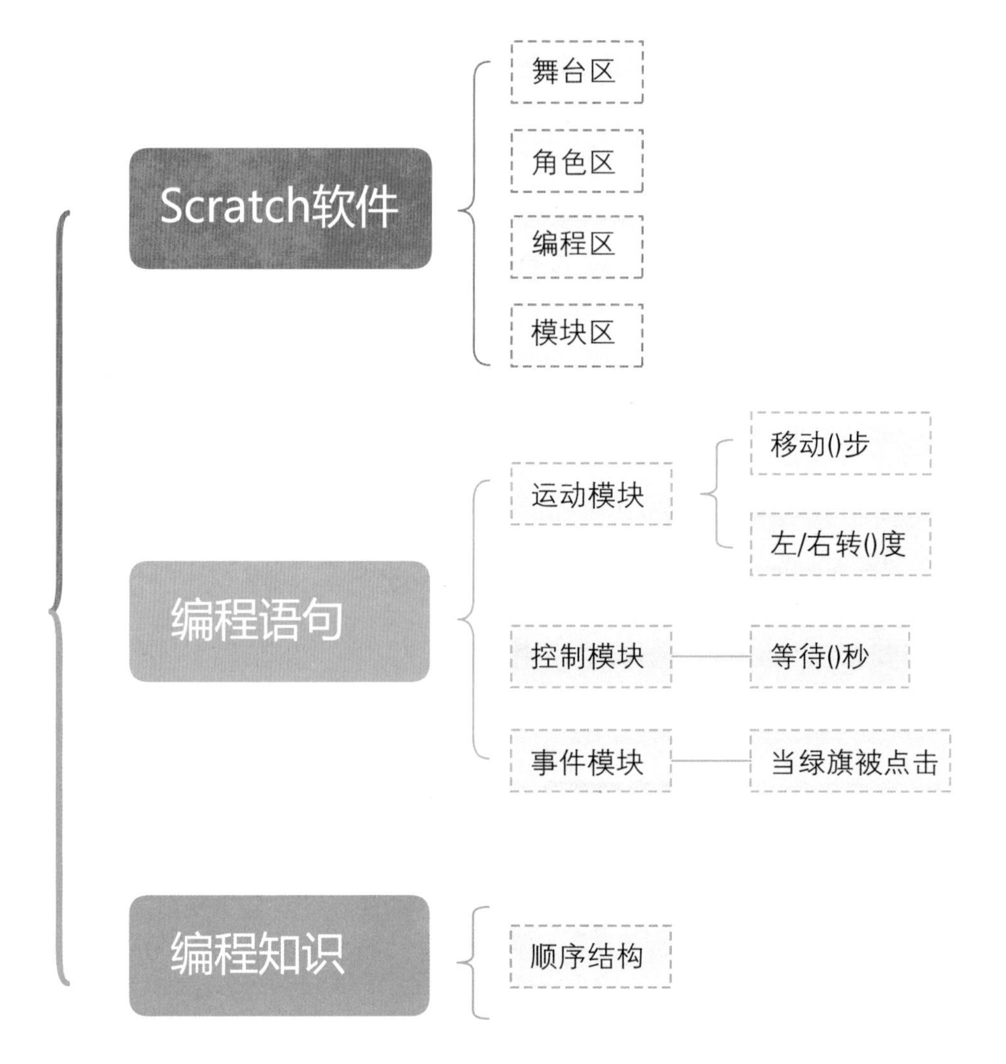
Scratch软件
舞台区
角色区
编程区
模块区
编程语句
运动模块
移动()步
左/右转()度
控制模块
等待()秒
事件模块
当绿旗被点击
编程知识
顺序结构

第2课

解锁游乐场线路

本课学习目标

- 熟练掌握程序中的顺序结构
- 初识程序结构中的循环结构
- 使用循环语句让程序变得简单

扫描二维码
获取本课资源

任务探秘

上节课中，我们一起帮助小猫成功地到达了学校，并且帮助小猫买了橙子。猫妈妈为了奖励小猫，允许他去游乐场玩一天，小猫开心地走出家门。但是小猫刚走出家门就犯了难，游乐场在哪里呢？下面请你帮小猫走到游乐场吧，街道如图2.1所示！

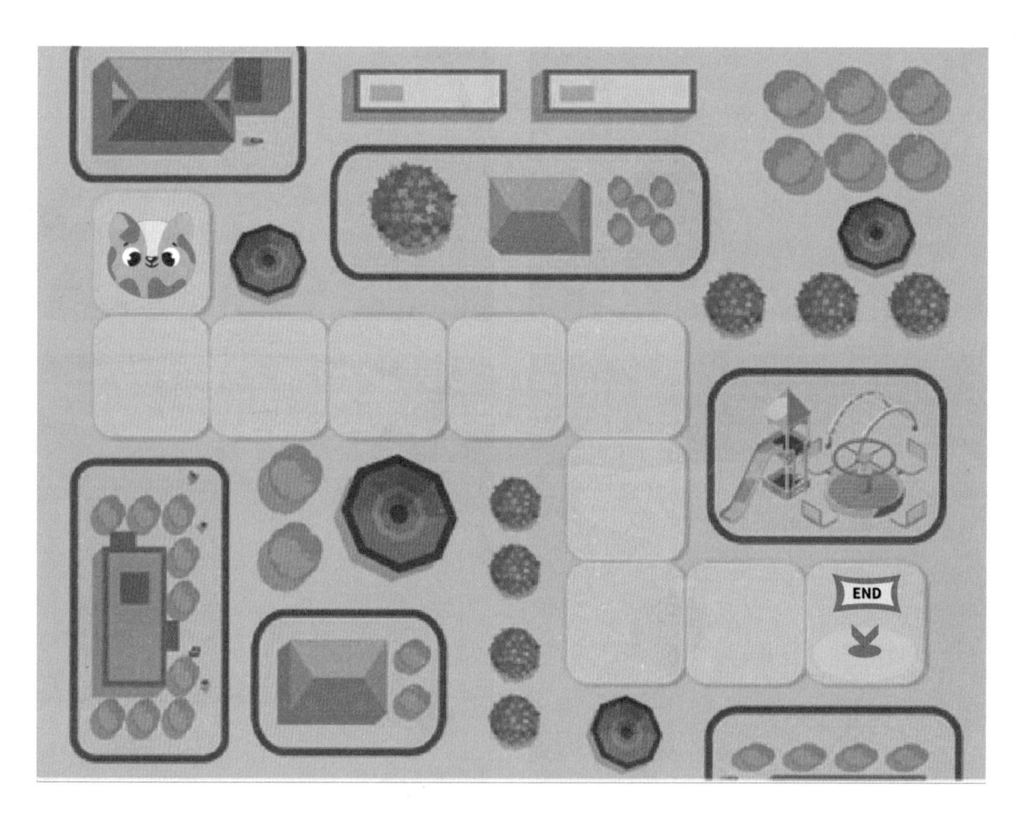

图2.1　本课任务图

规划流程

根据上面的任务要求，思考一下如何让小猫到达游乐场呢？小猫前进线路应该如图2.2所示，根据图2.2所示路线图规划本课程序流程，如图2.3所示。

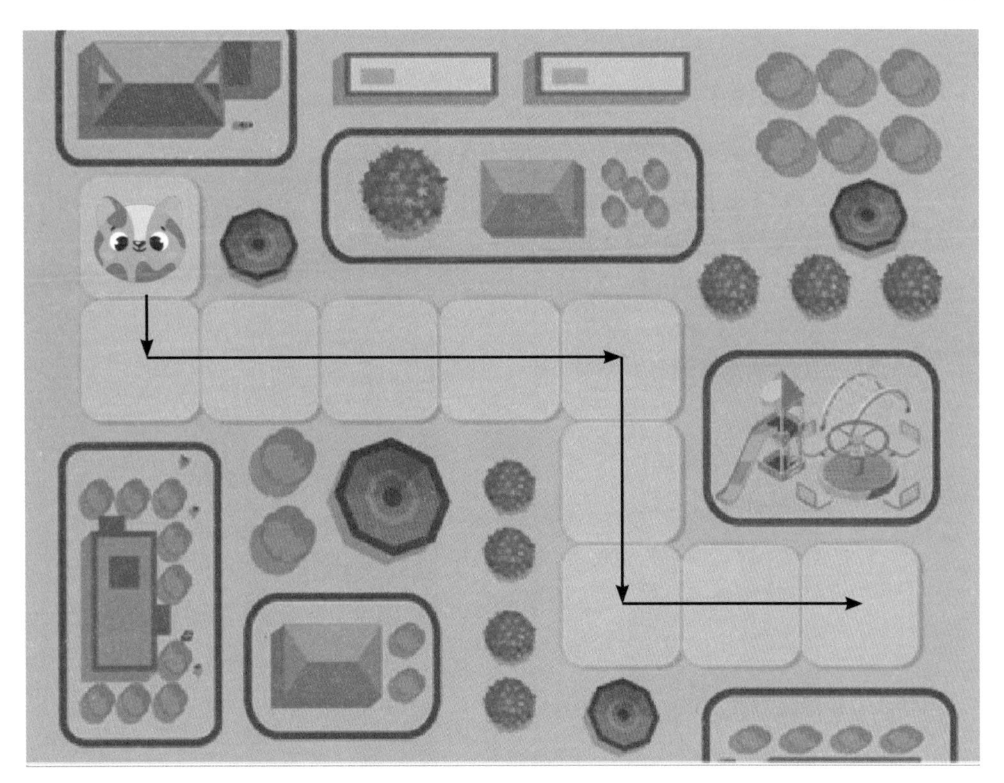

图2.2　小猫前进线路

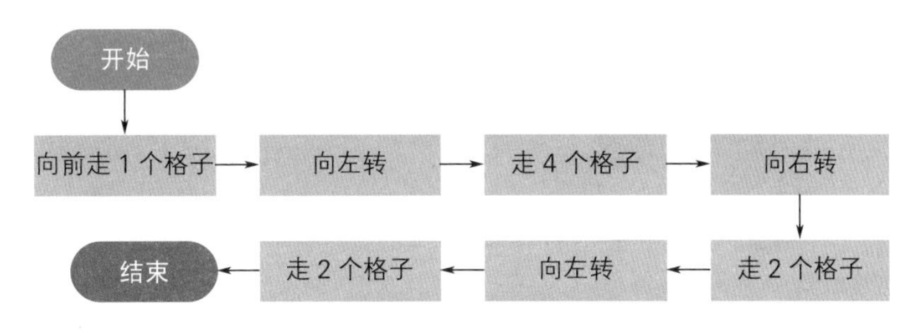

图2.3　流程图

1. 有限重复执行

实现本课任务时，如果使用上节课的知识，可以得到如图2.4所示的程序（提示：每个格子需要走60步）。

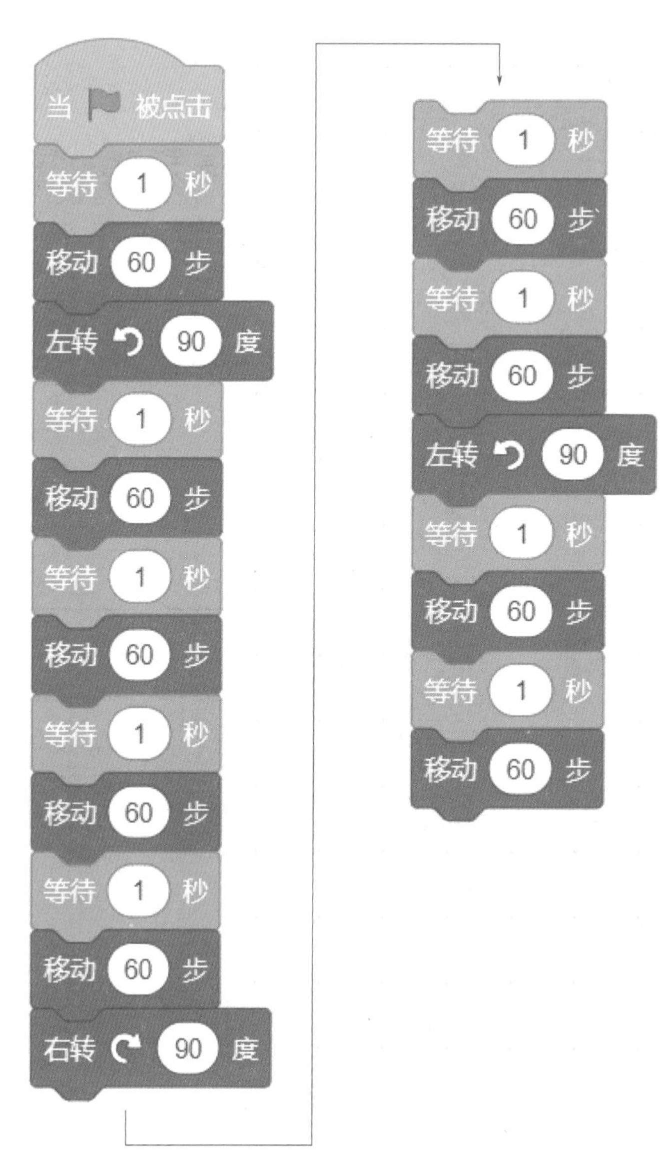

图2.4　使用顺序结构的程序

观察图2.4所示代码，我们看到代码比较长，而且其中有很多重复的代码！遇到这种情况，可以通过循环结构简化代码。

循环，即重复执行一些代码。如果执行的代码有次数限制，可以使用“有限重复执行”，相当于重复执行有限次数的代码段，它的使用可以让程序变得更加简洁，如图2.5所示。生活中也有很多“有限重复执行”的例子，例如：绕着操场跑3圈、写10遍大字、吃5个苹果等。

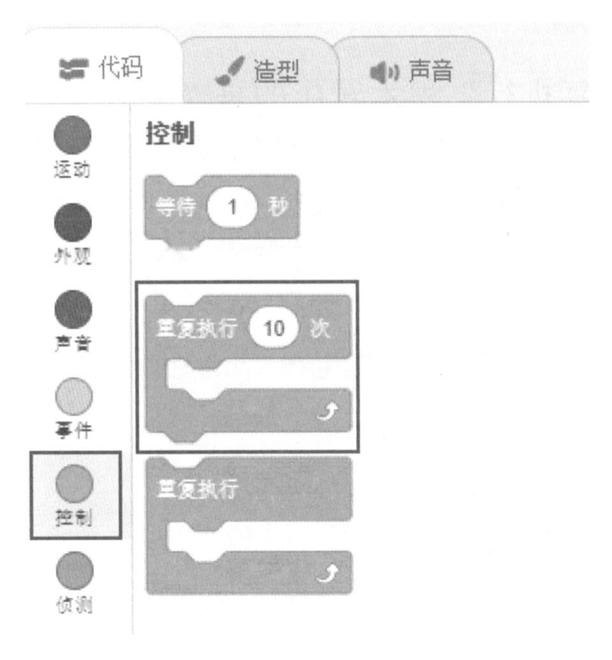

图2.5 “有限重复执行”积木所在位置

使用“有限重复执行”积木时，需要将其拖放到编程区，并单击默认的数字“10”，修改该数字，以指定要重复执行的次数，如图2.6所示，其执行流程如图2.7所示。

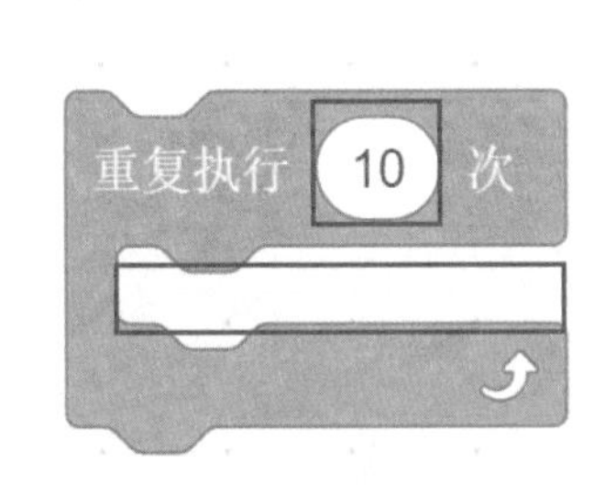

图2.6 修改重复执行次数

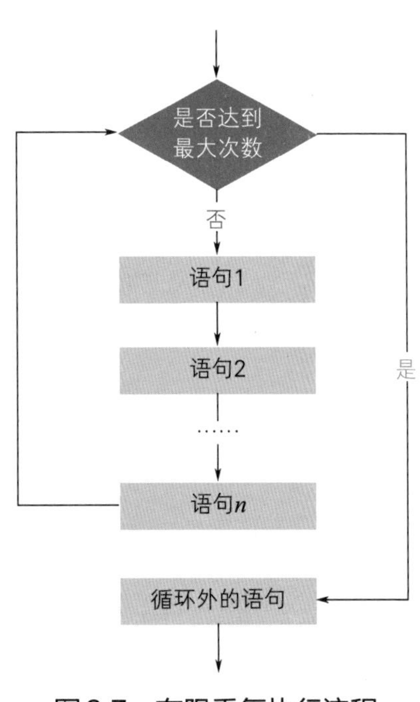

图2.7 有限重复执行流程

2. 无限重复执行

与“有限重复执行”积木对应的是“无限重复执行”积木（图2.8），它相当于一直重复执行某个代码段，可以理解为永远（一直）做一件或几件事情（不计次数，永远重复，直到停止运行程序为止），其执行流程如图2.9所示。

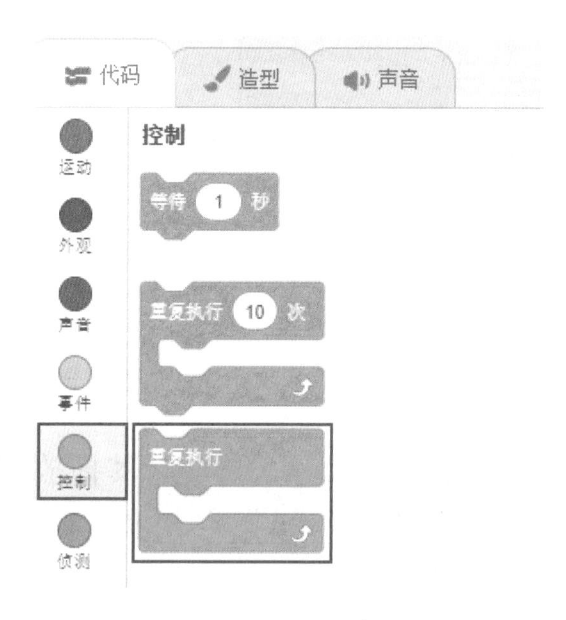

图2.8 “无限重复执行”积木所在位置

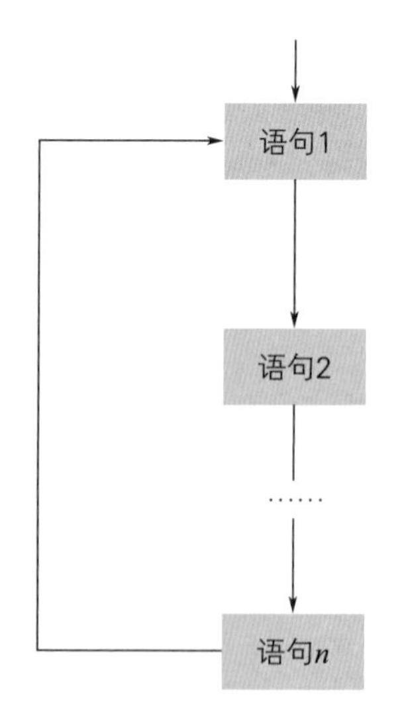

图2.9 无限重复执行流程

编程实现

仔细观察程序规律，使用“有限重复执行”积木实现本课任务，代码如图2.10所示。

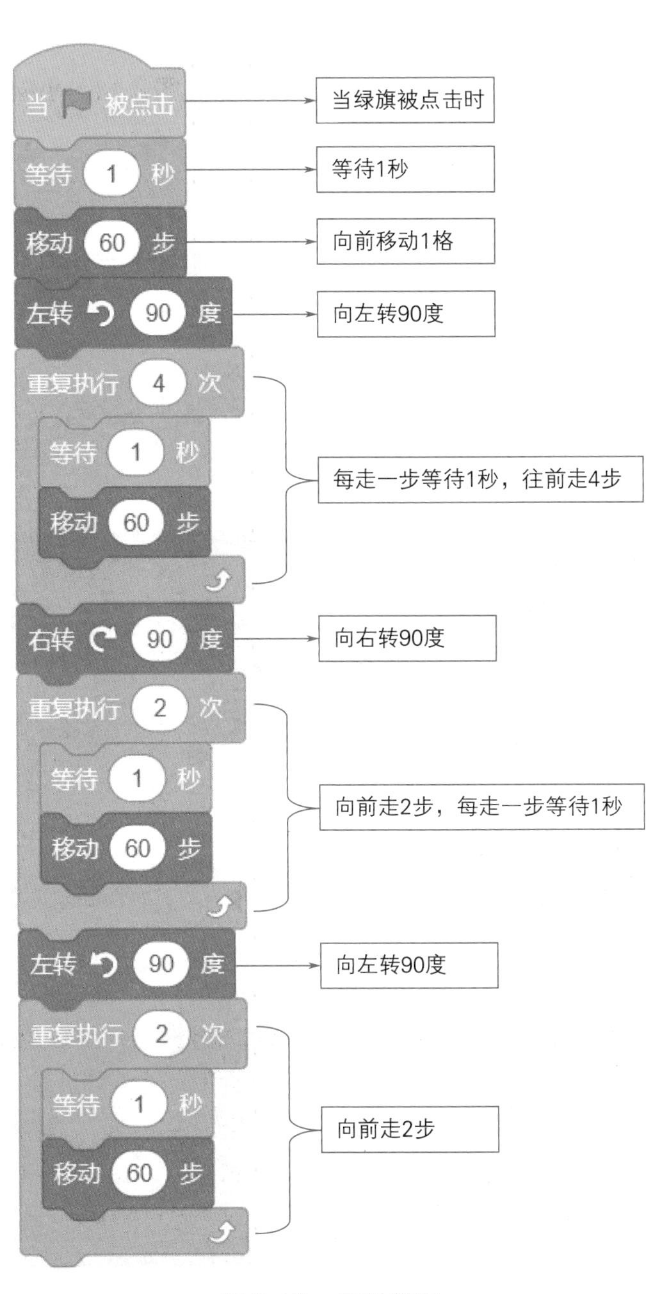

图2.10　任务代码

注意

由于Scratch中，每次点击绿旗后，角色都会从当前位置出发，因此在设计程序时，一定要注意让角色复位，本课任务中使小猫角色复位的代码如图2.11所示。

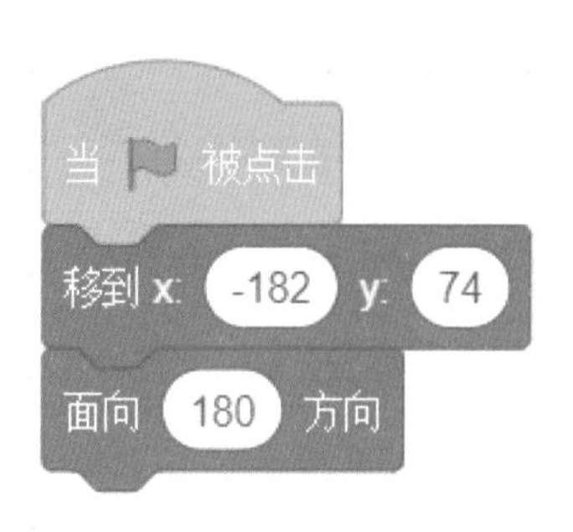

图2.11　小猫复位代码

挑战空间

小猫现在想去同学家玩，图2.12是同学家的位置示意图，请运用本课所学知识，设计一个程序，帮助小猫走到同学家吧！

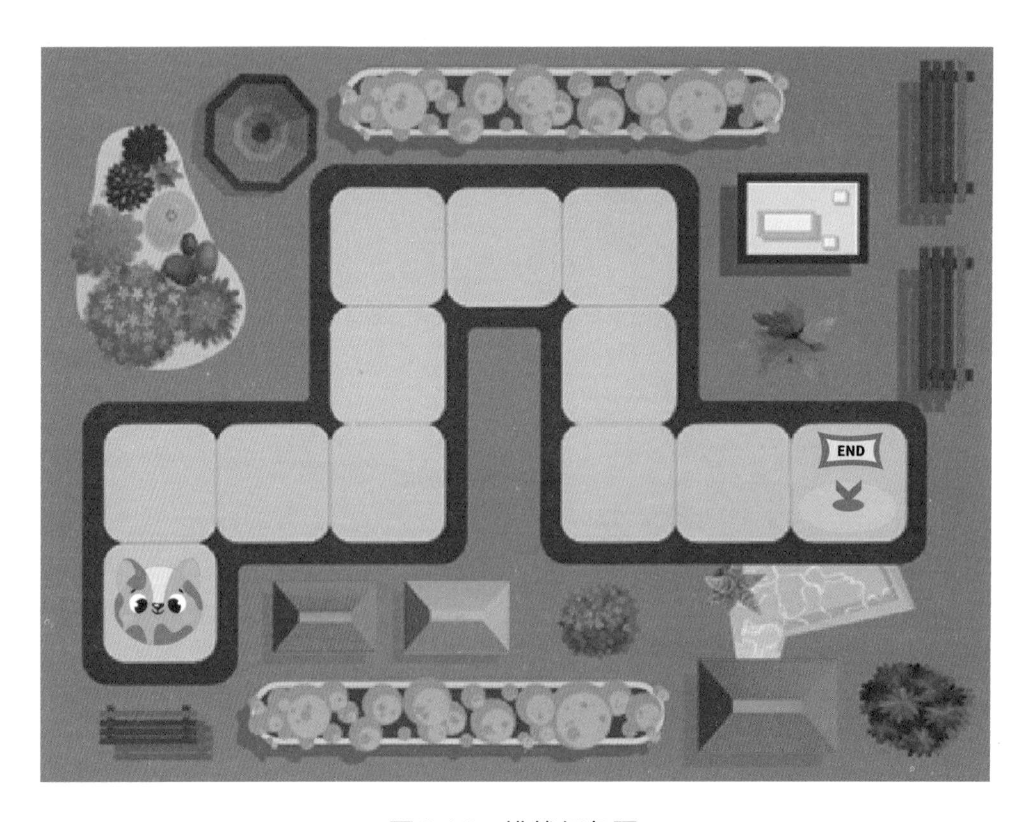

图2.12　挑战任务图

scratch

知识卡片

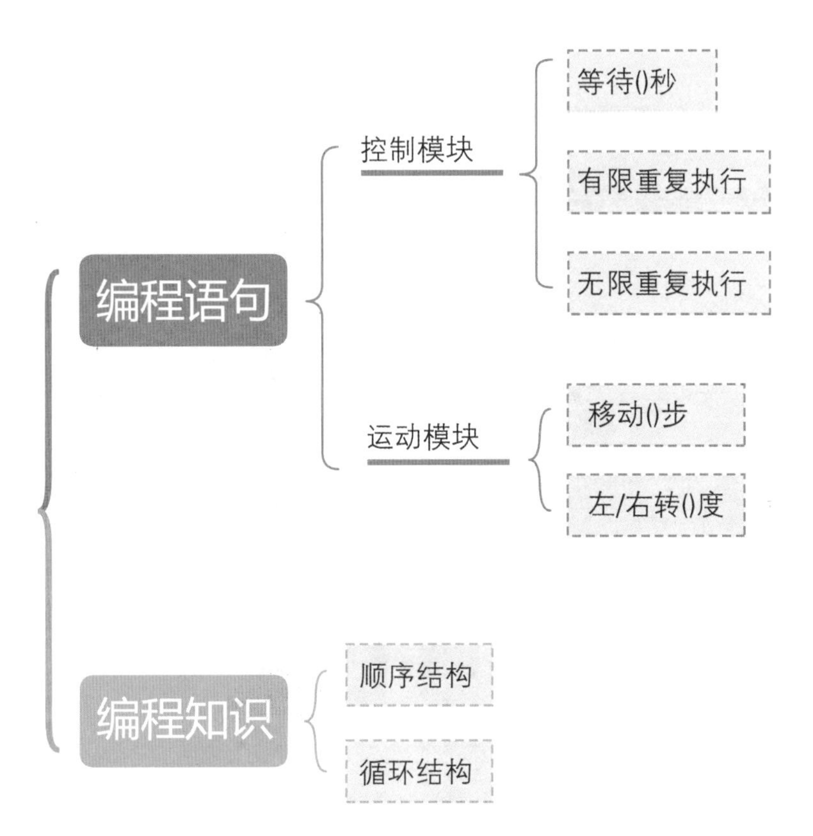
编程语句
控制模块
等待()秒
有限重复执行
无限重复执行
运动模块
移动()步
左/右转()度
编程知识
顺序结构
循环结构

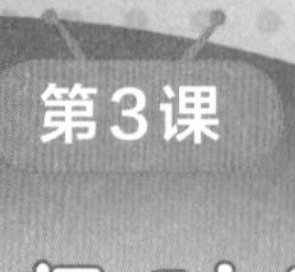

第3课

趣味运动会

本课学习目标

- 初识程序结构中的选择结构
- 学习如何使用选择结构进行条件选择
- 熟悉选择结构和循环结构的综合使用

扫描二维码
获取本课资源

任务探秘

学校迎来了一年一度的运动会，木木参加了趣味运动赛，请你帮助木木快速到达终点吧！本课任务如图3.1所示。

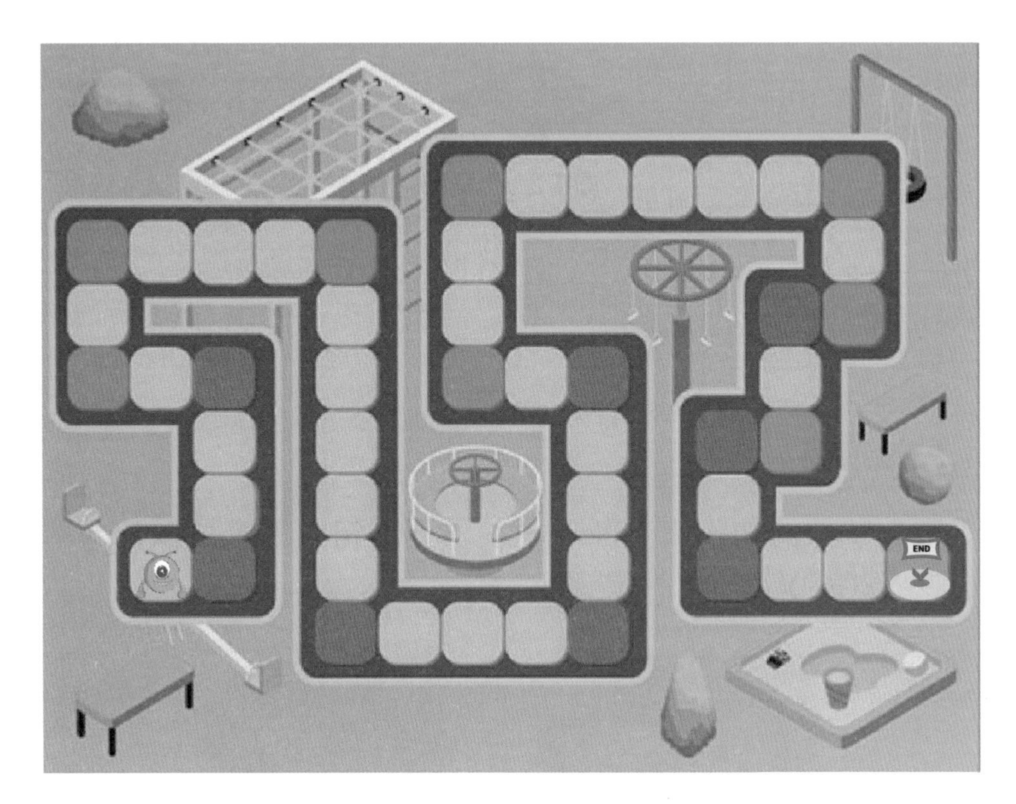

图3.1　本课任务图

规划流程

仔细观察图3.1所示任务图，发现木木在参加运动赛时，碰到粉红色的格子需要左转，碰到蓝色的格子需要右转，而碰到绿色的格子表示到达终点。根据上面的分析规划本课任务流程，如图3.2所示。

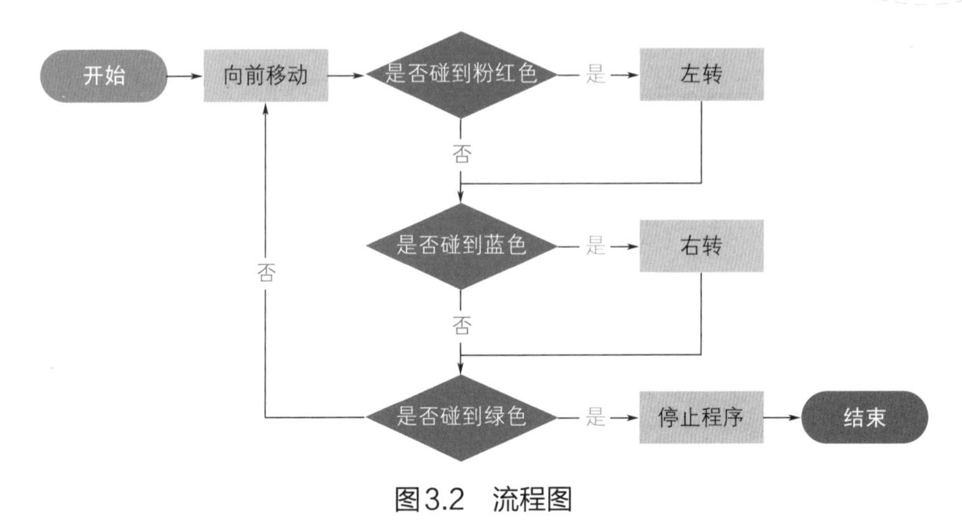

图3.2　流程图

1. 知识巩固

运用上节课的知识来判断一下，下列语句中哪个可以让木木一直往前走呢？（　）

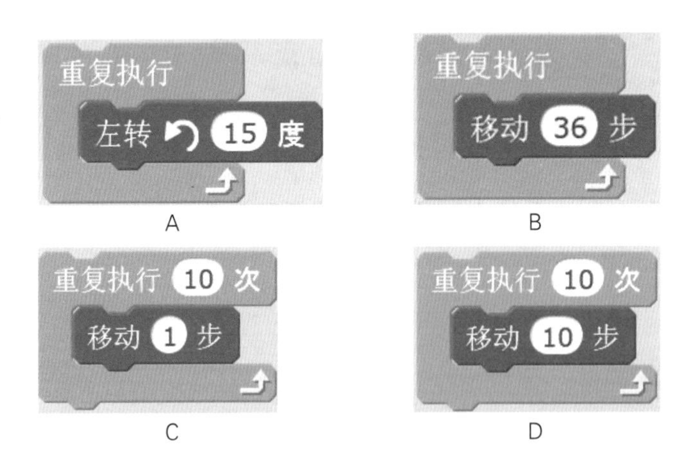

2. 选择结构与条件积木的使用

实现本课任务时，木木碰到不同的颜色会转弯，这类似于我们在生活中遇到各种各样的情况，需要做出不同的选择，例如：如果明天下雨，那么我们就会打伞；如果是红灯，那么就应该停下。

在程序中遇到类似情况时，需要使用选择结构（也称条件结构）来进行判断。选择结构中最常用的积木为“如果( )那么( )”，如图3.3所示，其执行流程如图3.4所示。

图3.3 “如果( )那么( )”积木

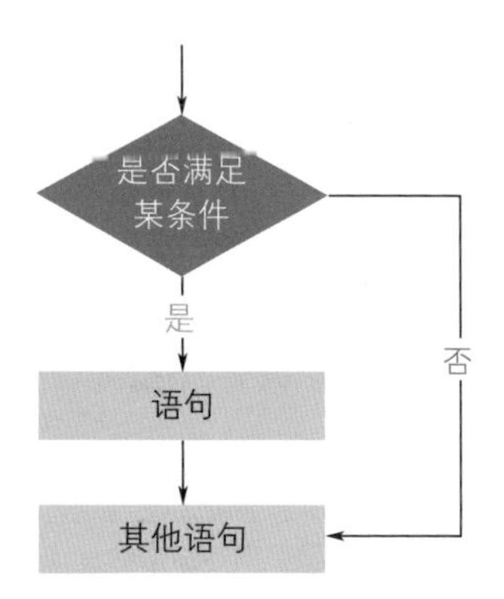

图3.4 选择结构之“如果( )那么( )”执行流程

在图3.3中，“如果”与“那么”中间的六边形，是用来放需要的条件语句的，条件语句必须为六边形模块，如 按下 空格 键? 等。当条件成立时，程序就会运行绿框中的模块；如果条件不成立就不运行。

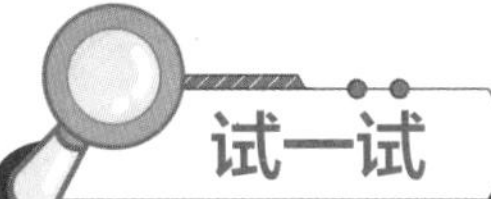

“如果( )那么( )”是条件判断中非常重要的一员。那么，你可以用“如果( )那么( )”来造一个句子吗？

3.拾取颜色

本课任务中，木木碰到不同的颜色会转弯，因此，我们需要检测碰到的颜色，这就需要用到侦测模块中的“碰到颜色”积木，如图3.5所示。

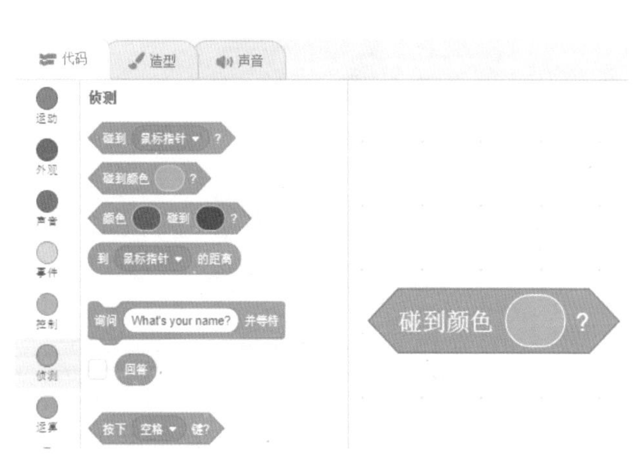

图3.5 “碰到颜色”积木

使用“碰到颜色”积木时，使用鼠标点击 ，

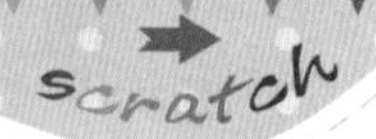

可以在如图3.6所示中单击红色框里面的拾取按钮，鼠标就会变成小点，小点到任何地方，方块里的颜色就会变成此处相对应的颜色，如图3.7所示。试着自己来拾取一下黄色吧！

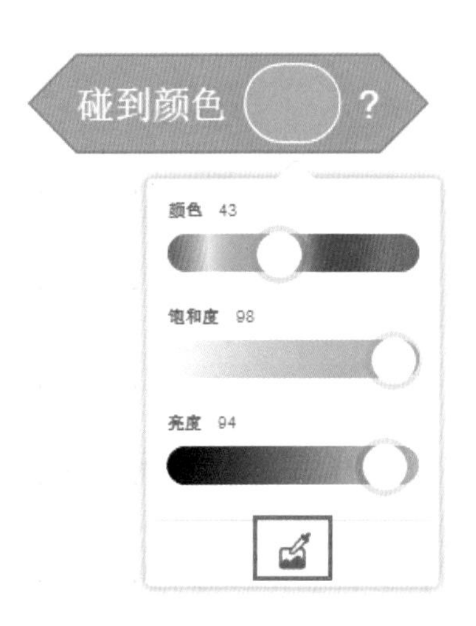

图3.6　拾取颜色所在位置

图3.7　如何拾取颜色

4.停止全部脚本

停止全部脚本是程序中的终结者，程序运行到这个积木时，所有的程序都会停止运行（注意：加入“停止全部脚本”积木后，无法直接在其下方拼接其他积木），如图3.8所示。

图3.8　“停止全部脚本”积木

小知识

脚本是计算机编程中的一个专业术语，实质上指一段完整的程序（1行或多行）。

编程实现

根据本课的任务图，我们知道木木会一直前进，碰到粉红色的格子会左转，碰到蓝色的格子会右转，而碰到绿色的格子就会停止。下面就让我们运用刚才学习到的知识帮助木木走到终点吧。程序代码如图3.9所示。

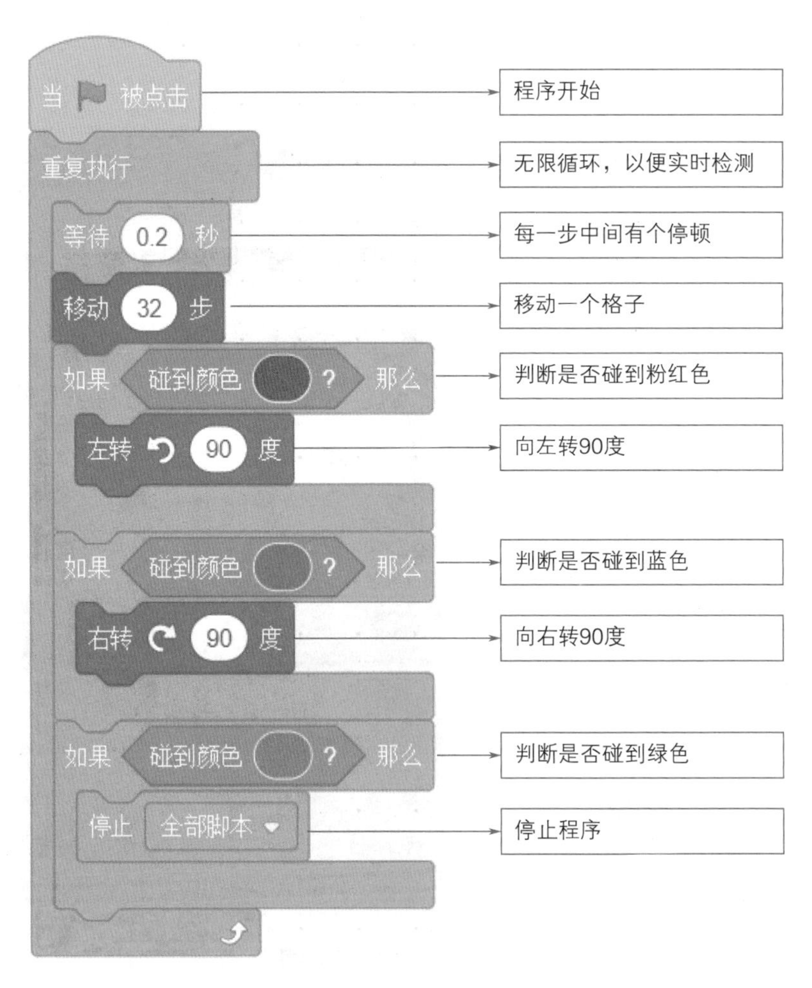

图3.9　本课任务代码

注意

由于Scratch中每次点击绿旗后，角色都会从当前位置出发，因此在设计程序时，一定要注意让角色复位。本课任务中使木木角色复位的代码如图3.10所示。

图3.10 使木木角色复位

挑战空间

根据本课所学知识，仔细观察如图3.11所示的线路图，尝试编程让木木走到绿色方块终点处。

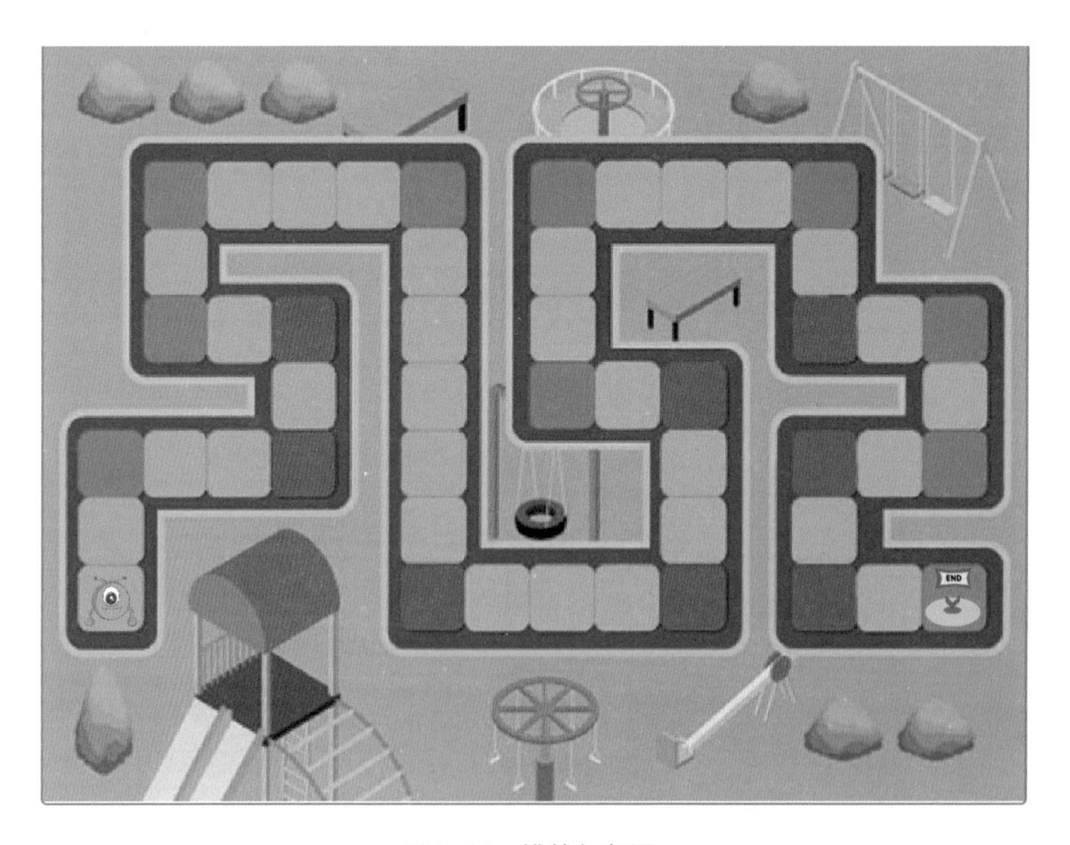

图3.11 挑战任务图

知识卡片

- 编程语句
  - 控制模块
    - 如果()那么()
    - 重复执行
  - 事件模块
    - 停止全部脚本
  - 侦测模块
    - 碰到颜色
- 编程知识
  - 选择结构
  - 循环结构

诗词大会

本课学习目标

- 掌握添加多个背景或者角色的方法
- 掌握角色不断变换造型的方法
- 熟悉为多个不同的角色编写程序
- 巩固循环结构的使用

扫描二维码
获取本课资源

任务探秘

木木的好朋友们自从来了地球以后，就学会好多首古诗。木木好羡慕啊。为了帮助他，乐乐决定制作一个古诗绘本，就先从《春晓》这首古诗开始吧，如图4.1所示。

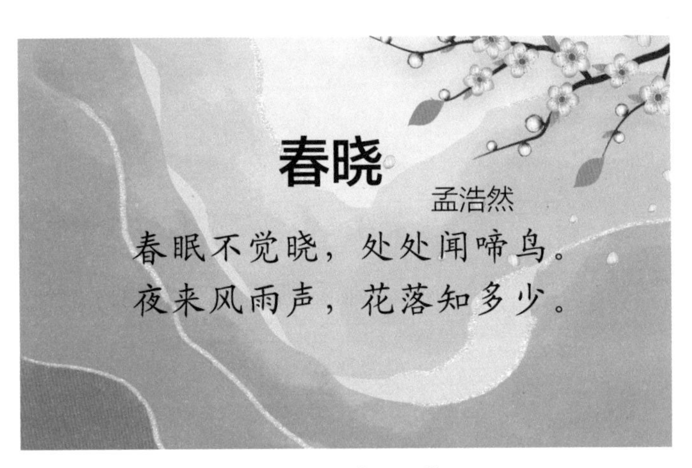

图4.1 《春晓》

本课的任务就是将《春晓》这首古诗的每句都附带一个背景，像幻灯片一样一页一页地播放出来，并在舞台区停留几秒，每页都要表现出诗句的意境，如图4.2所示。

图4.2 任务效果图

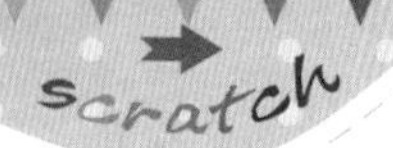

从上面的任务探秘可以知道，在程序开始运行时，首先需要切换《春晓》古诗的背景，而在播放每一句古诗时，为了表现出相应的意境，需要分别为鸟、雨和花这3个角色编写相应的程序。根据上面的任务分析，规划本课流程，如图4.3所示。

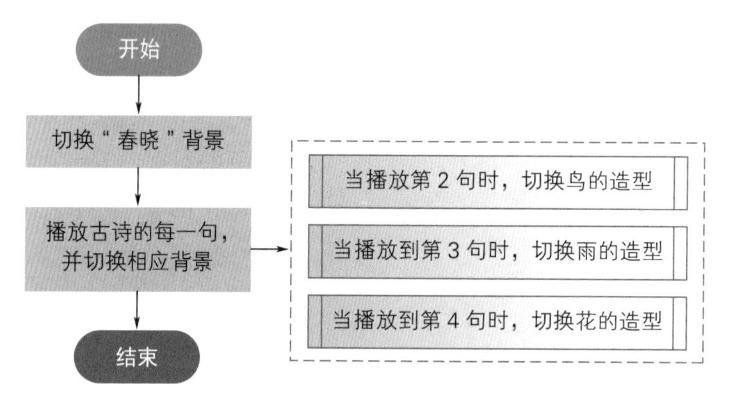

图4.3　本课任务流程图

1.准备背景

在设计《春晓》古诗时，需要进行多种场景的转换，如果想给舞台区添加背景，可以在背景库中选择多个背景，也可以自己绘制、上传或者拍照，如图4.4所示。

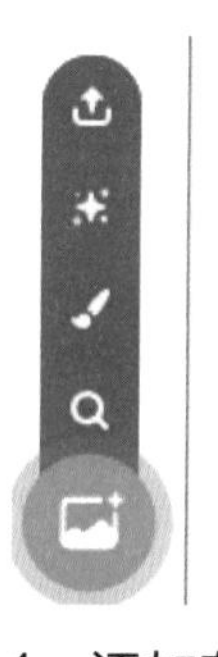

图4.4　添加背景

本课任务中，在角色区点击看到有5个背景，如图4.5所示。

图4.5　背景所在位置

2.切换背景

在设计程序时，可以提前将背景的顺序排列好，方便直接使用。

在本节课中，需要将多个背景按照古诗《春晓》的顺序进行排列。点击模块区的“背景”选项卡，鼠标上下拖拽，可按照诗句调整背景顺序，如图4.6所示。

图4.6　本课背景顺序

在程序中我们需要进行背景的切换。想要切换背景，就需要在外观模块中找到“换成( )背景”积木，如图4.7所示。之后点击▼选择相应的背景，如图4.8所示。

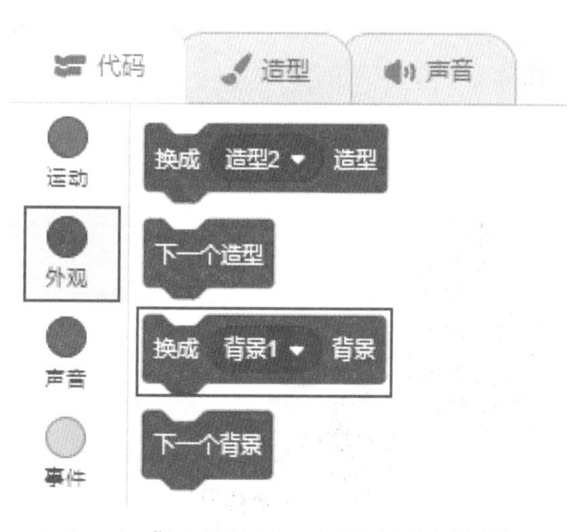

图4.7 “换成( )背景”积木所在位置

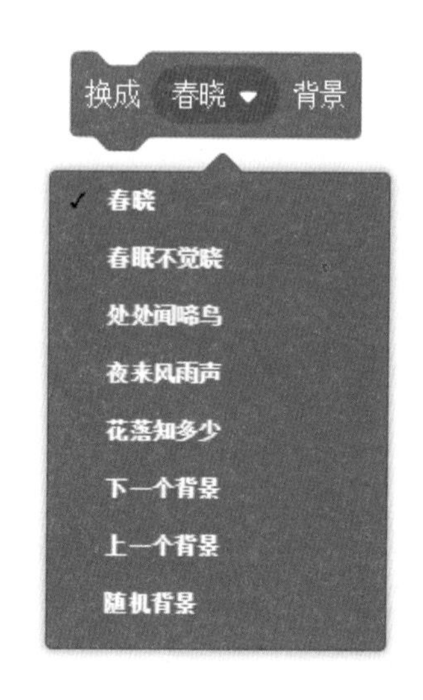

图4.8 如何切换对应背景

当前背景为“春晓”，想要切换到下一个背景，共有以下3种方法：

（1）使用外观模块中的“换成( )背景”积木。

（2）在“换成( )背景”积木下拉选项中选择“下一个背景”，如图4.9所示。

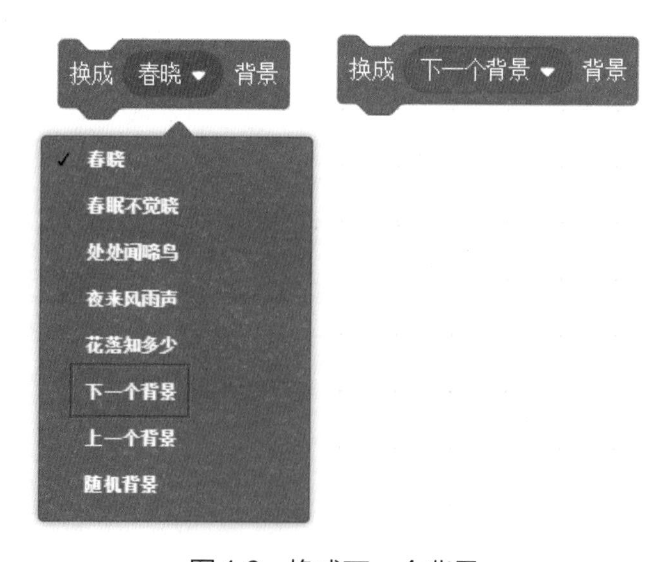

图4.9 换成下一个背景

（3）应用外观模块中的“下一个背景”积木，如图4.10所示。

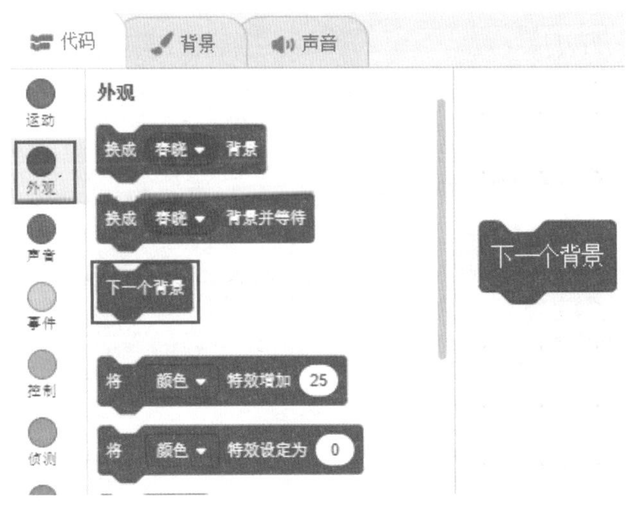

图4.10　“下一个背景”积木所在位置

3. 角色区

本课任务中需要用到鸟、雨、花这3个角色，因此就涉及在程序中添加多个角色的操作，本节将进行讲解。

● 添加角色

如果想给舞台区添加角色，可以在角色库中选择多个角色，也可以自己绘制、上传或者拍照，如图4.11所示。

● 切换角色造型

为了让古诗绘本更加生动形象，让每一个角色都动起来，通过角色的造型切换可以让角色动起来。例如，点击角色区的鸟，如图4.12所示，再点击模块区的造型，即可查看鸟的两种造型，如图4.13所示。

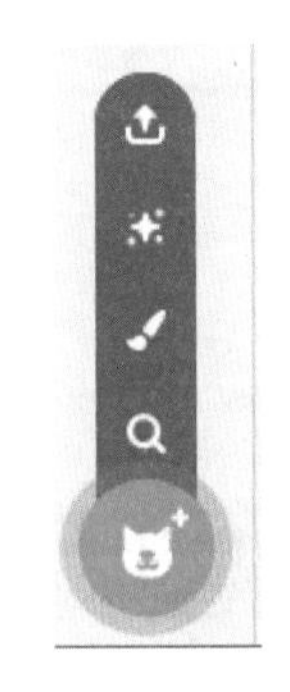

图4.11　添加角色

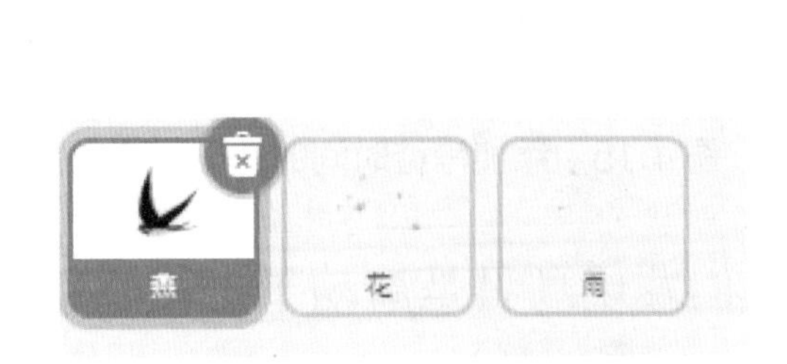

图4.12　找到角色区的鸟

图4.13　鸟的两种造型

使用下面的代码，两种造型即可来回切换，实现小鸟扇动翅膀的效果，如图4.14所示。

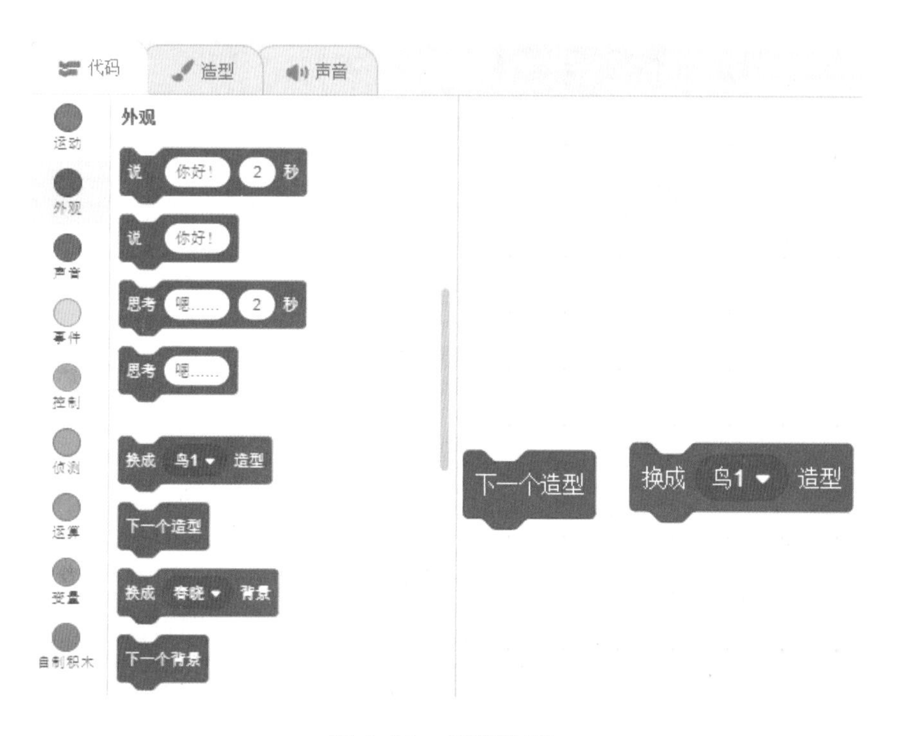

图4.14　切换造型

为了清楚地看到小鸟扇动翅膀的效果，我们还可以设置一个等待时间 等待 0.5 秒，如图4.15所示。

图4.15　添加等待时间的造型切换

运行程序后，我们发现鸟只是扇动了一次翅膀，如果想让鸟的翅膀不停地扇动，可以使用 重复执行 循环实现，如图4.16所示。

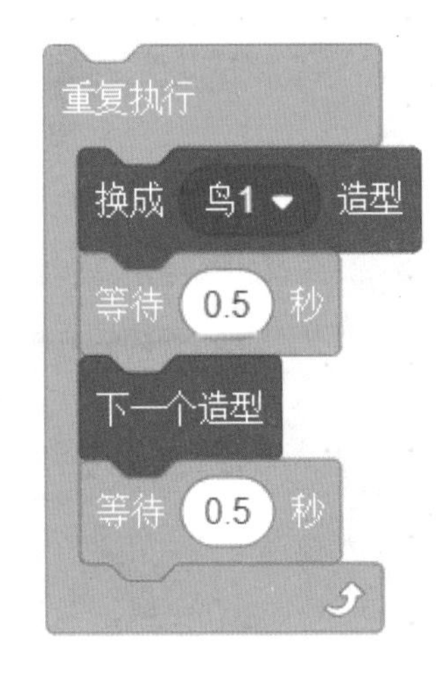

图4.16　鸟不停扇动翅膀

编程实现

通过上面对本任务功能的分析及用到的技术，设计本课任务程序实现如下。

● 背景切换：背景从“春晓”开始每隔2秒换成下一个背景，换4次背景，如图4.17所示。

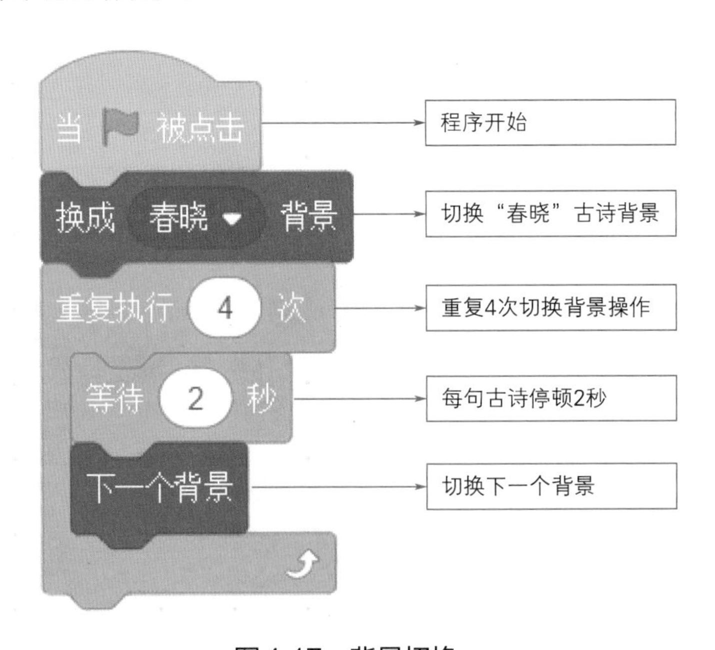

图4.17　背景切换

● 鸟的程序：当背景切换到“处处闻啼鸟”时，鸟的角色出现，并每隔0.5秒切换造型，如图4.18所示。

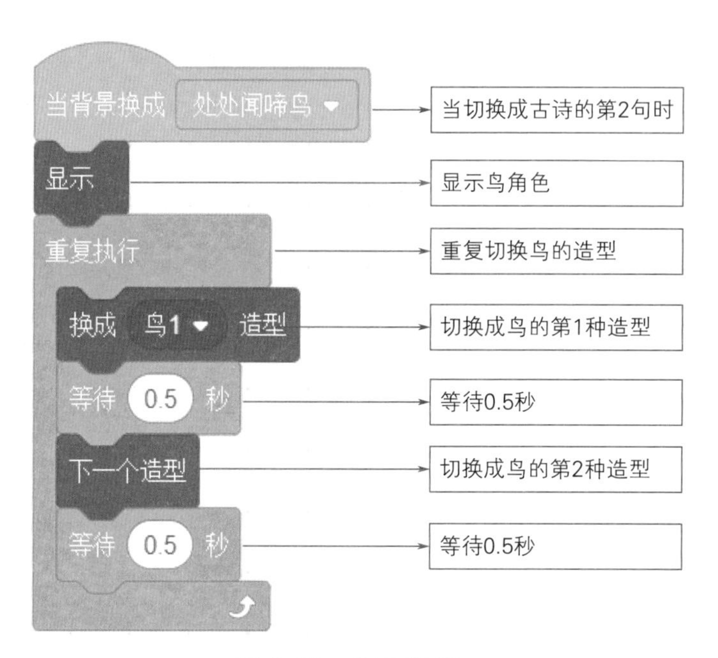

图4.18　鸟的程序

● 雨的程序：当背景切换到“夜来风雨声”时，雨的角色出现，并每隔0.1秒不断切换造型，如图4.19所示。

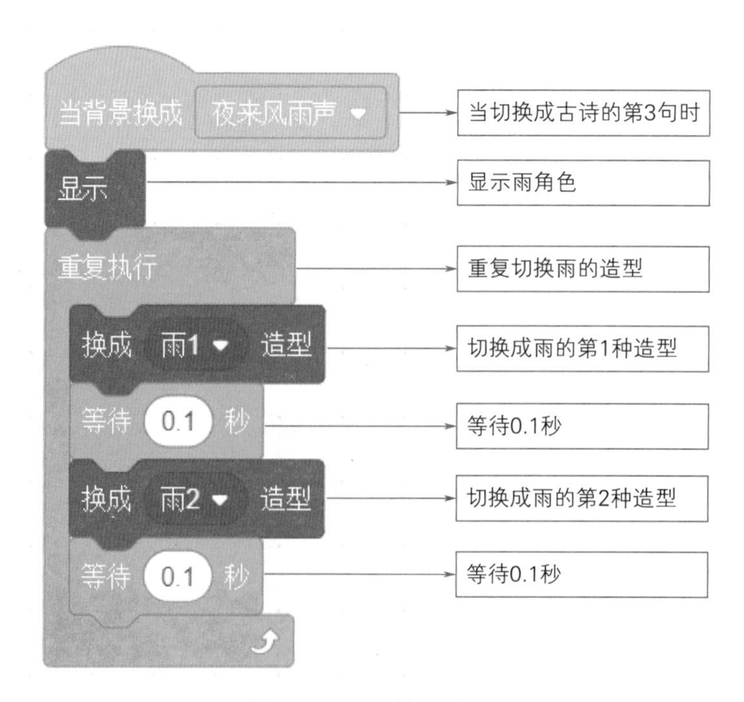

图4.19　雨的程序

● 花的程序：当背景切换到“花落知多少”时，花的角色出现，并每隔0.1秒不断切换造型，如图4.20所示。

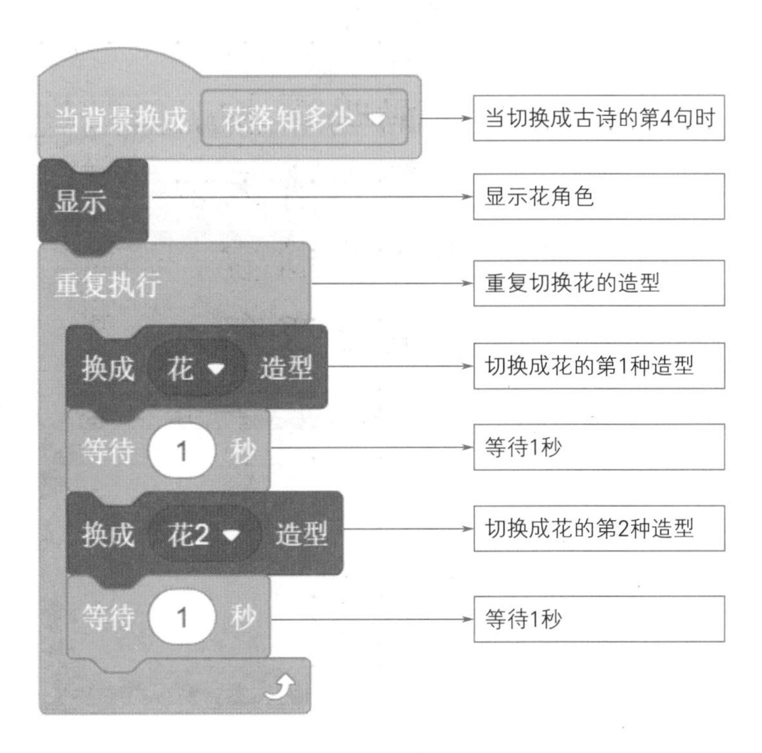

图4.20　花的程序

另外，由于Scratch软件每次点击绿旗后，角色都会从当前位置出发，因此在设计程序时，首先需要让角色复位。所以在角色鸟、雨、花中，应该单独为其编写复位代码，即每次点击绿旗时，都应该让每个角色隐藏，如图4.21所示。

图4.21　初始化程序

挑战空间

木木还想学习唐代杜甫所作的《绝句》这首古诗，如图4.22所示。你能再帮他做一个古诗动画绘本吗？

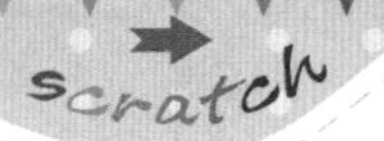

图4.22　古诗《绝句》

知识卡片

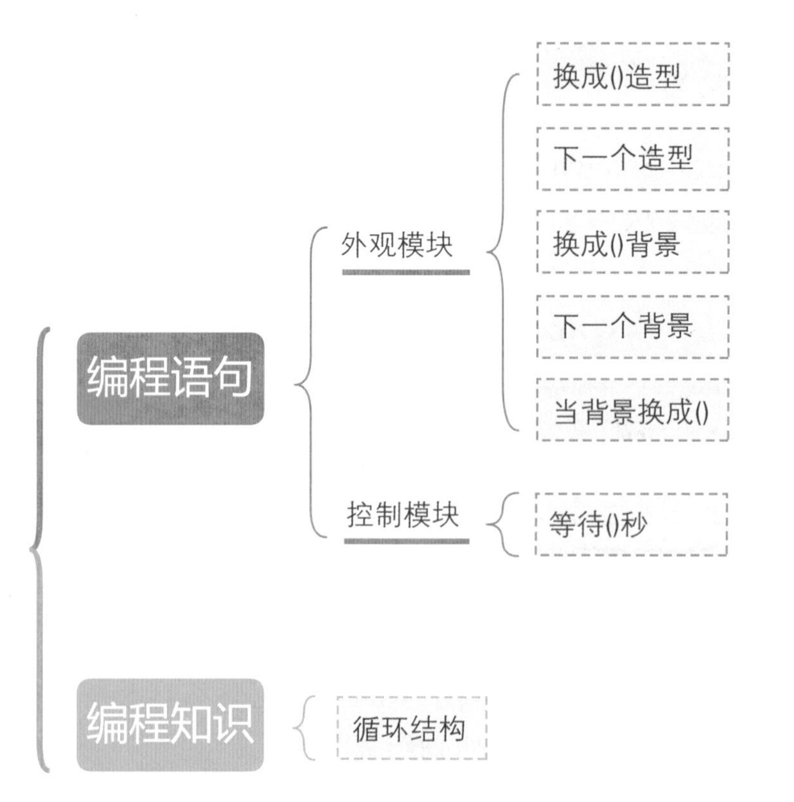

第5课

瞬间移动

本课学习目标

- 了解笛卡尔坐标系
- 掌握在编程软件中查看角色坐标的方法
- 学会使用旋转和移动语句配合进行角色位移的方法
- 熟悉在 Scratch 中与用户进行交互

扫描二维码
获取本课资源

任务探秘

在乐乐的指导下，我们和木木逐渐熟悉了Scratch中瞬移的能力，现在乐乐决定出题考考大家的学习成果。考核任务是：木木要在舞台中瞬移到某个位置，当我们准确说出木木所站的位置时，木木会提示回答正确；反之，木木会提示回答错误，程序自动结束。任务效果如图5.1和图5.2所示。

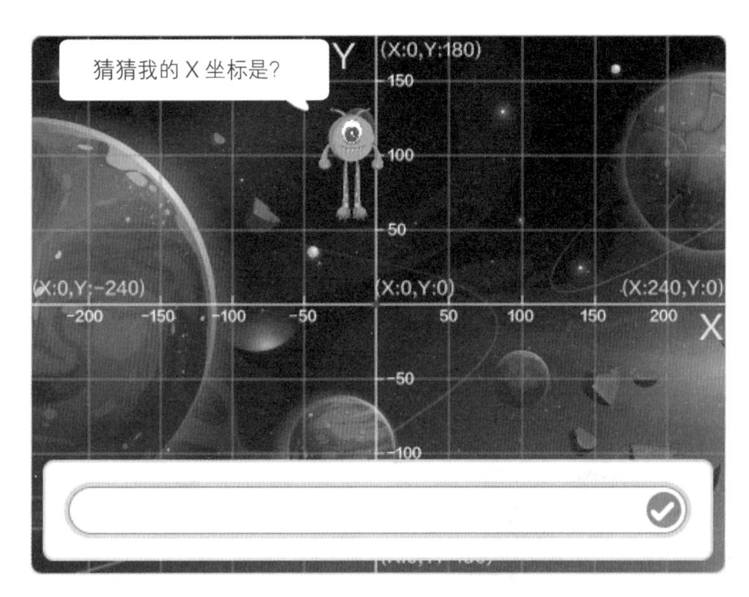

图5.1　询问X坐标任务

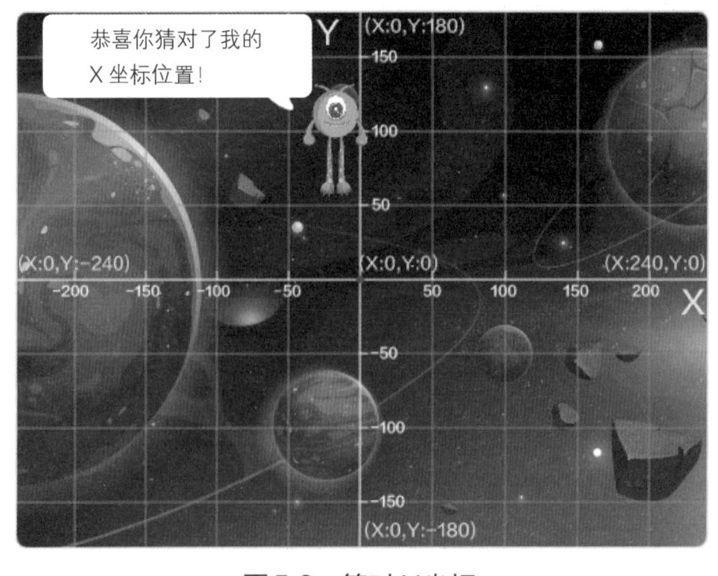

图5.2　答对X坐标

分析上面的任务，首先我们需要了解什么是坐标，然后确定如何在Scratch中通过设置坐标实现木木的移动，并通过对话交互的方式猜测木木所站立的坐标位置，如果正确，提示回答正确，如果错误，提示回答错误并停止程序。根据上面的任务探秘分析规划本任务的流程，如图5.3所示。

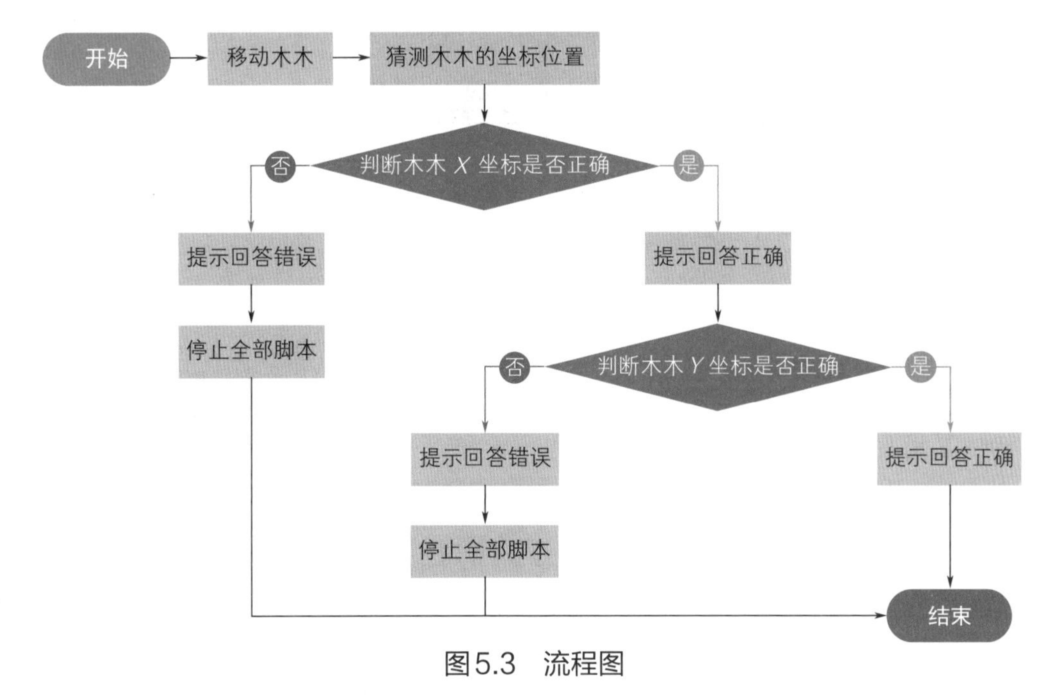

图5.3　流程图

1. 了解坐标系

如果想知道一个角色在Scratch舞台区中的具体位置，需要先认识一下平面直角坐标系。

例如，在棋盘中，确定了棋盘最中心的点为参考点，那么这个参考点的坐标为（0，0），沿着参考点横向画一条直线，这条线就叫作横轴，也叫作*X*轴；沿着参考点纵向画一条直线，这条线就叫作纵轴，也叫作*Y*轴，如图5.4所示。

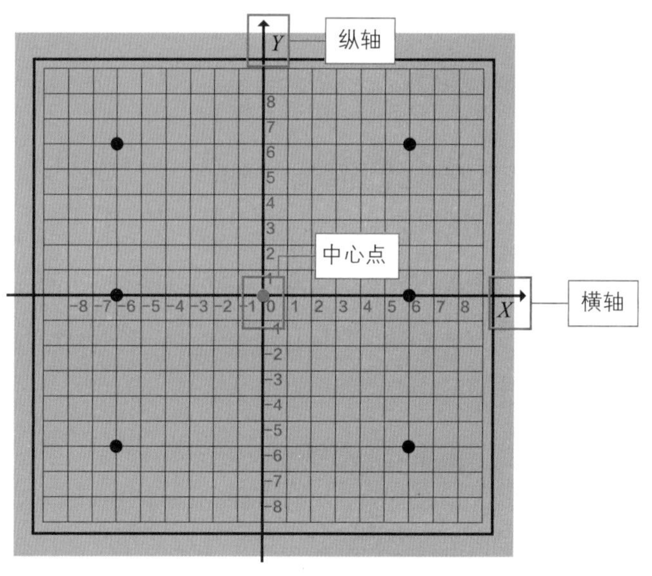

图5.4 坐标轴

说明

在坐标轴当中，中心点用（0，0）表示，中心点左侧的坐标位置用负数表示，右侧的坐标位置用正数表示。中心点上面的坐标位置用正数表示，下面的坐标位置用负数表示。

例如，图5.5所示棋盘中右上方的黑色棋子，它的坐标为（5，3），可以表示为它的横轴（X轴）距离为5，纵轴（Y轴）的距离为3。左

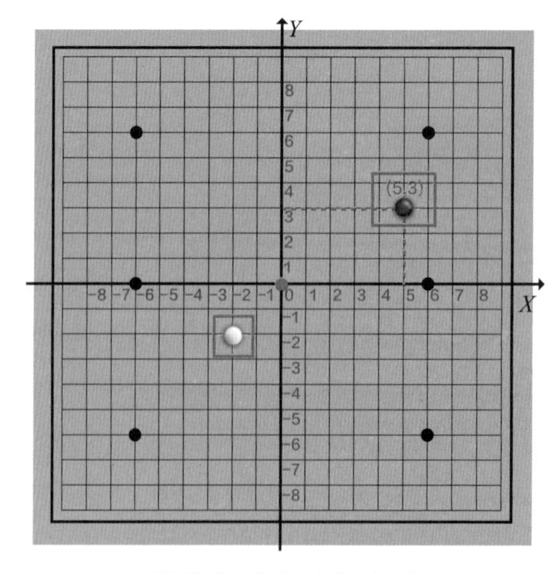

图5.5 棋子坐标位置

下方的白色棋子坐标为（–2，–2），因为白色棋子所在的位置在中心点的左下方，所以横轴（X轴）与纵轴（Y轴）的值都是负数。

发明平面直角坐标系的人叫笛卡尔，所以平面直角坐标系也叫笛卡尔坐标系，简称直角坐标系，如图5.6所示。

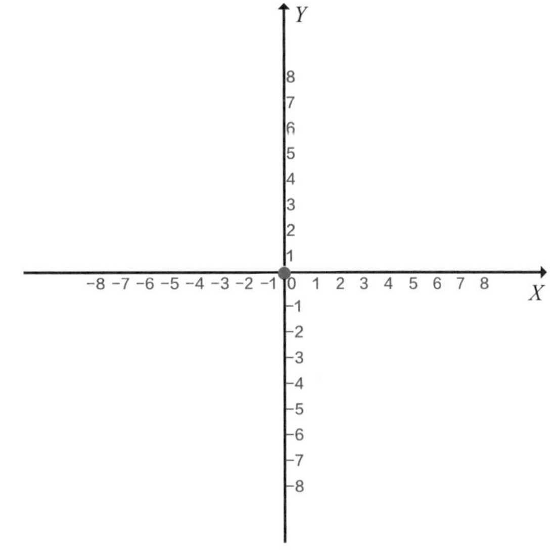

图5.6　笛卡尔坐标系

2.Scratch中的坐标位置

在Scratch的舞台中也是有坐标系的，舞台中横向有480个小格子，纵向有360个小格子，每个小的格子代表一个像素，如图5.7所示。

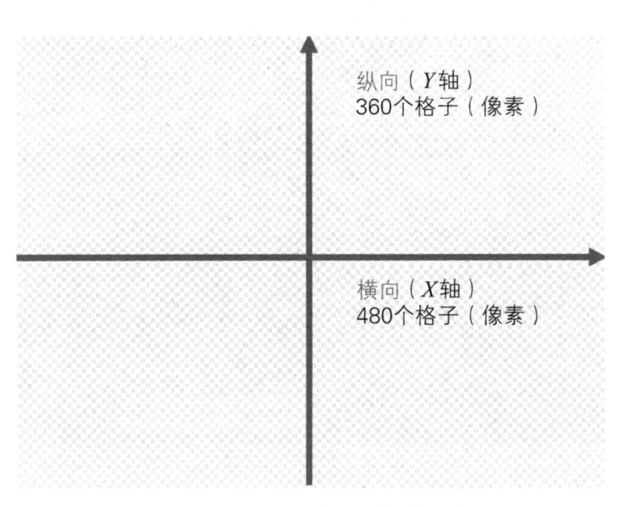

图5.7　Scratch舞台中的坐标系

例如，在Scratch舞台中，通过绘制如图5.8所示的坐标系，可以看到在X轴、Y轴上距离中心点100个像素的位置有4个。

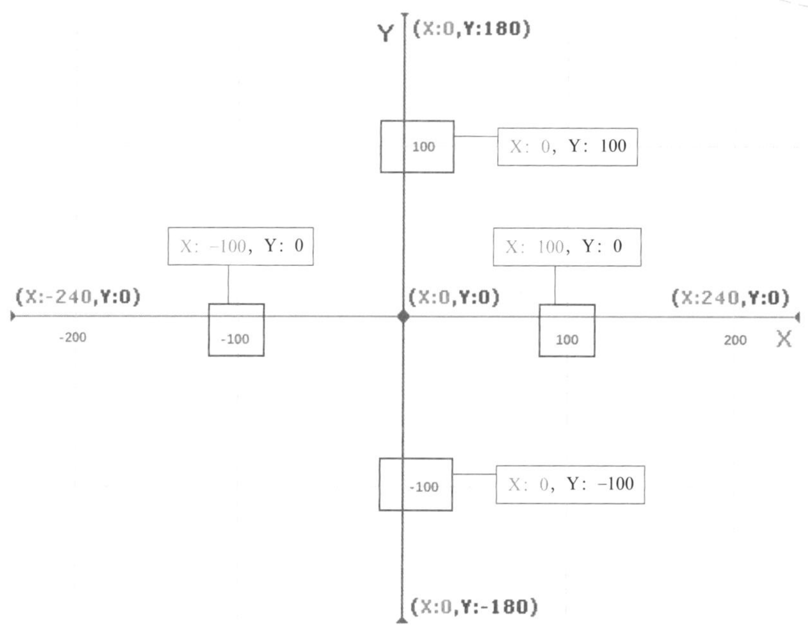

图5.8 Scratch舞台中距离中心点100个像素的坐标位置

在Scratch舞台中使用鼠标移动角色的位置时，可以发现角色区的坐标值也会随之改变，如图5.9所示。

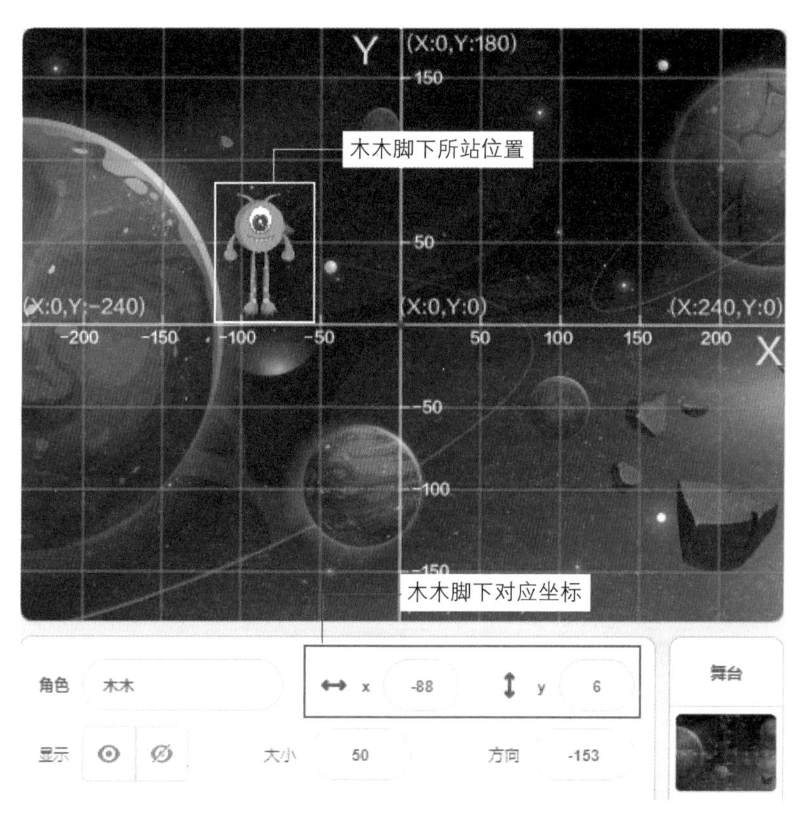

图5.9 木木脚下对应坐标位置

3. 木木的瞬间移动

在实现木木瞬间移动的效果时，我们可以使用控制模块中的“重复执行( )次”积木和运动模块中的“移动( )步”积木来实现，积木组合使用如图5.10所示。

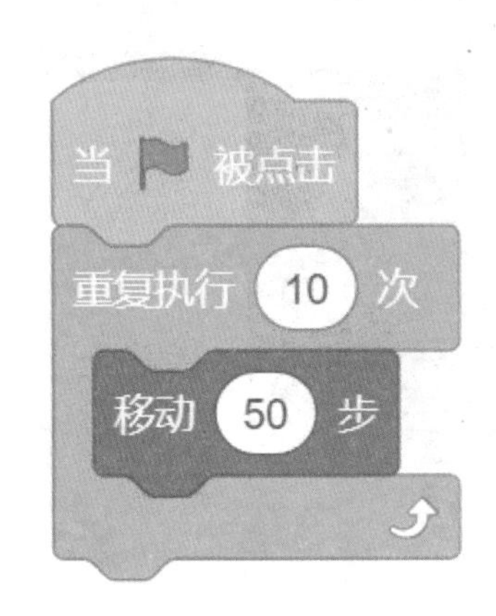

图5.10　重复指定移动次数

运行后可以发现木木只能朝着默认方向移动，而且移动至舞台边缘时会停止。为了避免该情况，可以使用“运动”模块中的“右转( )度”积木和“碰到边缘就反弹”积木，这样可以控制木木的移动位置和移动角度。积木组合如图5.11所示。

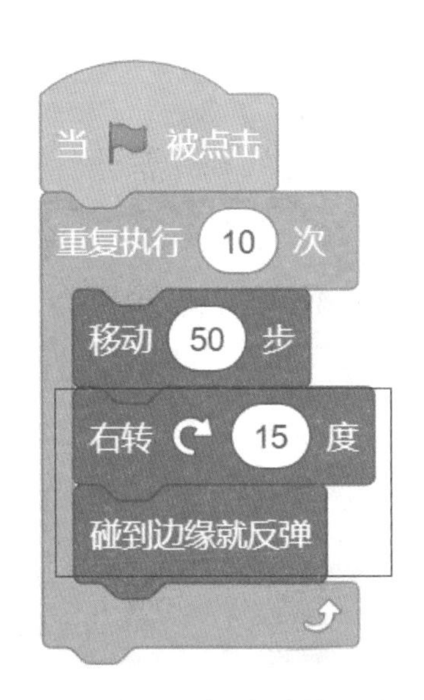

图5.11　木木瞬间移动的积木组合

说明

如果木木在瞬间移动时身体出现了旋转现象，可以在角色区的方向位置处将角色设置为不旋转。操作方式如图5.12所示。

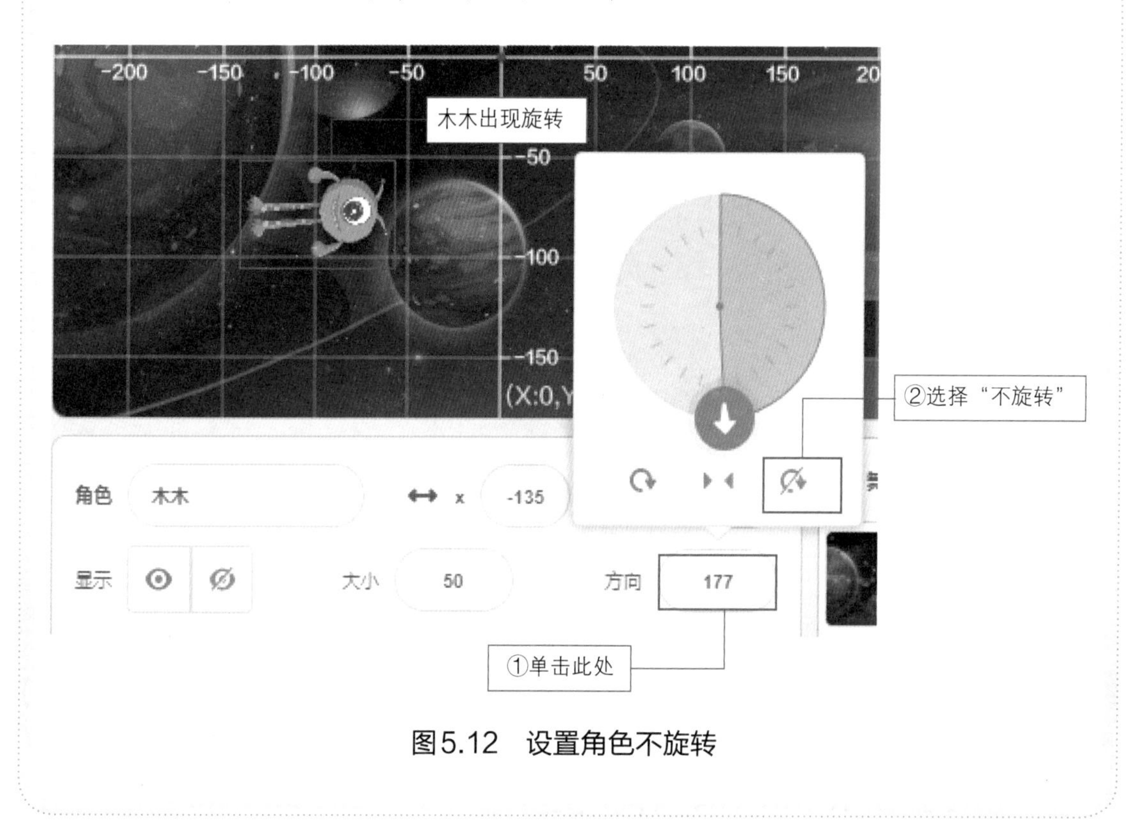

图5.12　设置角色不旋转

4.与用户交互

在实现猜测木木的坐标位置时，需要用户与程序进行交互，这可以使用侦测模块中的“询问( )并等待”积木、“回答”积木，以及外观模块中的“说( )( )秒”积木实现，如图5.13所示。

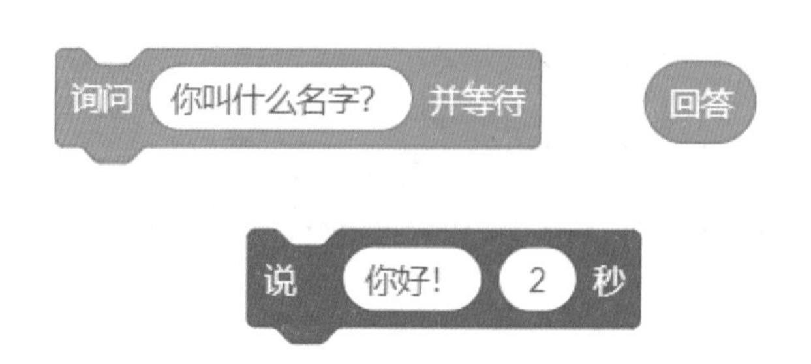

图5.13　与用户交互需要用到的积木

其中，“询问( )并等待”积木的小括号中输入的是要问的问题，而“说( ) ( )秒”积木的第1个小括号中输入的是要说的内容，第2个小括号中输入的是数字，表示几秒。

这里需要注意的是，“回答”积木是一个椭圆形积木，它的值是用户输入的值，本课中允许回答的坐标位置误差在–20 ～ 20之间，因此需要在控制模块中的“如果( )那么( )否则( )”积木中进行判断。例如，木木在询问X坐标时，可以使用如图5.14所示的积木组合。

图5.14　猜测木木的坐标位置

在图5.14所示的积木组合中，用到了“如果( )那么( )否则( )”积木，如图5.15所示，该积木是选择结构的另一种形式，主要用在判断条件成立和不成立时分别执行不同语句的情况下，其执行流程如图5.16所示。

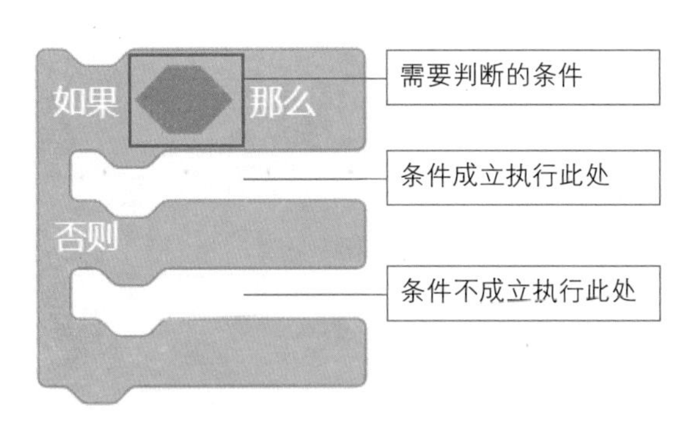

图5.15　如果( )那么( )否则( )

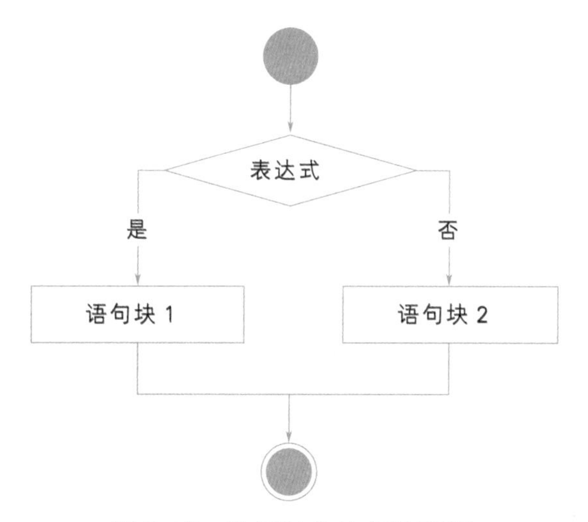

图5.16　选择结构执行流程图

编程实现

在实现木木的瞬间移动时，当绿旗被点击后，木木会在舞台区移动10步、向右转15度，并在碰到舞台边缘时反弹，循环执行以上操作10次，其程序如图5.17所示。

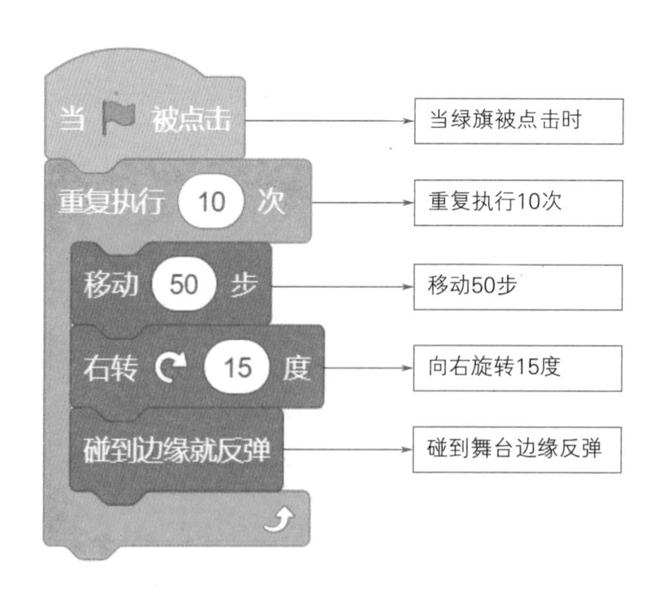

图5.17　实现木木瞬间移动的程序

在实现询问并回答木木坐标位置时，木木会依次询问其X坐标、Y坐标的位置，如果回答的坐标位置在一定的误差范围内（–20 ～ 20），木木会提示回答正确，否则会提示回答错误。程序如图5.18所示。

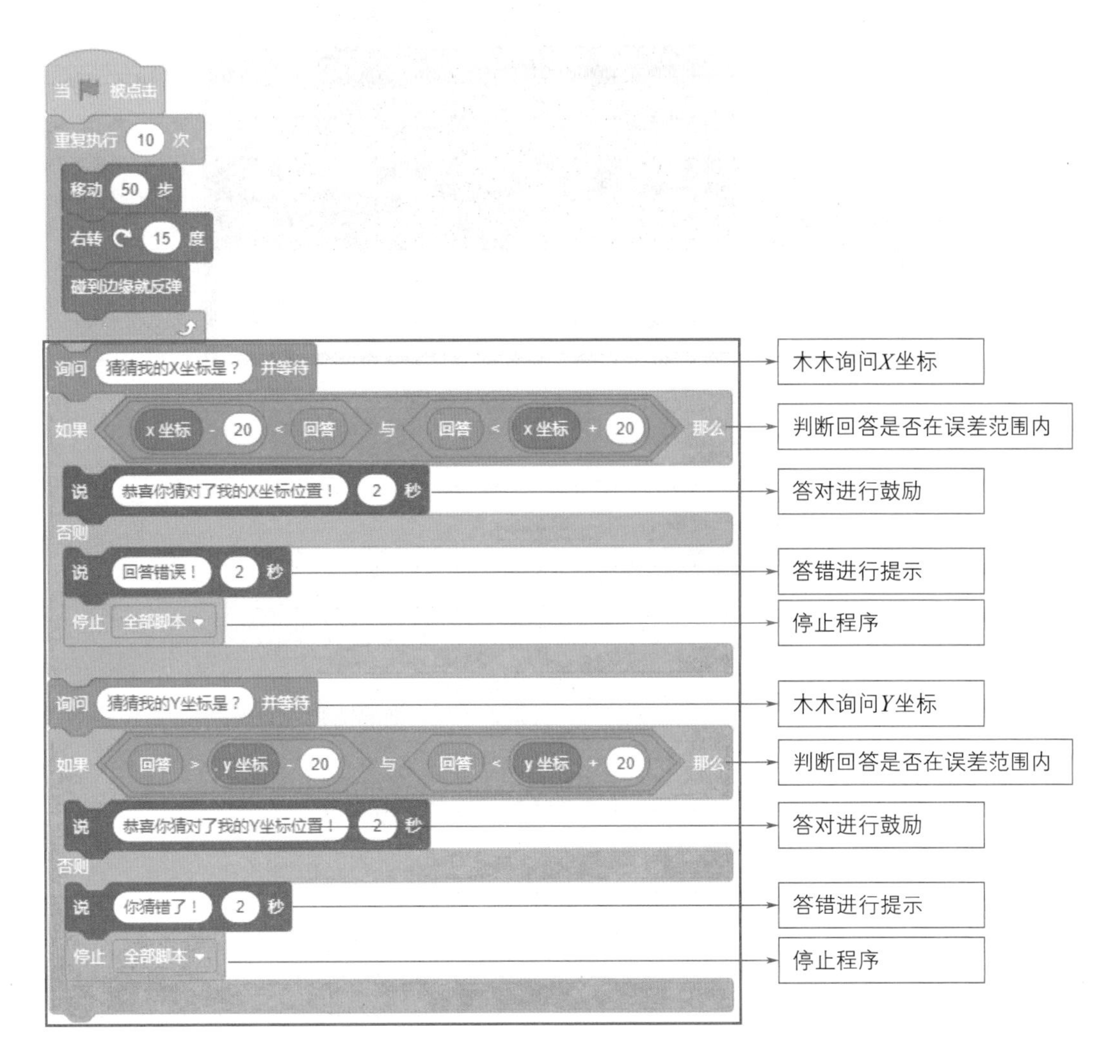

图5.18　实现询问回答木木坐标位置的程序

挑战空间

我们成功地通过了这次乐乐的考验，不过乐乐想到了一个更加困难的挑战，乐乐减少了程序背景中的坐标系参考线，如图5.19所示，快试试你还能不能准确说出木木的坐标位置吧。

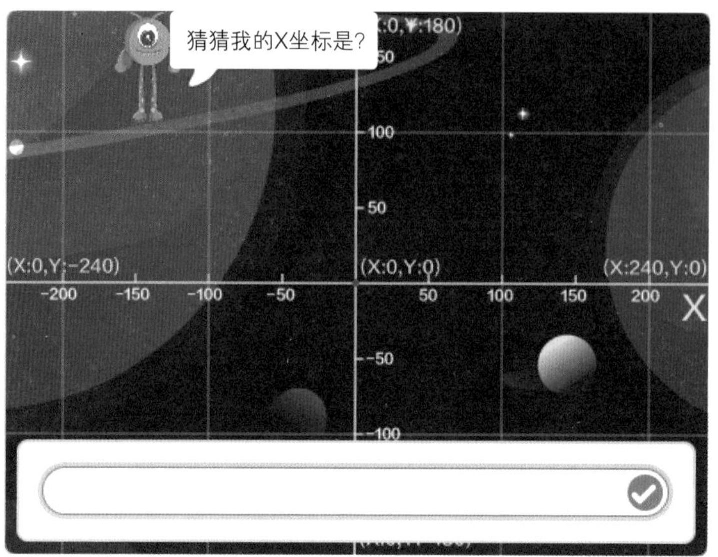

图5.19　挑战空间任务图

知识卡片

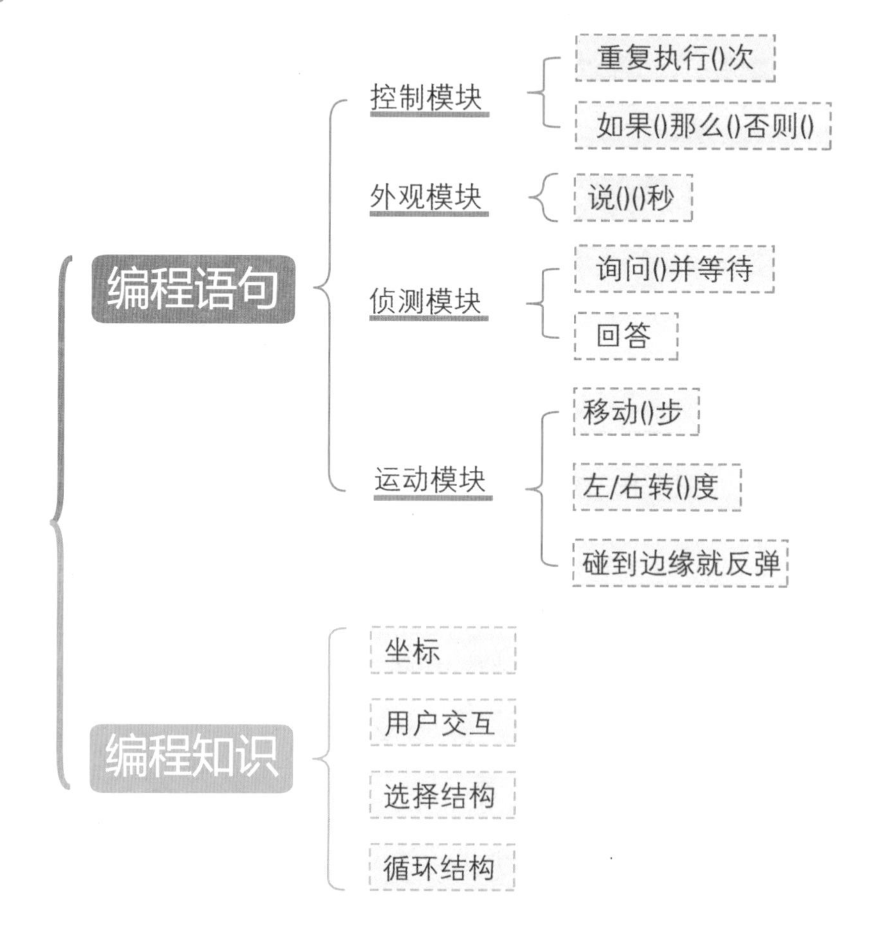

第6课

奇幻森林大冒险

本课学习目标

- 掌握如何侦测是否碰到了指定角色
- 掌握切换角色造型及显示隐藏角色的方法
- 巩固“如果()那么()”选择结构和“重复执行”积木的使用
- 巩固如何为多个角色编写程序

扫描二维码
获取本课资源

任务探秘

卡洛受邀成为电影《奇幻森林大冒险》的演员，今天让我们一起来协助他完成电影的拍摄吧！

来到片场，导演给了卡洛一部剧本。剧本内容是：卡洛在奇幻森林里行走，吃到不同的果子，说不同的话，表演不同的表情，拍摄过程如图6.1所示。

图6.1　卡洛拍摄过程

规划流程

分析上面的任务，首先我们需要将任务分成两组程序，分别是卡洛和苹果。其中，卡洛程序需要初始化自己的造型和起始坐标位置，然后重复地向前移动，如果碰到红苹果，切换成开心造型，并说苹果好吃；如果碰到毒苹果，切换成中毒造型，并说苹果有毒。根据上面的任务探秘分析，卡洛程序的流程如图6.2所示。

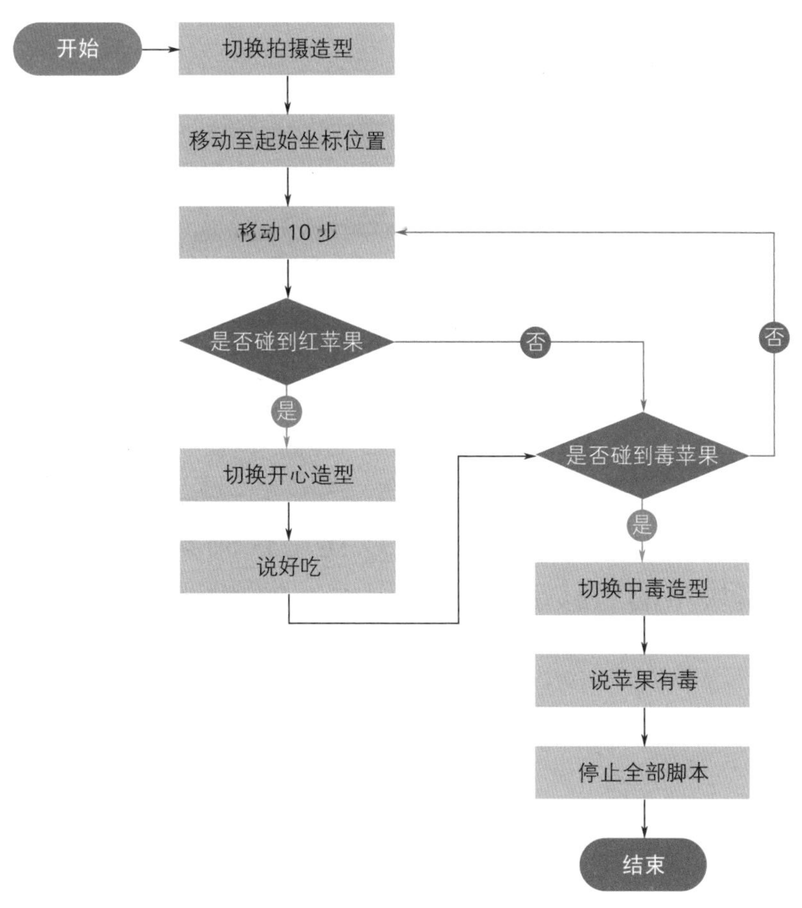

图6.2　卡洛程序的流程图

本课任务中的另一组程序是苹果程序，苹果分为红苹果和毒苹果，这两个角色的流程相同，首先需要显示，然后循环判断自身是否碰到了卡洛，如果碰到了卡洛就隐藏自己。根据上面的任务探秘分析，苹果程序的流程如图6.3所示。

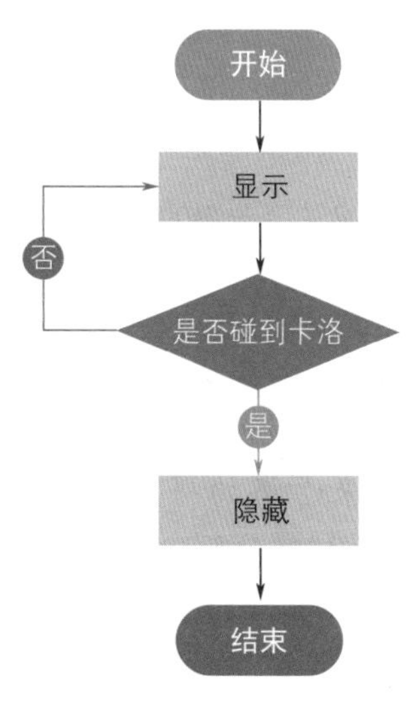

图6.3　苹果程序的流程图

1. 卡洛的准备工作

卡洛在拍摄前需要先进行准备。首先使用外观模块中的“换成( )造型”积木，将造型切换为拍摄造型；然后使用运动模块中的“移到x：( )y：( )”积木，设置卡洛的起始坐标位置。积木组合如图6.4所示。

2. 保持向前移动

实现卡洛不断向前移动时，可以使用控制模块中的“重复执行”积木和运动模块中的“移动( )步”积木，如图6.5所示。

图6.4　卡洛的准备工作

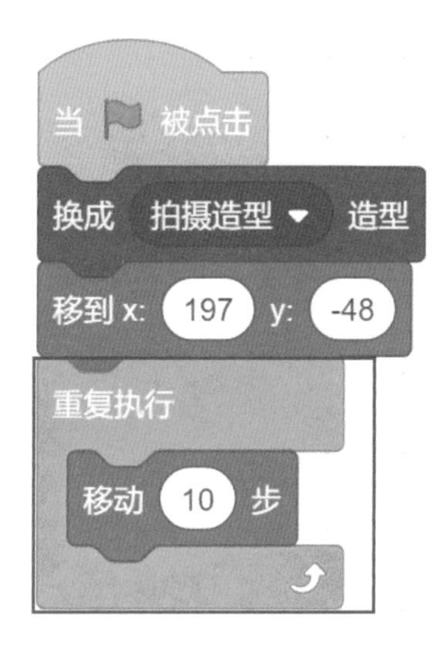

图6.5　卡洛重复向前移动

说明

如果卡洛的移动速度过快，可以将移动步数减少，也可以在“重复执行”积木中添加等待积木，两种组合方案如图6.6所示。

图6.6　实现调整卡洛移动速度的两种方案

3. 检测是否碰到物体

侦测模块中提供了一个“碰到( )？”积木，如图6.7所示，它可以检测是否碰到了某个角色或鼠标指针，一般会搭配控制模块中的“如果( )那么( )”积木使用，如果碰到了对应的角色，就做相应的事情。

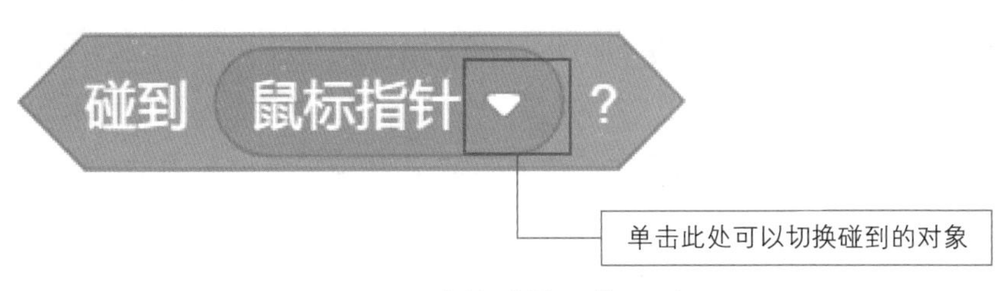

图6.7　“碰到( )？”积木

例如，本课任务中判断卡洛是否碰到了红苹果时，需要使用“如果( )那么( )”和“碰到( )？”积木来实现；另外，在卡洛碰到红色苹果时，需要使用外观模块中的“换成( )造型”和“说( )( )秒”积木实现切换造型并说太好吃了的功能。具体代码如图6.8所示。

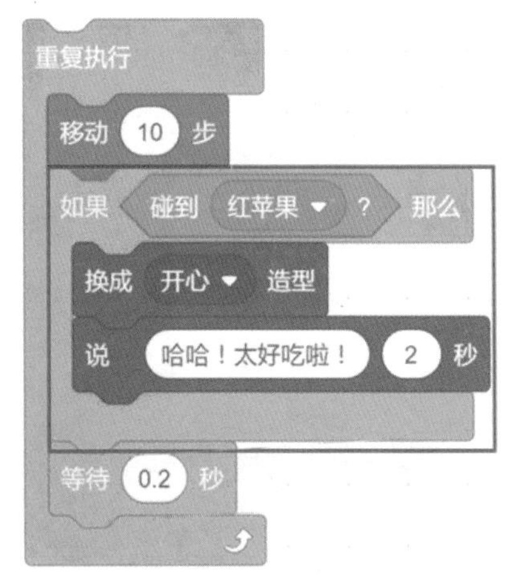

图6.8　卡洛碰到红苹果

说话其实就是将语句显示在舞台区，在外观模块中有两个积木都可以实现让角色说话的功能，如图6.9所示。

（a） （b）

图6.9 两种说话积木

其中，图6.9（a）中的积木表示在舞台上显示这句话几秒，再进行下一个程序指令；而图6.9（b）中的积木表示在舞台上会一直显示，同时和其他程序一起运行。

4.使苹果碰到卡洛消失

本课任务中有两个苹果角色，分别是红苹果和毒苹果，这两个苹果都会遇到同样的问题，即碰到卡洛时，说明即将被卡洛吃掉，此时需要消失。实现该功能时，首先需要显示苹果，然后循环判断苹果是否碰到了卡洛，如果碰到就隐藏自己（苹果），这里重点用到了“显示”“隐藏”和“碰到( )?”积木，其实现代码如图6.10所示。

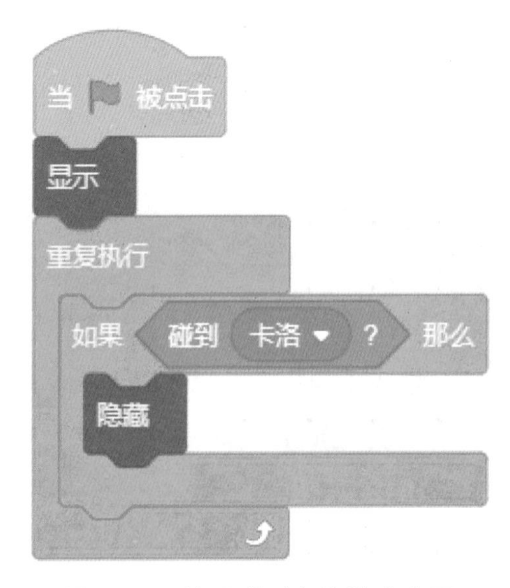

图6.10 苹果碰到卡洛隐藏自己

根据上面的任务规划流程及所用到的积木，编写角色“卡洛”的完整程序，首先应该初始化位置和造型，然后不断向前移动，如果碰到红苹果就切换“开心”造型，并说好吃，如果碰到毒苹果就切换“中毒”造型，并说苹果有毒，同时停止全部程序。卡洛完整程序如图6.11所示。

图6.11　卡洛完整程序

在实现两个苹果角色的程序时，首先需要显示自己，然后循环判断是否碰到了卡洛，如果碰到了卡洛，则隐藏自己。苹果角色的完整程序如图6.12所示。

图6.12所示的程序需要为每个苹果角色分别进行编写。

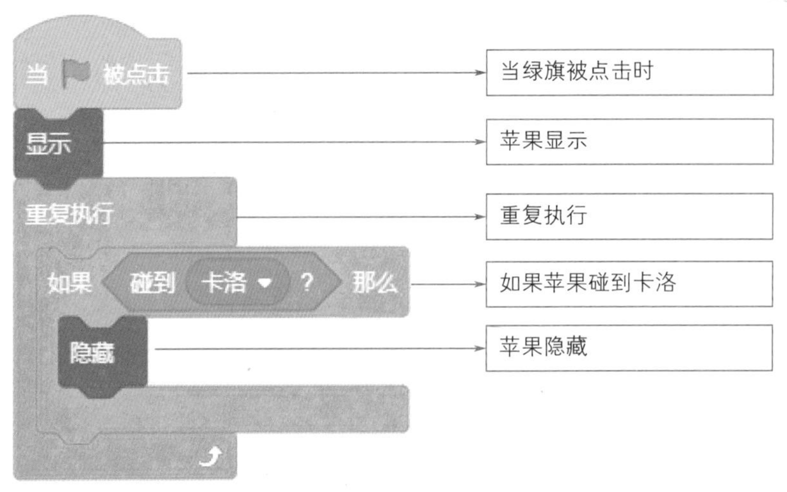

图6.12　苹果完整程序

挑战空间

卡洛的表现赢得了剧组的赞赏，他又接到了剧组发来的新剧本。这次的剧本是碰到好蘑菇说好吃，并出现开心表情；而碰到毒蘑菇说有毒，并表现很痛苦的表情，同时结束程序，如图6.13所示。下面让我们一起帮助卡洛完成这个挑战任务吧！

图6.13　卡洛吃蘑菇

scratch

知识卡片

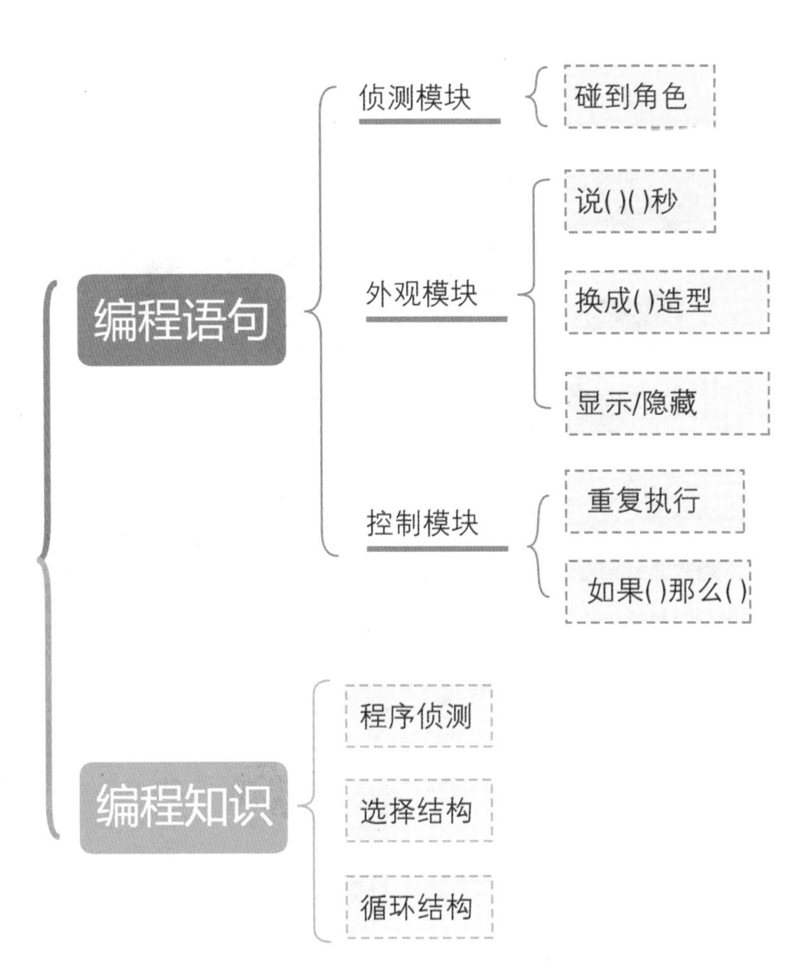
编程语句
侦测模块
碰到角色
外观模块
说( )( )秒
换成( )造型
显示/隐藏
控制模块
重复执行
如果( )那么( )
编程知识
程序侦测
选择结构
循环结构

第7课 勇士寻药记

本课学习目标

- 掌握通过按键控制角色移动的方法
- 掌握程序中广播的使用方法
- 熟悉不成立积木在程序中的使用场景
- 巩固角色坐标位置、方向、造型等的设置方法

扫描二维码
获取本课资源

任务探秘

本课的任务是设计一个拯救使者寻找解药的游戏，具体要求为：通过键盘上的上、下、左、右按键来控制拯救使者移动，在获取解药的过程中不要被女巫发现。其中，拯救使者只能在黄颜色的道路上行走，不可以触碰任何草坪，如果触碰了草坪，女巫就会瞬间移动抓住拯救使者，此时将停止游戏。任务示意如图7.1所示。

图7.1　任务示意图

规划流程

分析上面的任务，任务中有两个角色：拯救使者和女巫，因此，我们需要分别为他们设计程序。

拯救使者设计程序。首先需要控制拯救使者移动，如果拯救使者没有在黄颜色的道路上行走，说明触碰到了草坪，此时将发送“警报”广播；而如果碰到解药，说明拿到解药，则结束程序。根据上面的分析规划拯救使者角色的流程如图7.2所示。

在本课任务中，女巫的主要作用是巡逻或者接到警报时抓住拯救使者，因此，女巫需要两个子程序：第一，女巫应该初始化自己的坐标位置，并在中间的道路上来回行走，如果在行走的过程中碰到拯救

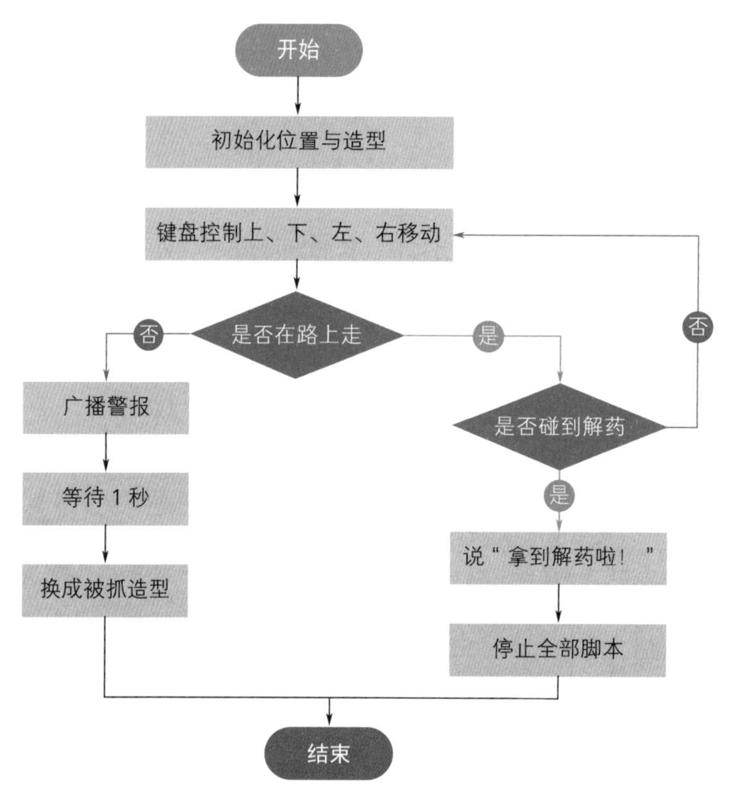

图7.2　拯救使者角色的流程图

使者就抓住它，结束程序；第二，当女巫接收到“警报”广播时，需要瞬间移动到拯救使者位置处抓住它，结束程序。根据上面的分析规划女巫角色的流程如图7.3所示。

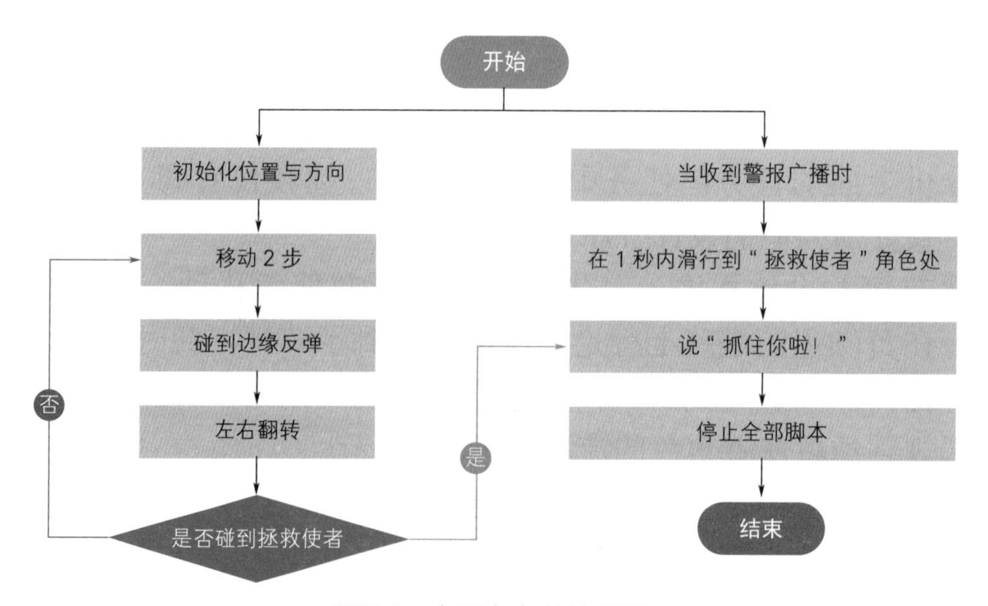

图7.3　女巫角色的流程图

探索实践

1.键盘控制角色移动

在使用键盘控制角色移动时，需要使用到侦测模块中的“按下( )键？”积木。在“按下( )键？”积木中，点击右侧倒三角可以在列表中切换为键盘上的任意按键，如图7.4所示。

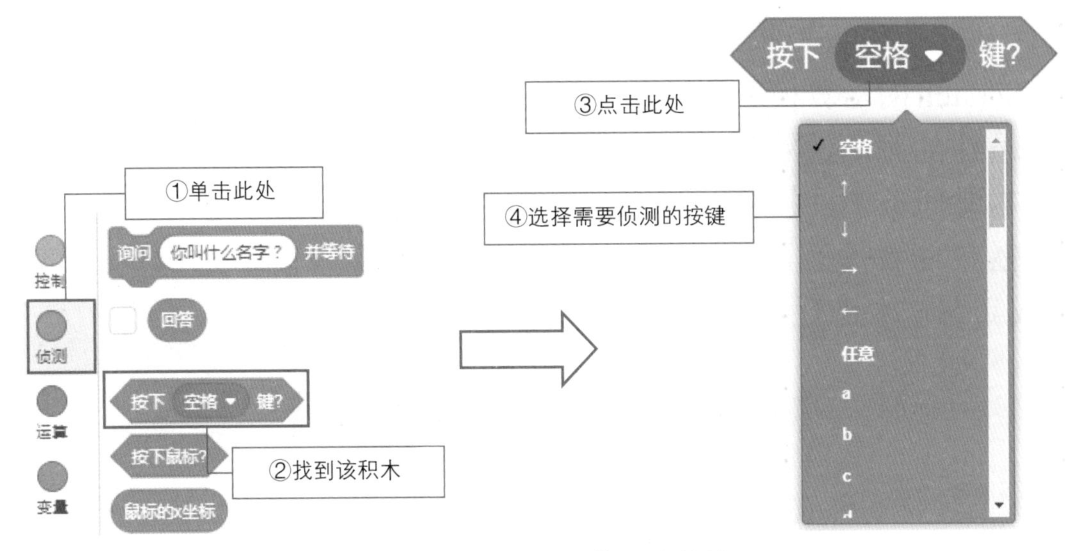

图7.4 “按下( )键？”积木的使用

想要根据用户按下的按键执行相应操作，可以使用控制模块中的“如果( )那么( )”积木和侦测模块中的“按下( )键？”积木来实现。例如，在本课任务中，当用户按下（上、下、左、右）按键时，角色会按照对应指令进行移动，使用以上积木实现该功能的效果如图7.5所示。

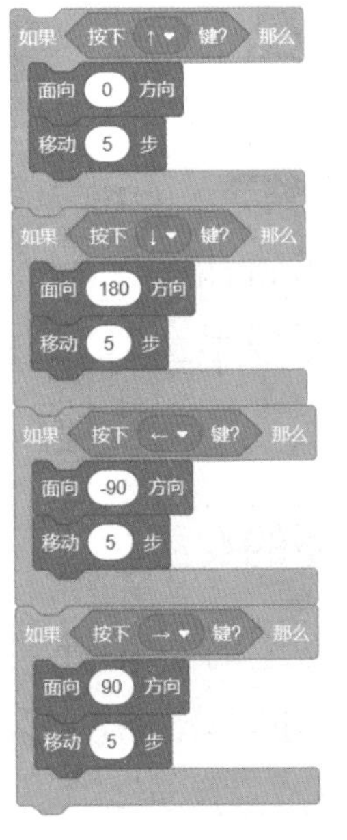

图7.5 键盘控制角色移动

2.获取解药

在拯救使者获取解药的过程中，如果检测碰到解药时，说明成功，停止程序；如果检测没有碰到黄颜色，说明走到了草丛中，这时应该发送警报广播。实现以上功能主要用到“碰到( )”“不成立”和“广播”积木，其中“碰到( )”在前面已经介绍过，这里主要讲解“不成立”积木和“广播”积木。

（1）“不成立”积木

Scratch的运算模块中提供了一个“不成立”积木，主要用于进行否定条件的判断，它通常需要配合“如果( )那么( )”积木使用。例如，本课任务中，拯救使者必须在黄颜色的道路上行走，也就是说，如果拯救使者没有碰到黄颜色，说明它碰到了草坪，这时就可以用“不成立”积木进行判断，如图7.6所示。

图7.6　判断碰到黄颜色不成立的积木组

（2）广播

当拯救使者走到女巫的监测范围内时，程序会触发广播警报给女巫。广播的功能主要是用于在角色与角色间相互传递消息。“广播”相关的积木位于事件模块中，点击“广播”积木右侧倒三角，可以创建新的广播消息。创建广播消息的具体步骤如图7.7所示。

3.巡逻的女巫

女巫巡逻时，是在道路中来回行走的，要实现该功能，需要用到运动模块中的“移动( )步”“碰到边缘就反弹”和“将旋转方式设为( )”积木，如图7.8所示。

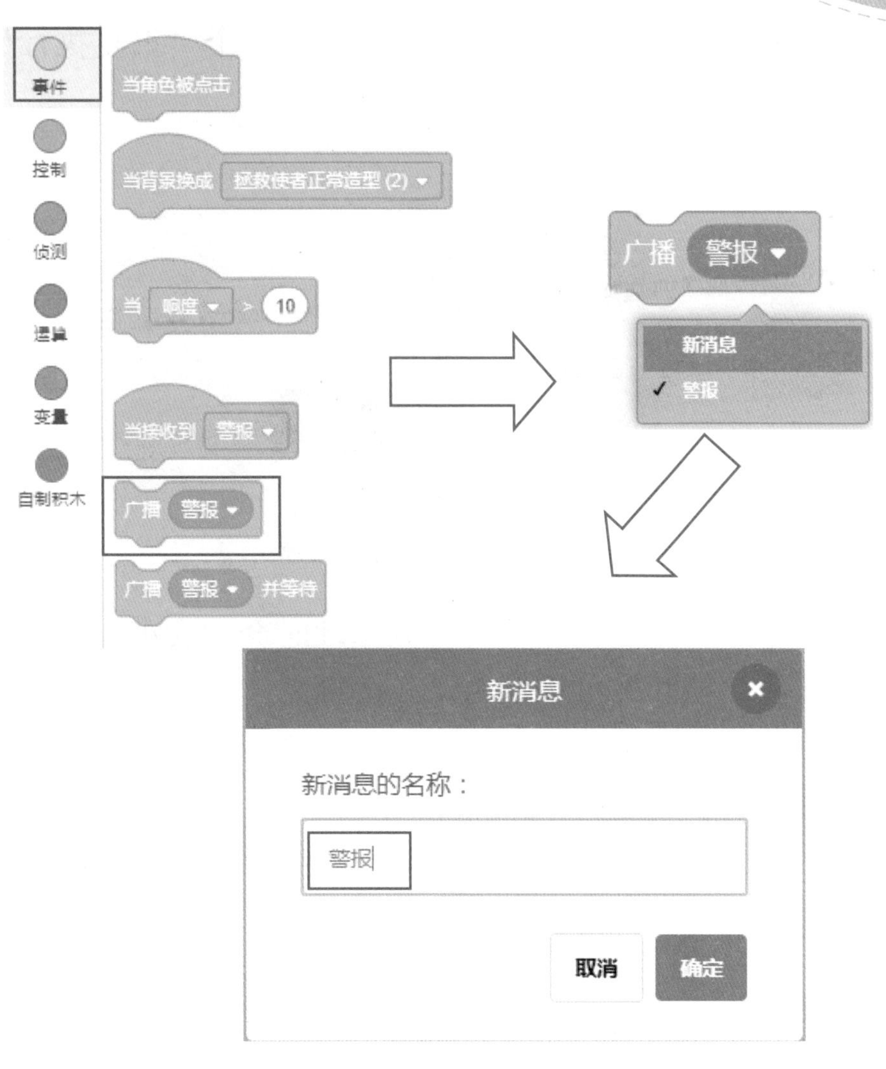

图7.7　创建广播消息的步骤

其中，“将旋转方式设为( )”积木有3种旋转方式：左右翻转、不可旋转和任意旋转，如图7.9所示。

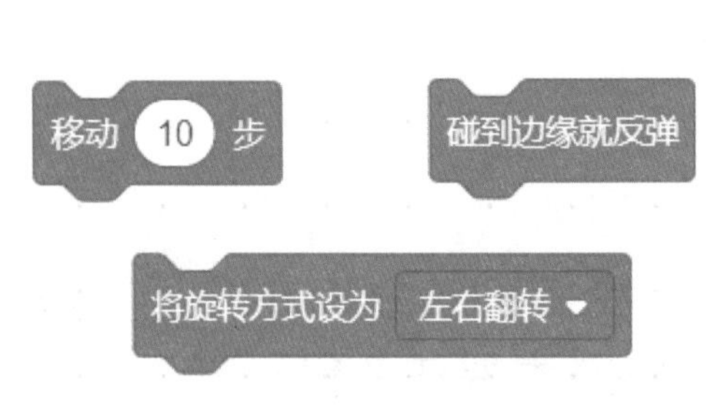

图7.8　实现女巫巡逻需要用到的积木

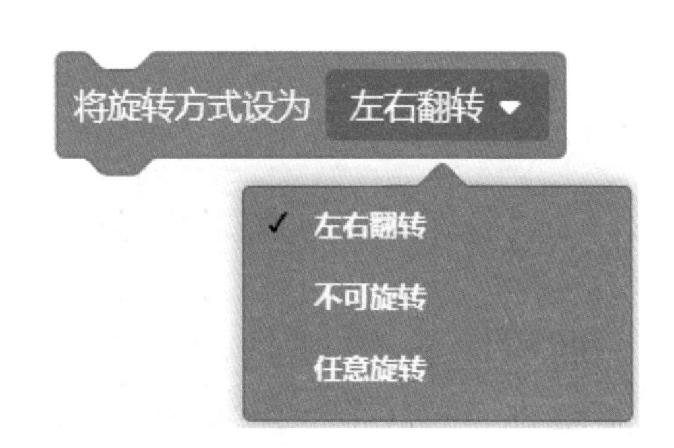

图7.9　“将旋转方式设为左右翻转”的3种旋转方式

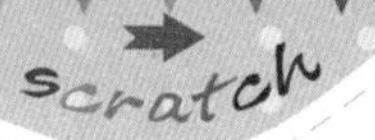

通过将图7.8所示积木进行组合，并放到一个“重复执行”积木中，即可实现女巫巡逻的功能，如图7.10所示。

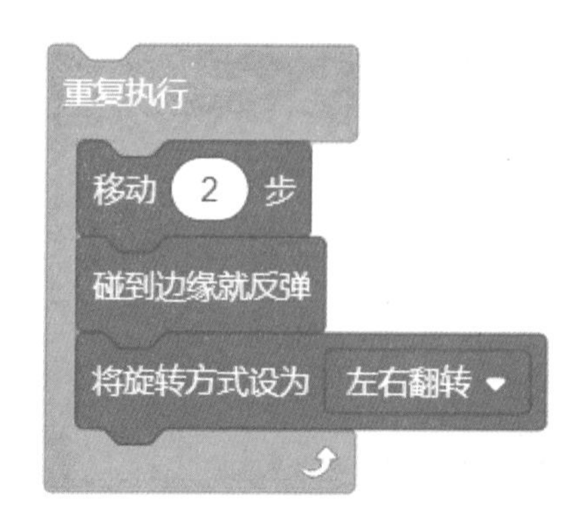

图7.10 实现女巫巡逻的程序

另外，上一节中提到拯救使者碰到草坪时会向女巫发送广播，那么女巫如何接收广播呢？可以使用“当接收到( )”广播积木实现。例如，图7.11所示代码表示女巫在接收到广播时，瞬间移动到拯救使者位置处，并抓住它，结束程序。

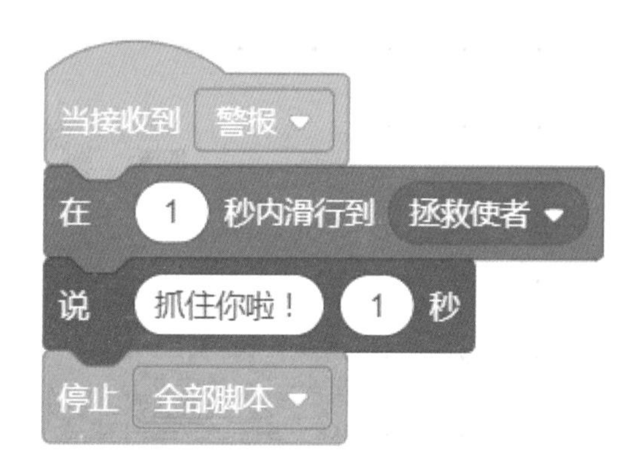

图7.11 女巫接收到广播时的处理方法

编程实现

通过上面的规划流程与探索实践，我们已经分步介绍了完成本课任务所需要的主要流程与积木，本节将对本课任务代码整体进行分析。拯救使者角色完整程序如图7.12所示。

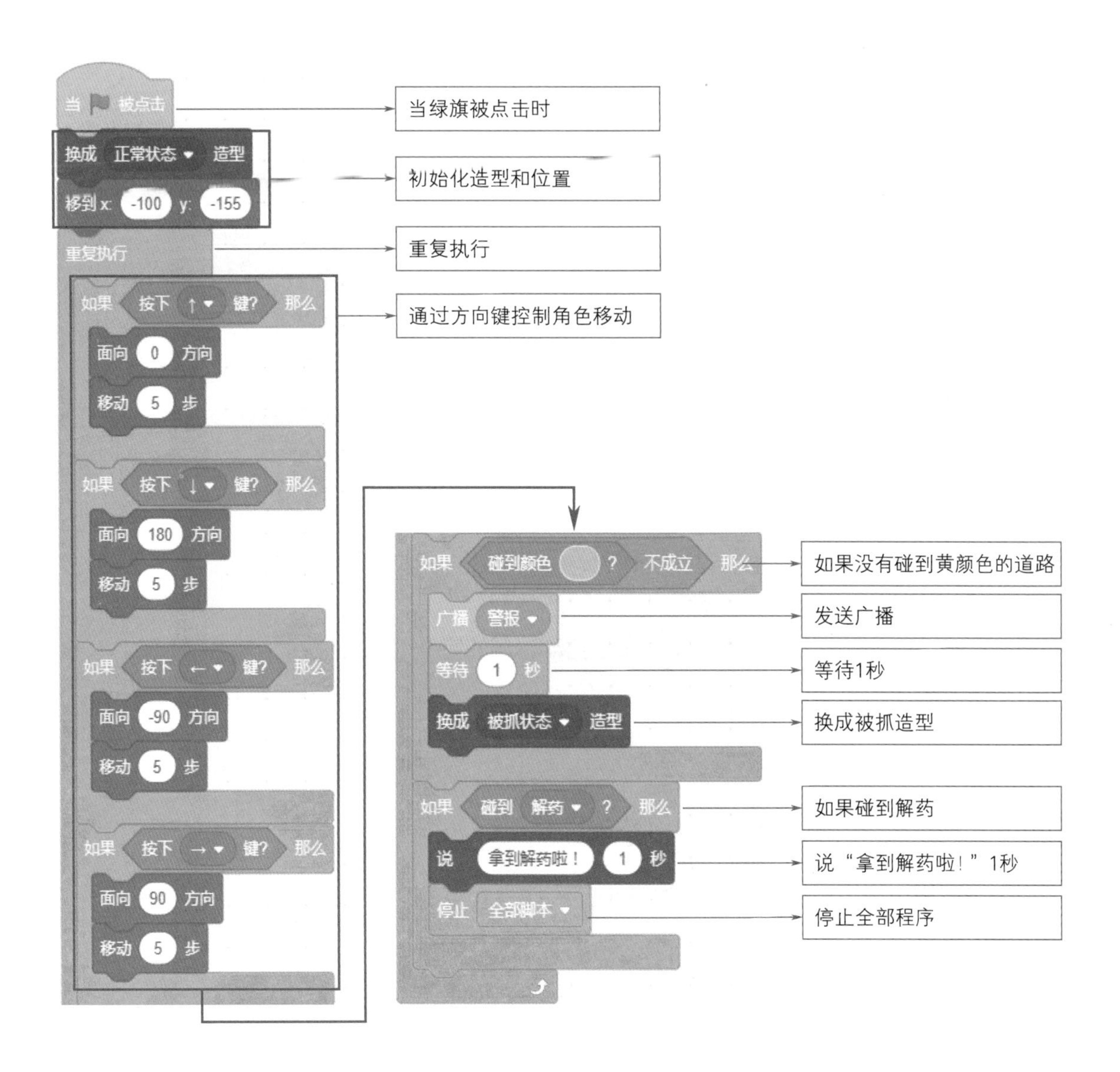

图7.12　拯救使者完整程序

女巫角色有两个程序：一个是点击绿旗时自动巡逻程序；另一个是当接收到警报广播时的程序。其中，自动巡逻程序的完整代码如图7.13所示。当接收到警报广播时的完整代码如图7.14所示。

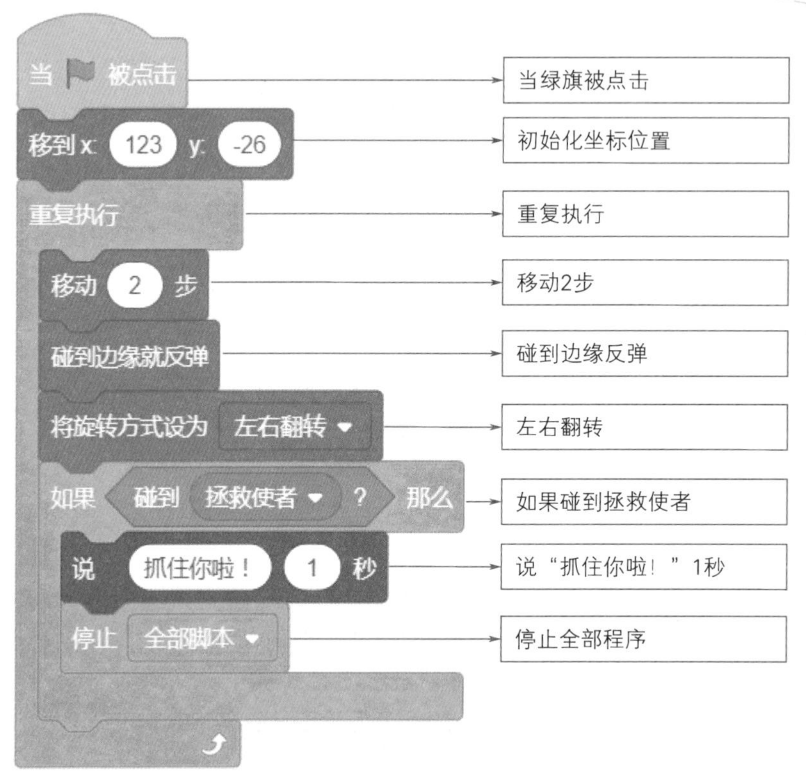

图7.13 女巫自动巡逻的完整代码

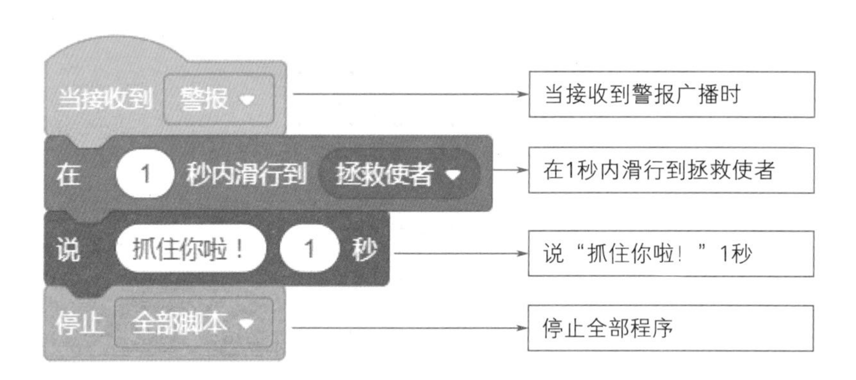

图7.14 女巫接收到警报广播的完整代码

本课任务中拯救使者成功地拿到了解药，但还需要将解药送到圆圆手中，但在圆圆所在的位置有两个女巫把守，如图7.15所示，请设计程序，帮助拯救使者快速将解药送到圆圆手中。

图7.15　将解药送到圆圆手中

知识卡片

- 编程语句
  - 侦测模块
    - 按下按键
  - 事件模块
    - 广播
    - 当接收到广播
  - 运算模块
    - 不成立
  - 运动模块
    - 移到x:()y:()
    - 在()秒内滑行到()
    - 将旋转方式设为左右翻转
- 编程知识
  - 广播
  - 键盘控制
  - 条件判断

第8课

改错小能手

本课学习目标

- 了解程序故障（Bug）和排除程序故障（Debug）
- 熟悉如何排除程序故障（Debug）
- 熟练掌握程序调试操作，并能够对错误程序进行修改

扫描二维码
获取本课资源

任务探秘

本节课将要设计一个挑战黑暗世界的任务，具体要求为：通过键盘上的方向键控制角色（拯救使者）在黑暗世界里移动，获取开启现实世界的红色钥匙，效果如图8.1所示。

图8.1　挑战黑暗世界

我们根据需求编写了如图8.2所示的代码，运行程序时发现无法通过键盘上的方向键控制拯救使者移动，请找出错误并改正，帮助拯救使者回到现实世界当中。

```
当 🏴 被点击
换成 黑暗世界 ▾ 背景
换成 拯救使者黑暗状态 ▾ 造型
移到 x: -61 y: -92
说 移动我，获取通往现实世界的钥匙吧！ 2 秒
如果 按下 ↑ ▾ 键? 那么
    面向 0 方向
    移动 3 步
如果 按下 ↓ ▾ 键? 那么
    面向 180 方向
    移动 3 步
如果 按下 ← ▾ 键? 那么
    面向 -90 方向
    移动 3 步
如果 按下 → ▾ 键? 那么
    面向 90 方向
    移动 3 步
如果 碰到颜色 ( ) ? 那么
    换成 海边 ▾ 背景
    换成 拯救使者 ▾ 造型
    说 我成功了！ 2 秒
    停止 全部脚本 ▾
```

图8.2　无法正确运行的代码

规划流程

分析上面的任务，我们首先需要思考，要完成此次任务，正确的程序应该如何编写？然后运行代码有错误的程序，根据正确的编程思路，查找程序中哪里出现了错误，最后修改程序，完成此次任务。根据本课的任务描述规划其实现流程如图8.3所示。

修改程序的流程如图8.4所示。

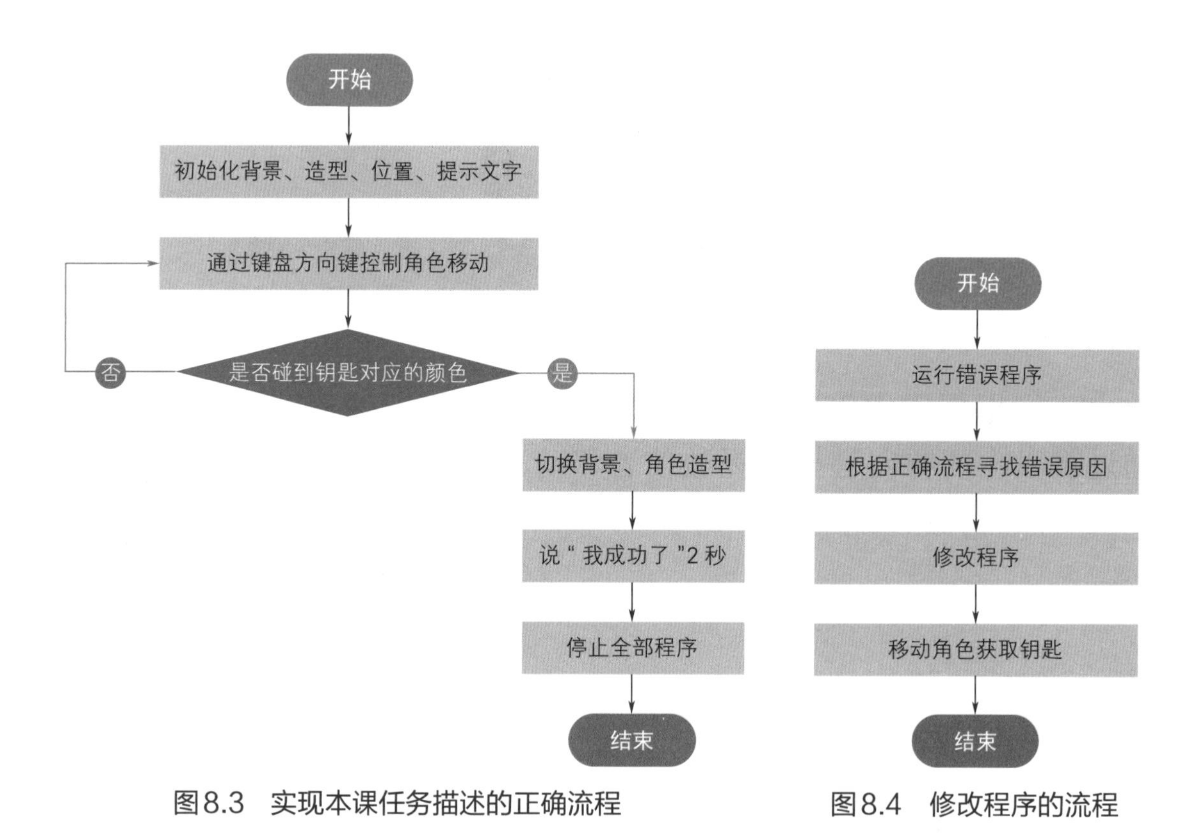

图8.3　实现本课任务描述的正确流程

图8.4　修改程序的流程

探索实践

1. 什么是Bug

计算机程序中的错误，我们通常称其为Bug，那么什么是Bug呢？Bug原意是虫子的意思。1937年，一位女数学家格蕾丝·霍珀在

调试程序故障时发现有只飞蛾被夹扁在触点中间，从而“卡”住了机器的运行，所以霍珀诙谐地把程序故障统称为“虫子（Bug）”。而这个称呼后来成为了计算机领域的专业行话，意思就是程序故障！而排除程序故障被称为Debug。

2.如何Debug

当程序出现Bug时，一般可以使用以下3个步骤解决。

步骤1 找相关，过程如图8.5所示。

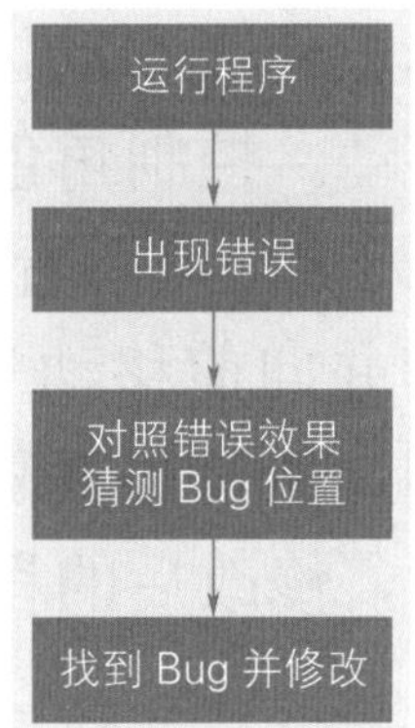

图8.5 通过“找相关”方法Debug的流程

步骤2 读代码，过程如图8.6所示。

步骤3 试修复，过程如图8.7所示。

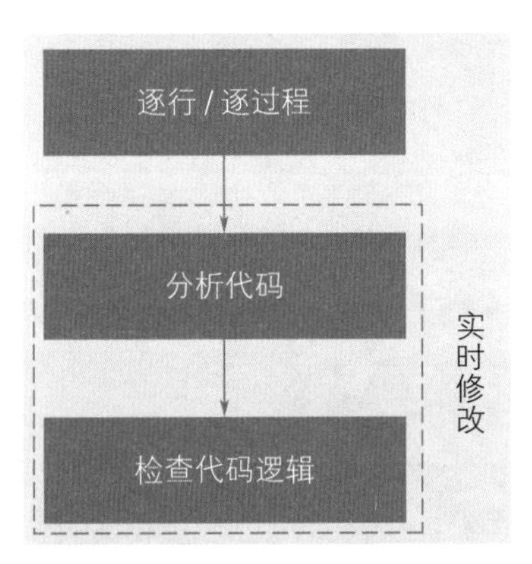

图8.6 通过“读代码”方法Debug的流程

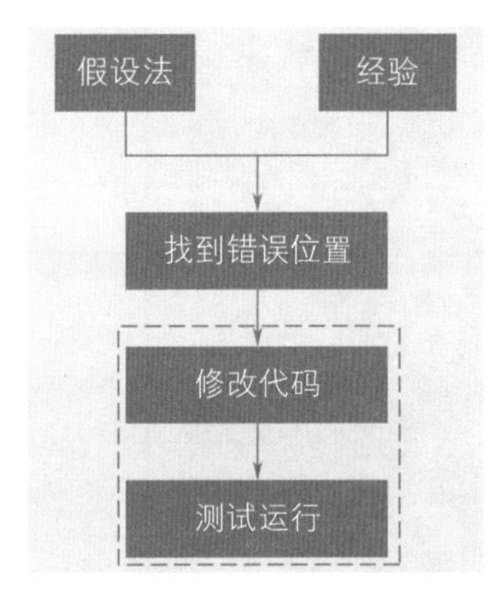

图8.7 通过“试修复”方法Debug的流程

在修改本课任务程序时，因为有任务需求的描述，所以可以先按照需求设计出正确的程序流程，然后对照正确的程序流程，运行编写完的程序，根据错误的效果，逐行查看程序，找到错误位置并修改。

1.修复角色移动问题

运行程序后，拯救使者进入黑暗世界，发现无法通过键盘中的方向键控制拯救使者移动。所以我们需要先查看程序中哪部分程序用来控制角色移动。控制角色移动的程序如图8.8所示。

观察图8.8，我们看到，当按下键盘中的方向键时，角色会面向对应的方向并向前移动3步，但程序中只对按下键侦测了一次，而不是持续侦测。所以想要随时控制角色移动，就需要在侦测程序外面添加重复执行，修改后的程序如图8.9所示。

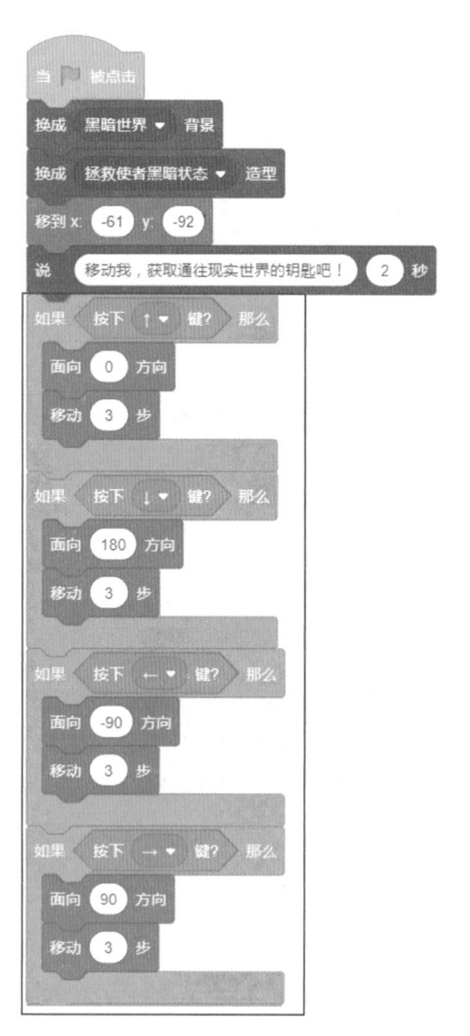

图8.8　控制角色移动的错误程序

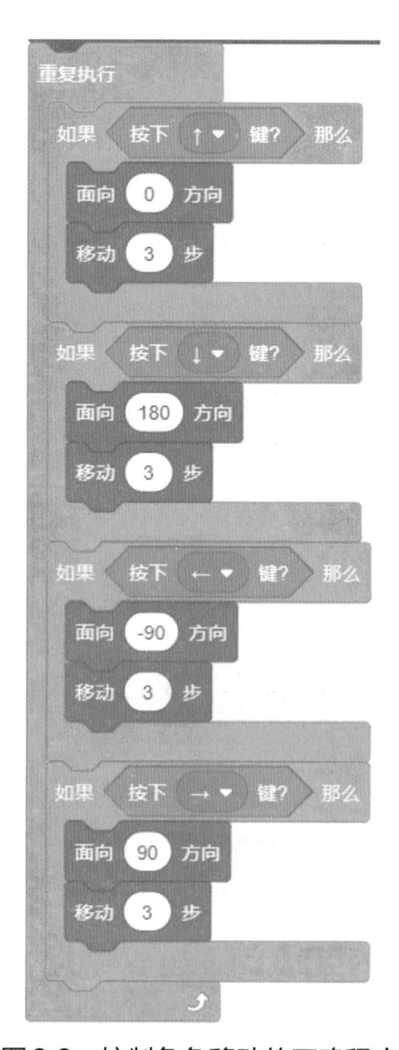

图8.9　控制角色移动的正确程序

2. 拯救使者无法拿到钥匙

完成上面的修改操作后，就可以通过方向键控制拯救使者移动了，但是当走到钥匙所在位置时，并不能拿到钥匙。现在我们要做的是修改程序，让拯救使者拿到钥匙回到现实世界。

首先找到控制拯救使者拿钥匙的程序，如图8.10所示。

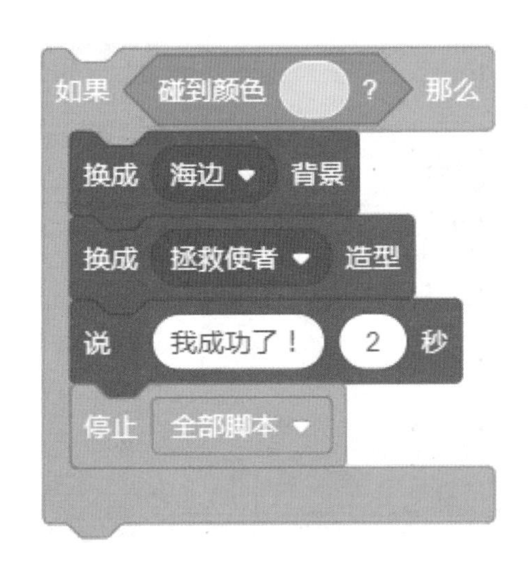

图8.10　拯救使者拿钥匙错误的程序

经过分析可以发现，代码中判断碰到钥匙的颜色为粉色，而实际中钥匙的颜色为红色，因此，这里需要将判断碰到的颜色修改为红色，修改后的程序如图8.11所示。

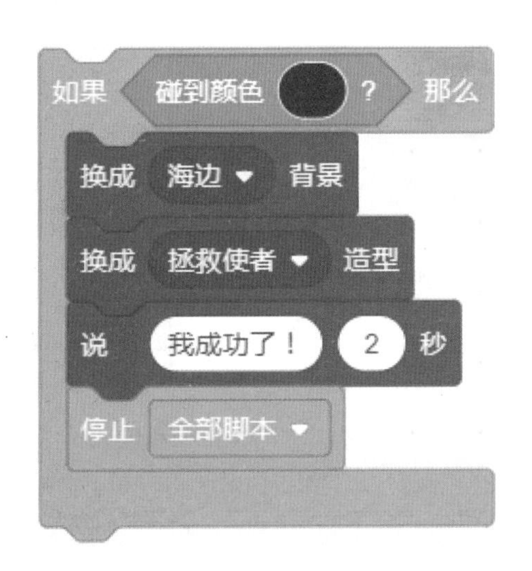

图8.11　拯救使者拿钥匙正确的程序

程序修改之后，再次运行程序，通过键盘中的方向键控制拯救使者拿到钥匙，返回现实世界。最终的完整程序如图8.12所示。

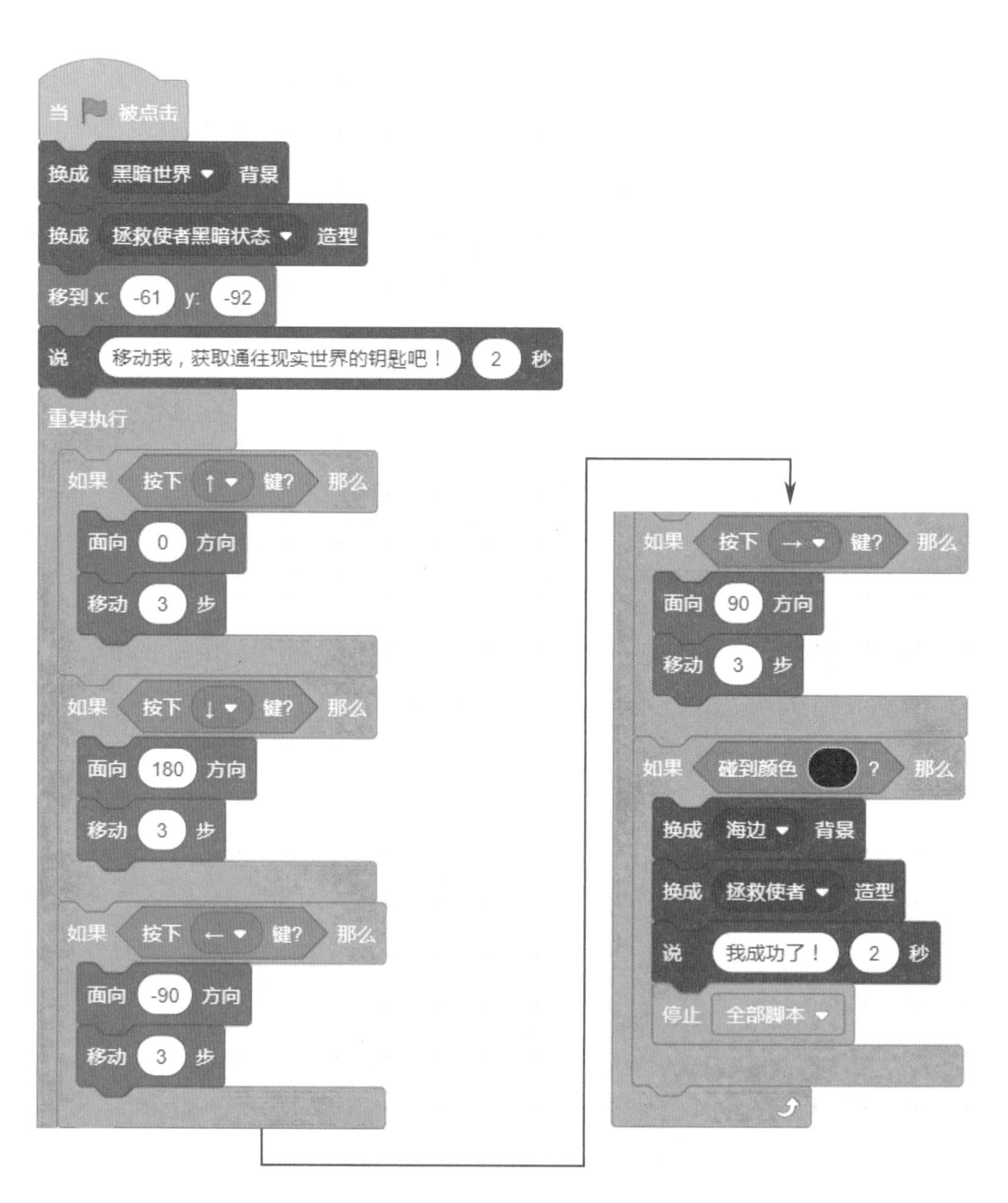

图8.12　挑战黑暗世界完整程序

挑战空间

通过本课任务的学习，我们学会了如何解决程序中的Bug。现在，在海边的一只小怪兽也遇到了程序上的错误，当按下键盘中的方向键时，小怪兽总是向相反的方向移动，如图8.13所示，请找出代码（如图8.14所示）中的Bug，并修改正确。

图8.13　帮助海边小怪兽

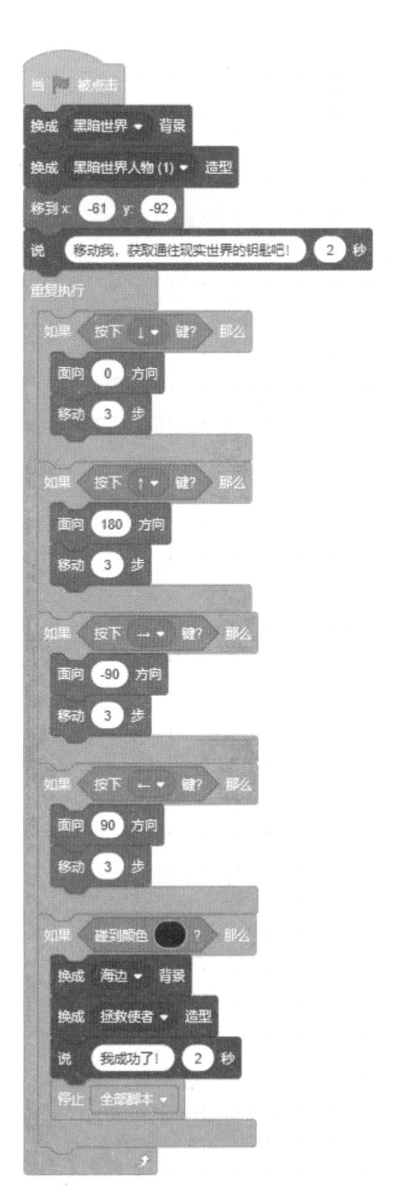

图8.14　海边小怪兽程序代码

知识卡片

- 编程语句
  - 各模块综合应用
- 编程知识
  - Bug：虫子，程序故障
  - Debug：排除程序故障
  - Debug的三步骤
    - 找相关
    - 读代码
    - 试修复

第9课

音乐大会

本课学习目标

- 掌握在 Scratch 中添加音乐模块的方法
- 熟练掌握使用音乐积木弹奏常见的乐谱的方法
- 能独立观察任务规律并规划流程

扫描二维码
获取本课资源

任务探秘

本课将设计一个可以实现自动弹奏钢琴曲的程序，具体要求为：使用Scratch音乐模块中的相关积木弹奏《两只老虎》，任务示意如图9.1所示，《两只老虎》曲谱如图9.2所示。

图9.1　音乐大会

图9.2 《两只老虎》曲谱

规划流程

分析上面的任务，要弹奏《两只老虎》，首先应该对《两只老虎》的曲谱进行分析，通过观察可以看出，《两只老虎》的曲谱主要分为4组，每组重复执行2次，如图9.3所示。

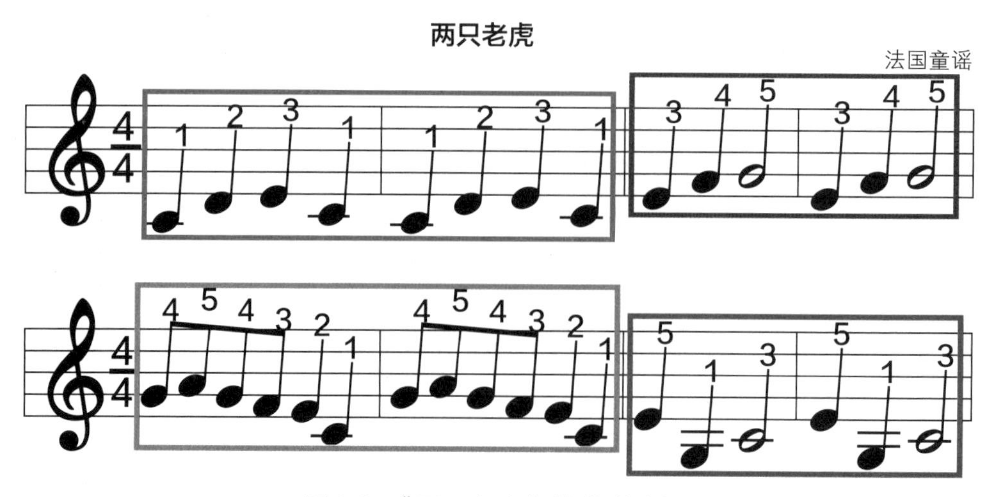

图9.3 《两只老虎》的曲谱分析

根据图9.3所示的规律，规划本任务的流程如图9.4所示。

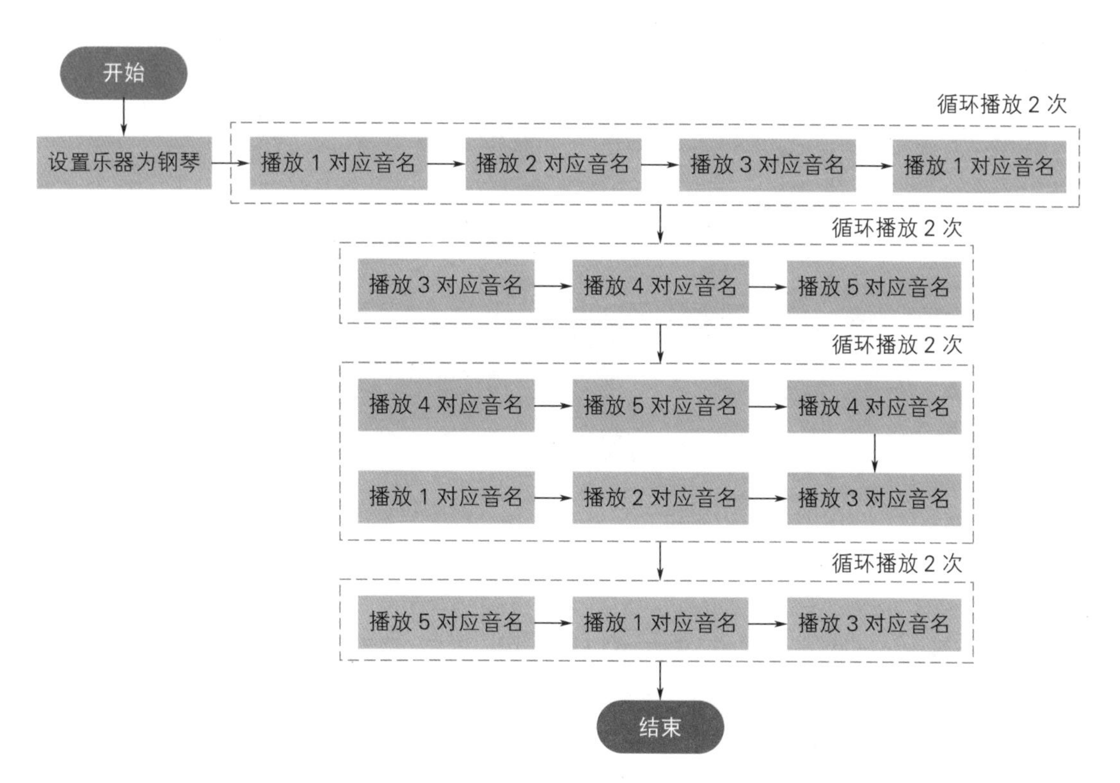

图9.4　流程图

1.添加音乐模块

实现本课任务时主要用到音乐相关的积木，但Scratch中默认并没有该模块，因此首先需要添加音乐模块，步骤如下：

（1）在模块区的左下角，单击“添加扩展”按钮，如图9.5所示。

（2）进入拓展窗口后，选择第一个音乐模块，如图9.6所示。

图9.5　单击“添加扩展”按钮

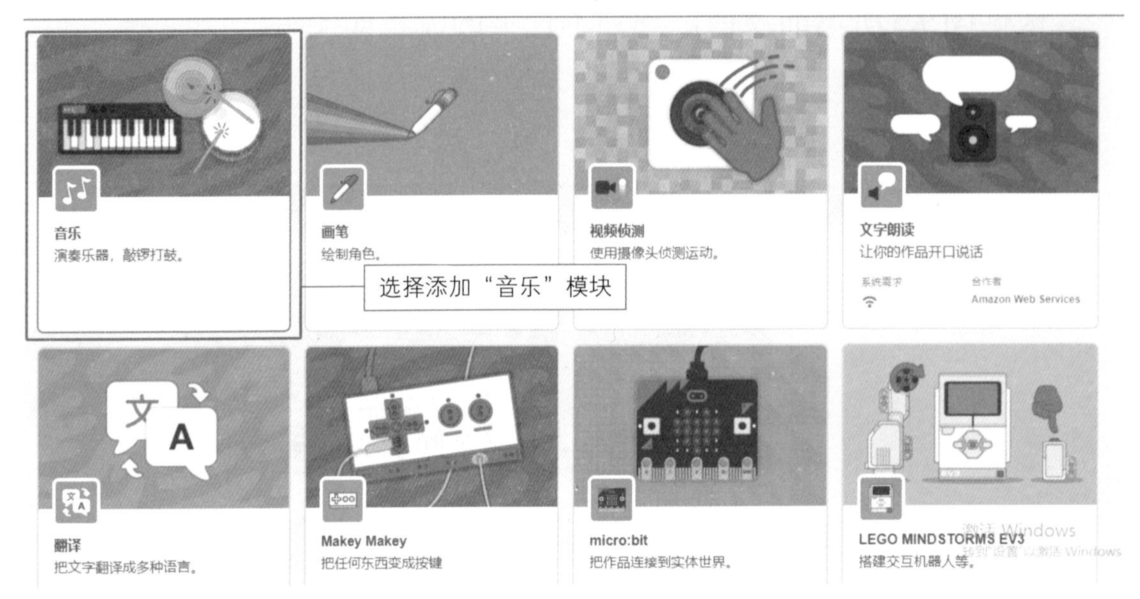

图9.6　选择音乐模块

（3）添加完毕后，可以在模块区的最后看到音乐模块，此时就可以使用音乐模块中的积木来进行音乐创作了，如图9.7所示。

图9.7　音乐模块中的积木

2. 了解乐理知识

五线谱通过在五根相同距离的平行线上标记不同的音符来记录音乐，是运用最为广泛的乐谱之一，如图9.8所示。

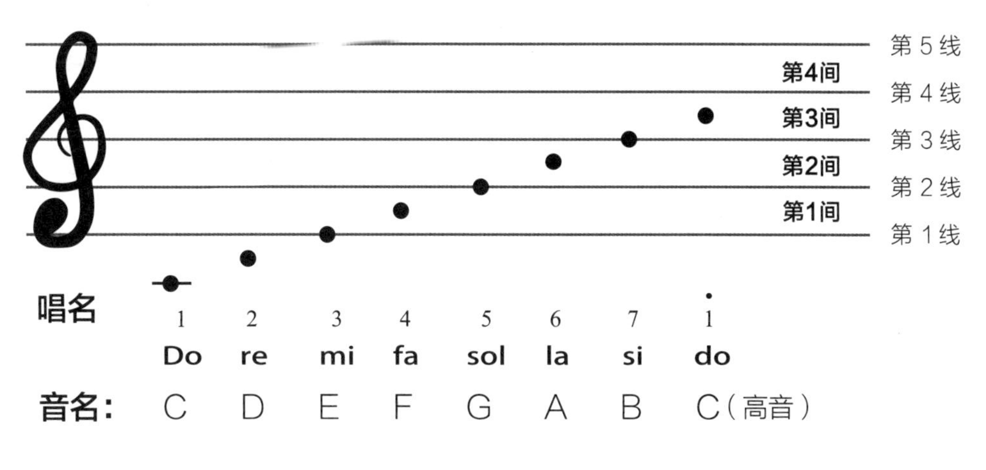

图9.8 五线谱

乐谱上的1～7数字叫作唱名，也可用do、re、mi、fa、so、la、si来表示，它们对应的音名分别为C、D、E、F、G、A、B；而唱名下面加1个点表示比正常音低1个8度，唱名上面加1个点表示比正常音高1个8度，唱名不变。

另外，在本课任务的《两只老虎》曲谱中还出现了很多音符，如图9.9所示。

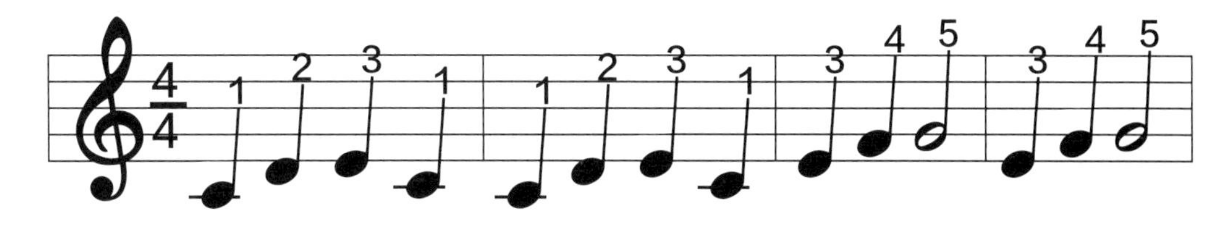

图9.9 曲谱上的音符

音符是用来记录不同长短的音的符号。其中，带有符干、没有符尾的黑色音符叫“四分音符”，如图9.10所示；带有符干、没有符尾的白色音符叫“二分音符”，如图9.11所示；带有符干和1条符尾的黑色音符叫“八分音符”，如图9.12所示。

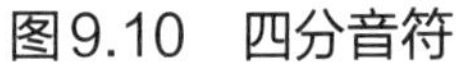

图9.10　四分音符

图9.11　二分音符

图9.12　八分音符

3. 使用积木演奏音乐

在Scratch中使用音乐相关积木演奏音乐的步骤如下：

（1）在音乐模块中可以通过“将乐器设为( )”的积木来选择想要演奏的乐器，其中包含钢琴、风琴、吉他等。在积木中选择乐器时需要点击积木右侧的下拉列表，然后在列表中选择需要演奏的乐器，如图9.13所示。

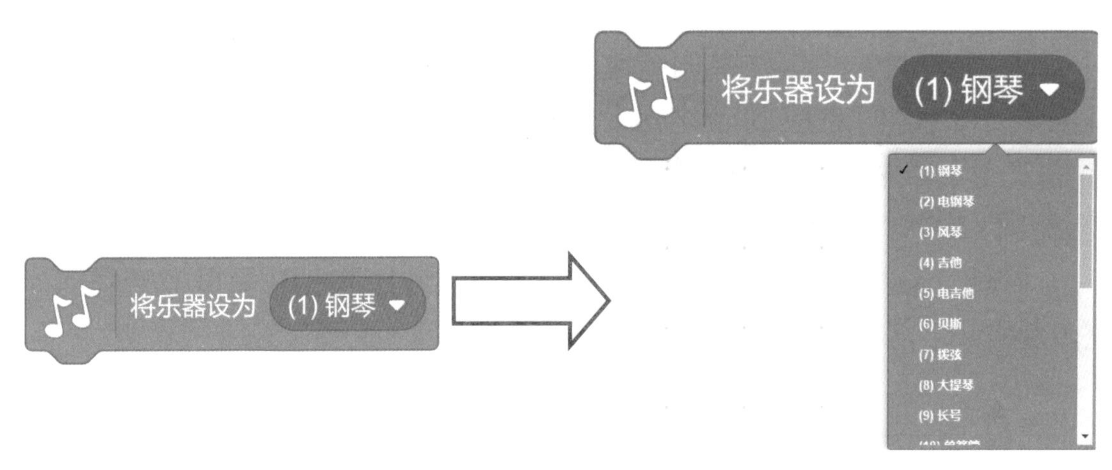

图9.13　将乐器设为积木

说明

此次任务中我们所使用的乐器为默认乐器“(1) 钢琴”。

（2）确定演奏乐器以后，可以通过“演奏音符( )( )拍”来实现音符的演奏。其中第1个参数用于设置音名（C D E F G A B C高音），第2个参数用于设置节拍，设置方式如图9.14所示。

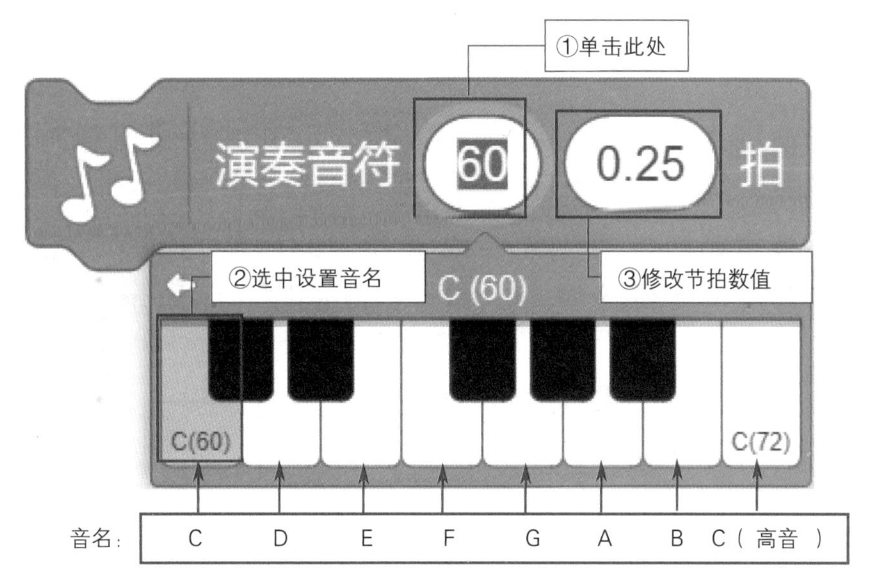

图9.14　演奏音符积木

例如，使用上面的两个积木演奏《两只老虎》的第1部分，代码如图9.15所示。

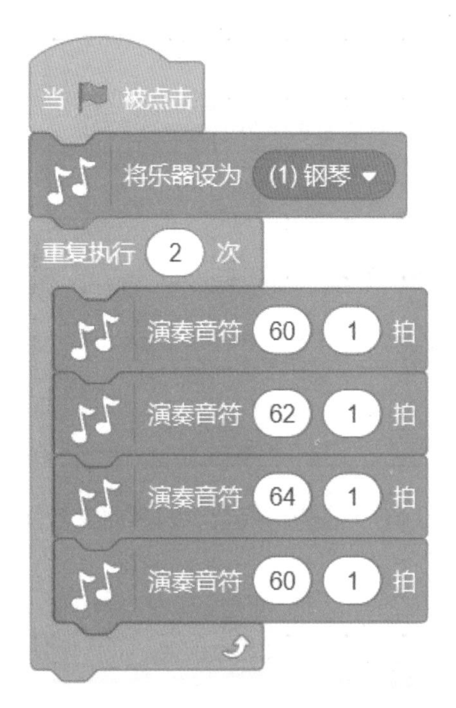

图9.15　演奏《两只老虎》的第1部分代码

编程实现

本节将使用上面学习的音乐相关积木，并结合重复执行来完成演奏《两只老虎》的任务。

当绿旗被点击时，首先需要设置弹奏的乐器为钢琴；然后按照乐谱中对应的音符位置设计程序，完整程序如图9.16所示。

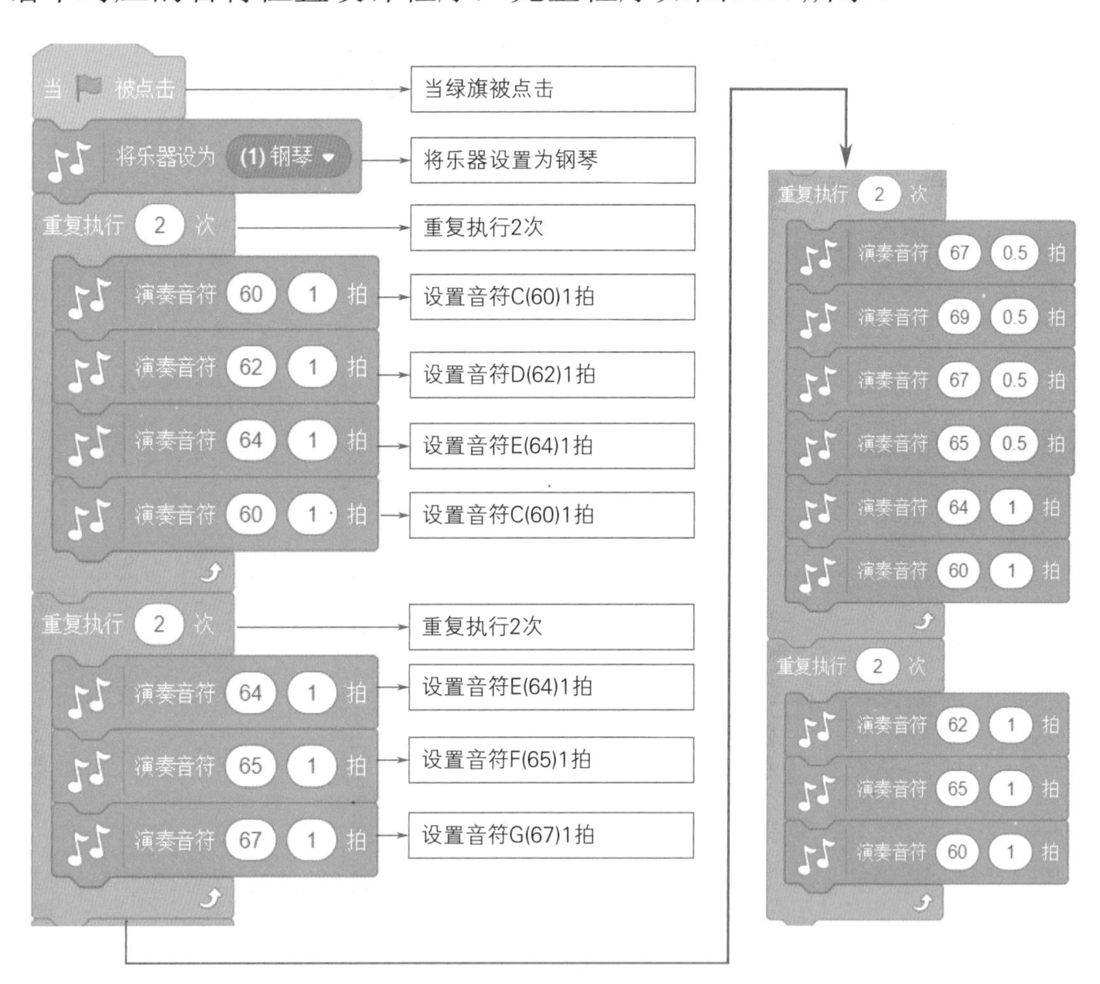

图9.16　演奏两只老虎钢琴曲完整程序

挑战空间

此次音乐大会中，使用Scratch演奏的《两只老虎》受到大家的一

致好评，接下来我们将迎接一个新的挑战，使用其他乐器（如风琴、吉他等）为大家演奏《小星星》，曲谱如图9.17所示。

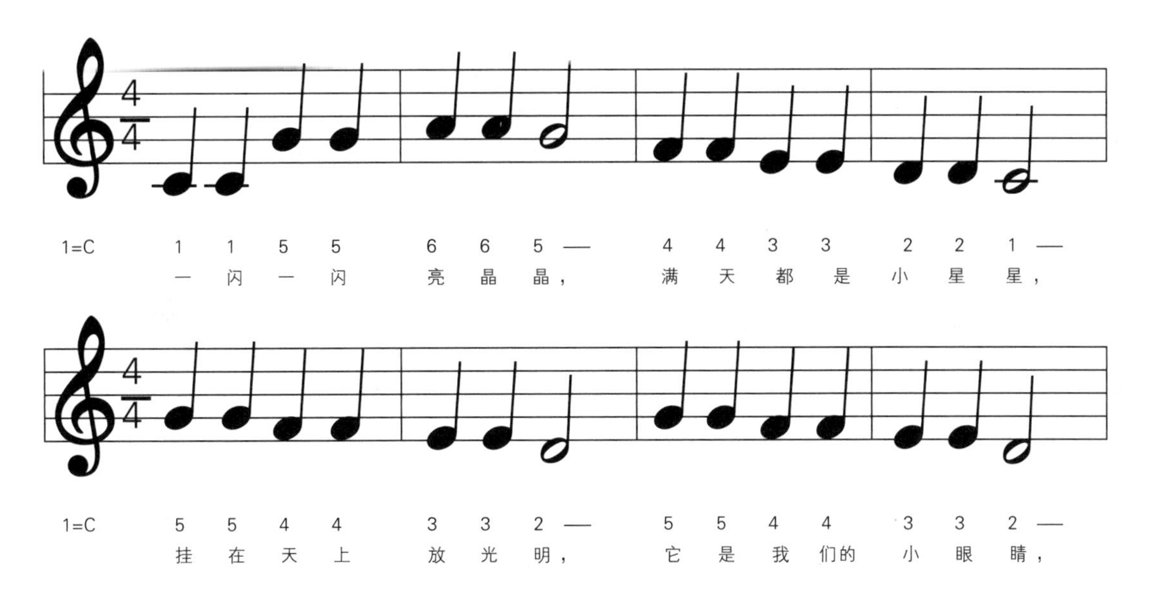

图9.17 《小星星》曲谱

知识卡片

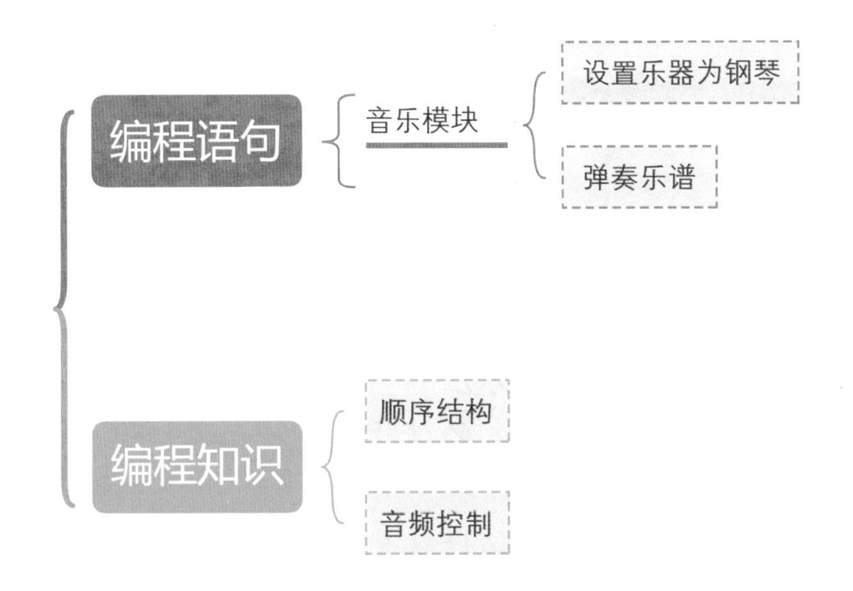

第10课

画画小天地

本课学习目标

- 掌握画笔模块的添加方法
- 熟练掌握画笔相关积木的使用
- 熟悉正多边形的绘制规律
- 巩固有限重复执行循环结构的使用

扫描二维码
获取本课资源

任务探秘

本节课要设计一个可以绘制图形的任务，具体要求为：在Scratch中使用画笔相关积木绘制一个正七边形，任务示意如图10.1所示。

图10.1　本课任务图

规划流程

分析上面的任务，要绘制正七边形，首先需要确定正七边形的特点：7条边相等，并且内部的7个角的度数相同，都是360÷7。根据上面的任务探秘分析规划本任务的流程，如图10.2所示。

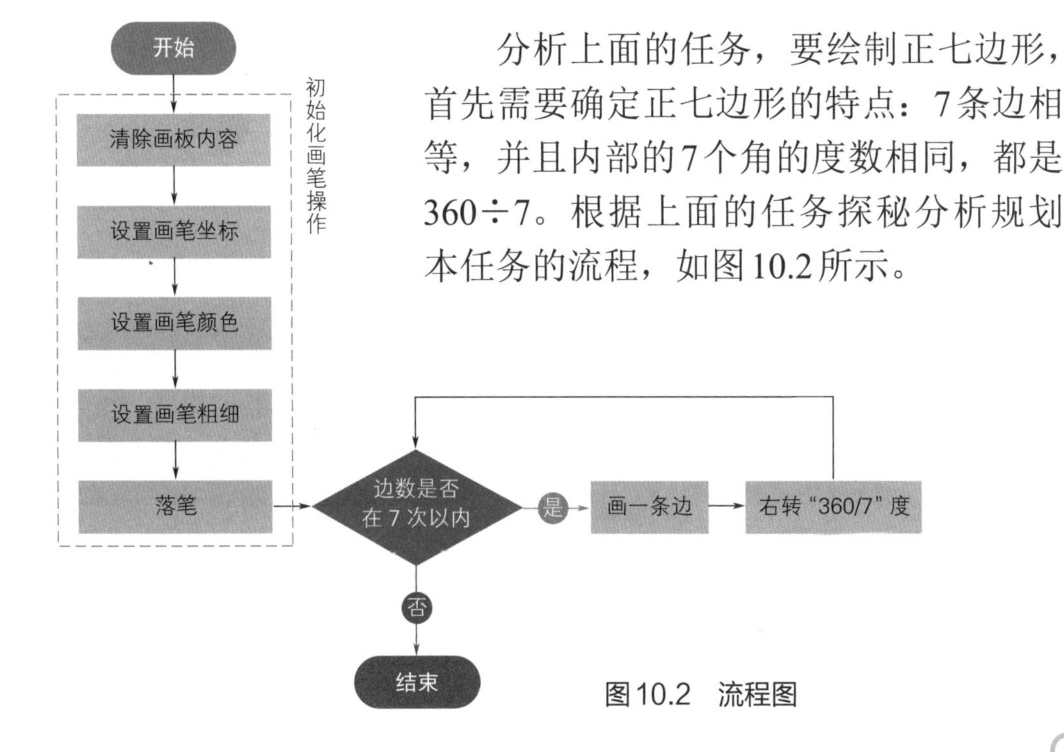

图10.2　流程图

探索实践

1.添加画笔模块

完成本课任务时主要通过画笔相关的积木实现，因此首先需要添加画笔模块，步骤如下：

（1）单击模块区左下角的“添加扩展”按钮，如图10.3所示。

图10.3　单击“添加扩展”按钮

（2）进入拓展窗口后，选择第二个画笔模块，如图10.4所示。

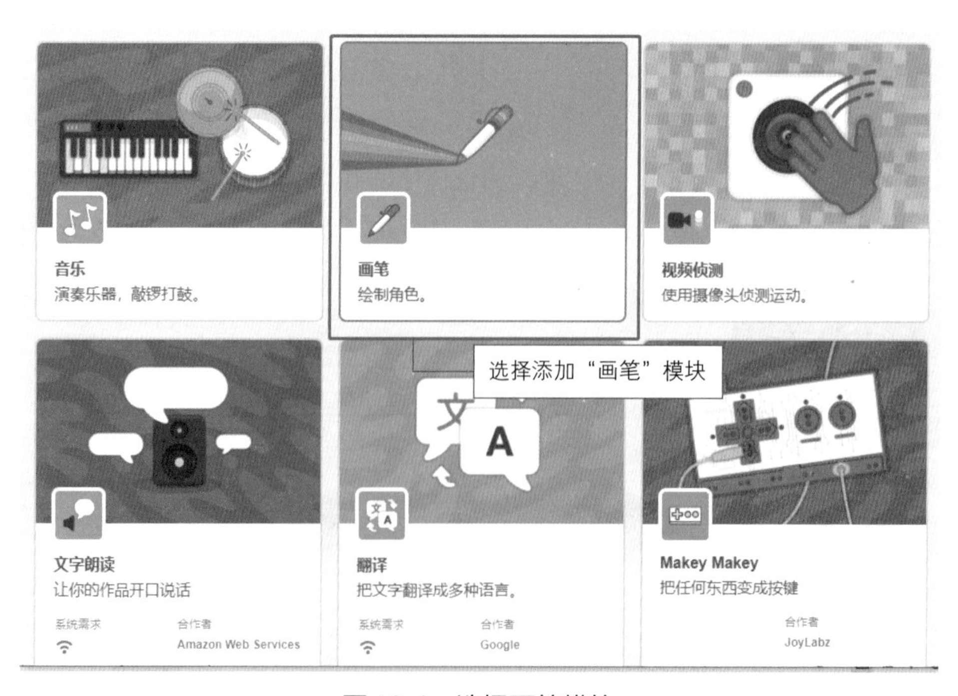

图10.4　选择画笔模块

（3）这样即可在Scratch模块区中看到画笔模块，并显示画笔相关的所有积木，如图10.5所示。

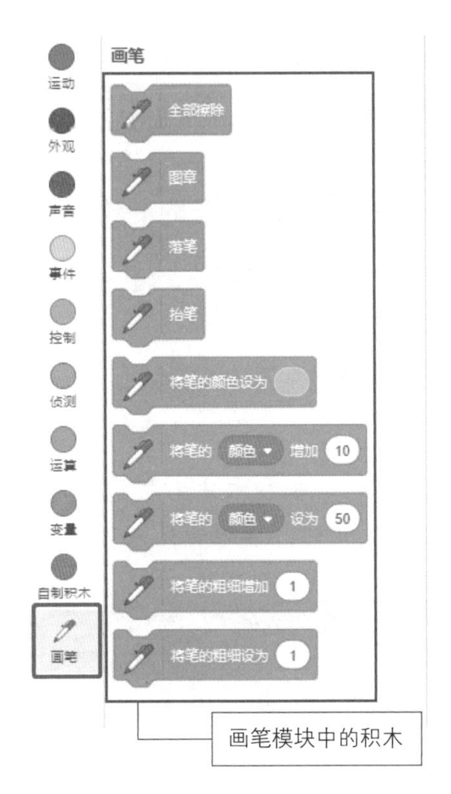

图10.5 画笔模块中的积木

2. 初始化画笔

使用画笔相关积木画图时，首先需要对画笔进行初始化。就像黑板一样，每次在绘制新的内容前都需要先将画板清除干净。Scratch中使用“当绿旗被点击”和“全部擦除”积木实现清除画板内容的功能，如图10.6所示。

图10.6 初始化清除画板内容

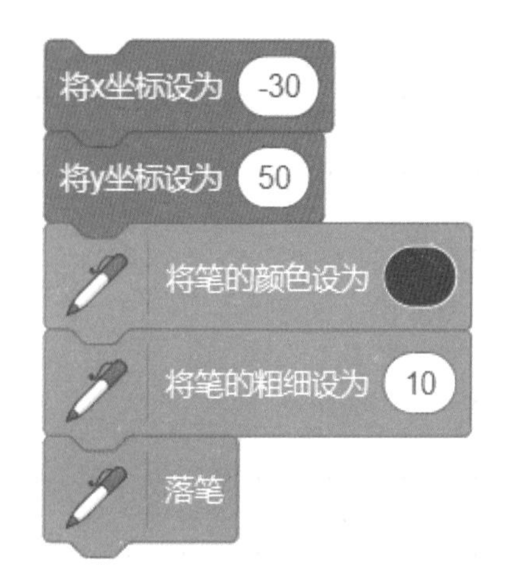

图10.7　对画笔进行设置

接下来需要对画笔进行基本的设置，如设置其起笔位置、颜色、粗细等，另外，在Scratch中执行绘画操作时，需要让画笔执行落笔操作，完成以上操作使用的积木如图10.7所示。

说明

在设置画笔颜色时，可以单击积木中右侧色块，此时将会显示调色板，在调色板中选择自己喜欢的颜色即可，操作方法如图10.8所示。

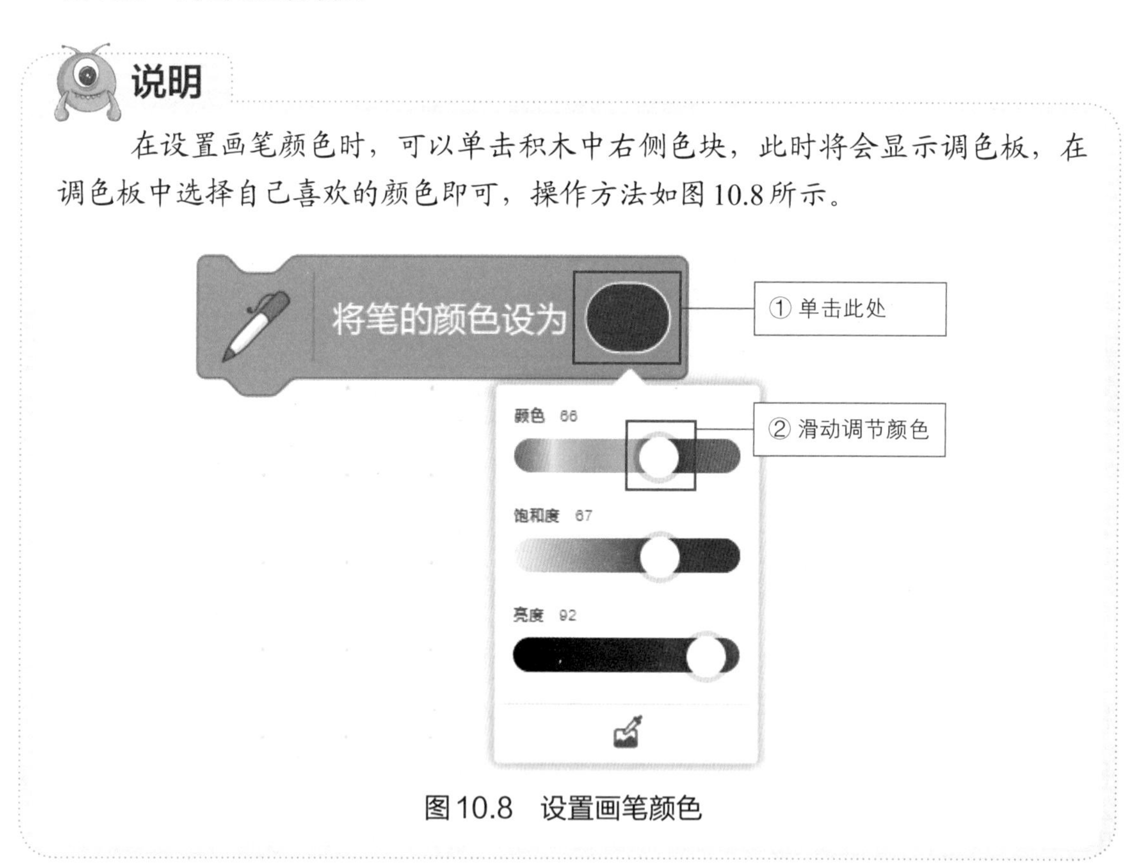

图10.8　设置画笔颜色

3.绘制正多边形

本课的任务是绘制一个正七边形，因此在绘制之前，我们需要了解正多边形的主要特点，这里以最简单的正方形为例介绍。

正方形是一个特殊的正多边形，它的4条边都相等，并且每个角都是90度，因此在绘制时，就可以先使用“移动( )步”积木绘制一条

边，如图10.9所示。

图10.9　绘制正方形的一条边

然后通过“右转/左转( )度”积木变换画笔的方向，同时再次绘制下一条边，如此重复执行4次即可，如图10.10所示。

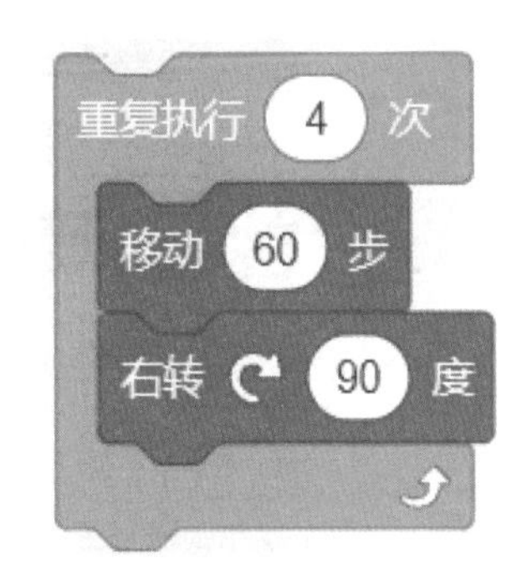

图10.10　绘制正方形的主要代码

说明

在图10.10中，移动的步数可以改变每条边的长度，同学们可以自己试着修改一下，看看自己绘制的正方形是变大了还是变小了？

通过以上绘制正方形的分析，可以总结出绘制正多边形的基本规律：

- 重复执行的次数就是正多边形的边数。
- 移动的步数就是每条边的长度，可以按照自己图形的大小进行设定。
- 右转或者左转的角度为：360度除以所画的边数。

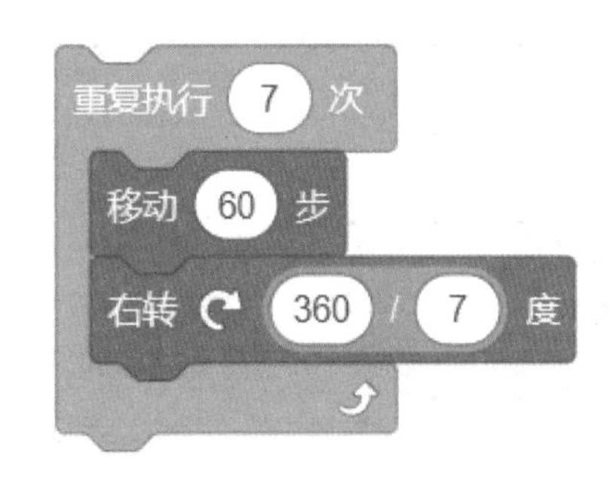

图10.11　绘制正七边形的主要代码

例如，本课任务中绘制正七边形，只需要将重复执行次数修改为7，并将旋转的角度设置为 (360 / 7) 积木即可，如图10.11所示。

编程实现

通过上面的分析，设计绘制正七边形的完整程序如图10.12所示。

说明

图10.12中的“等待0.5秒”积木是为了使绘制正七边形的过程中笔迹更加清楚。

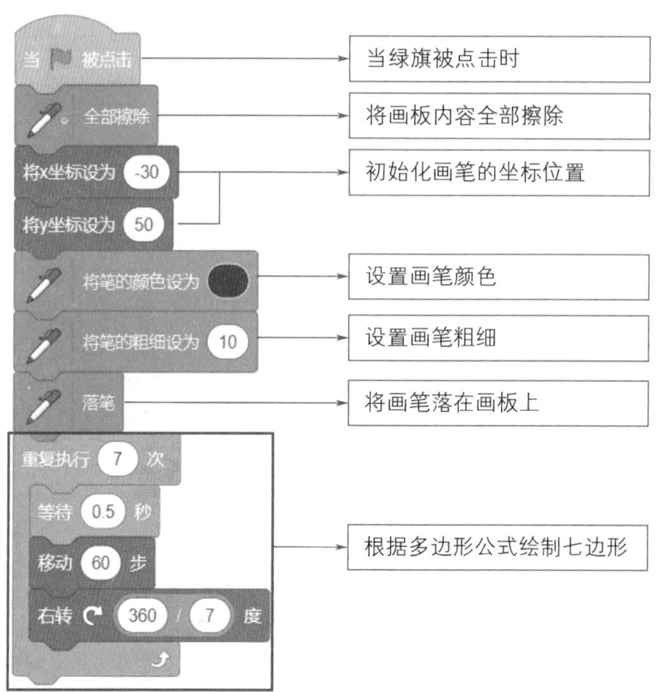

图 10.12　绘制正七边形完整程序

挑战空间

尝试挑战使用Scratch中的画笔相关积木绘制一个圆形，效果如图10.13所示。

图 10.13　绘制圆形

知识卡片

- 编程语句
  - 画笔模块
    - 落笔
  - 运动模块
    - 移动()步
    - 旋转()度
  - 控制模块
    - 重复执行()次
- 编程知识
  - 绘图技术
  - 循环结构
  - 旋转角度计算：360除以边数

第11课

打害虫（上）

本课学习目标

- 掌握使角色在随机位置出现的方法
- 解决角色在舞台区碰到边缘不移动的问题
- 熟悉使角色跟随鼠标指针移动的方法
- 使用重复执行和“如果 () 那么 ()”选择结构结合解决实际开发问题
- 巩固“等待 () 秒”积木的使用

扫描二维码
获取本课资源

任务探秘

本课的任务主要是设计一个可以打害虫的游戏，具体要求为：舞台上随机出现不断移动的害虫，通过鼠标点击屏幕发射钻石子弹来打害虫，如图11.1所示。

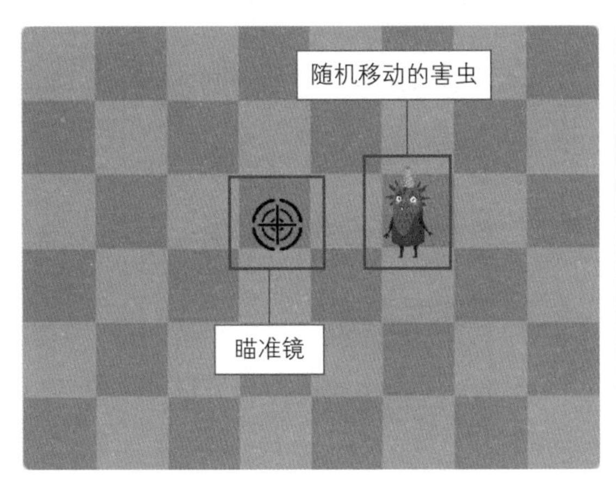

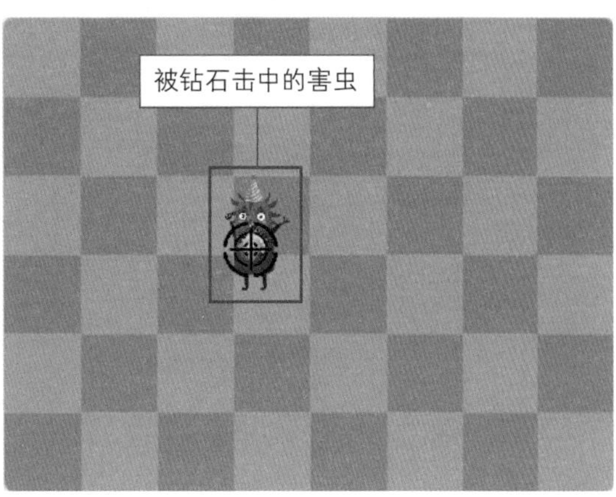

图11.1　打害虫游戏

规划流程

本课任务涉及3个角色，分别是害虫、瞄准镜和钻石子弹，其中：害虫随机出现在屏幕上，并在被子弹击中时消失；瞄准镜跟随鼠标指针移动；钻石子弹在用户按下鼠标时显示，并判断是否打中了害虫。

根据上面的任务探秘分析规划本任务的整体流程，如图11.2所示。

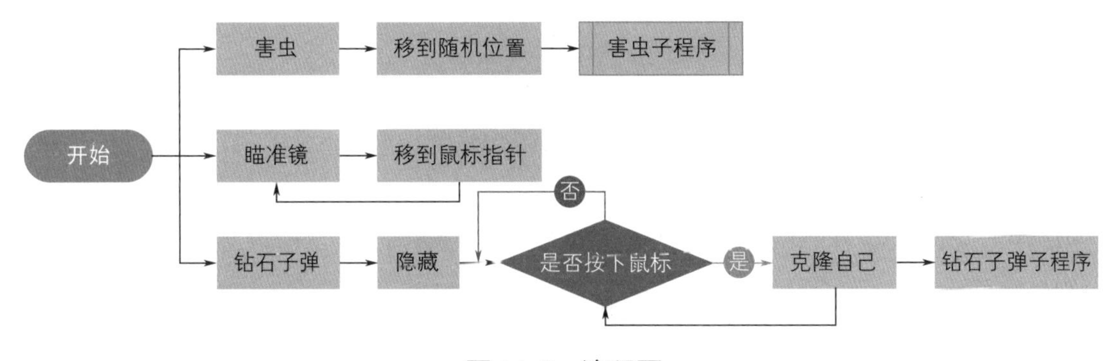

图11.2　流程图

害虫角色的子程序流程如图11.3所示。

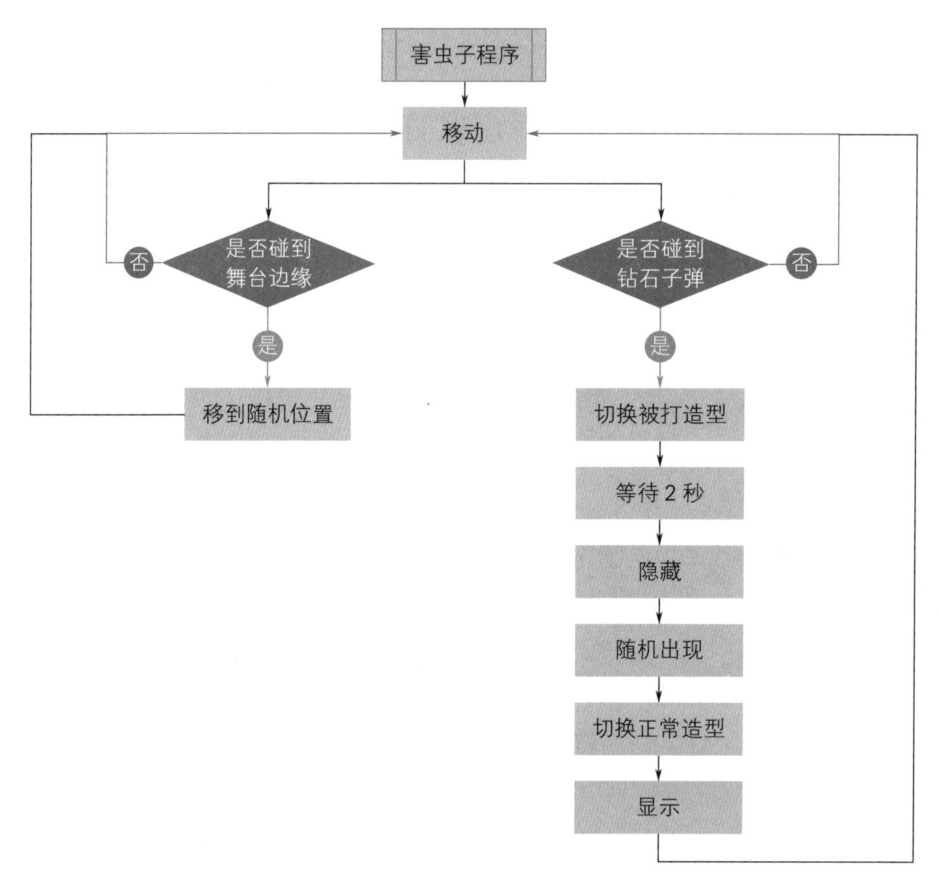

图11.3 害虫角色子程序流程图

钻石子弹角色的子程序流程如图11.4所示。

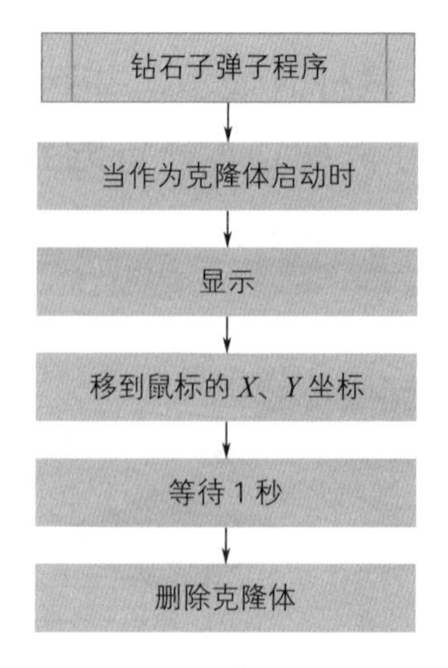

图11.4 钻石子弹角色子程序流程图

说明

（1）由于本课任务比较复杂，涉及的角色比较多，因此，本课主要讲解害虫角色和瞄准镜角色的实现，钻石子弹角色的实现将在下节课进行详细讲解。

（2）克隆体相当于重新复制了一个角色本身，克隆体和角色本体具有相同属性，如颜色、形状、大小等。关于克隆技术将在第12课进行讲解。

探索实践

1.随机出现并移动

本课任务中，害虫角色需要随机出现在屏幕中并移动。其中，随机出现在屏幕中可以使用运动模块中的“移到( )”积木实现。例如，当点击绿旗开始运行程序时，使害虫角色出现在屏幕中的随机位置，可以使用如图11.5所示的代码。

而让角色在屏幕中移动，只需要在“重复执行”中循环执行“移动( )步”即可。例如，下面代码可以控制害虫角色在屏幕中不断移动，如图11.6所示。

图11.5　害虫移到随机位置

图11.6　角色不断移动

说明

在“移动( )步”积木中设置的数字越大，害虫移动的速度越快，请按照游戏的需求设定害虫移动的速度吧！

2. 判断是否碰到边缘

通过上面的代码，害虫角色虽然可以实现不断移动，但是当害虫移动至舞台边缘时将无法移动，如图11.7所示。

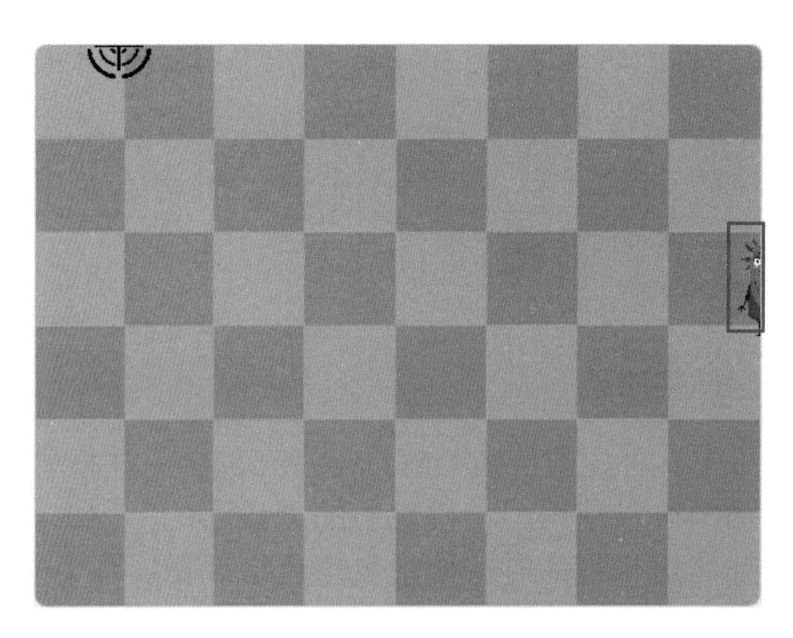

图11.7　舞台边缘无法移动

遇到这种情况时应该怎么办呢？这时可以使用侦测模块中的“碰到( )”积木进行侦测，并在侦测到害虫碰到舞台边缘时执行一些其他操作。

例如，本课任务中，我们可以使用控制模块中的“如果( )那么( )”积木结合“碰到( )”积木进行判断，当害虫碰到舞台边缘时，将其随机移动到舞台中其他位置，代码如图11.8所示。

图11.8　害虫碰到舞台边缘移到随机位置

说明

“碰到( )”积木默认是侦测模块中的“碰到鼠标指针”，只需要点击右侧的倒三角符号便可以切换到“碰到（舞台边缘）”，如图11.9所示。

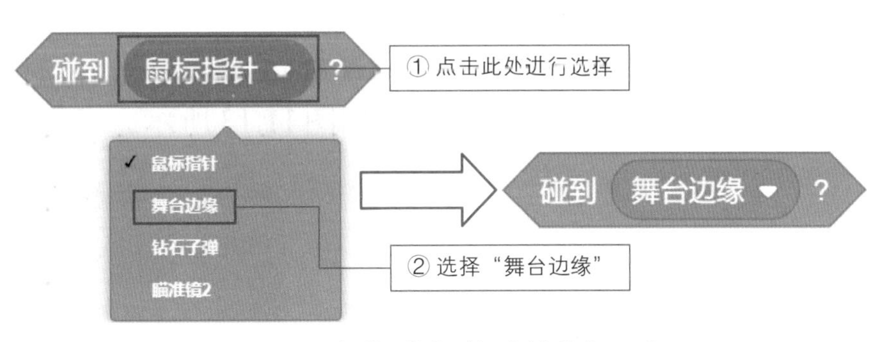

图11.9　切换“碰到舞台边缘”积木

3. 判断害虫是否被击中

害虫随机出现在舞台中，并且开始移动之后，我们就可以通过点击鼠标发射钻石子弹去打击它了，这时可以使用“如果( )那么( )”积木并结合“碰到( )”积木进行判断，代码如图11.10所示。

在检测到被钻石子弹击中时，应该切换造型并消失，之后再切换另一种造型出现在舞台中的其他随机位置，这里主要用到“切换造型”“显示”和“隐藏”积木，如图11.11所示。

图11.10　判断害虫是否碰到钻石子弹

图11.11　害虫碰到钻石子弹后需要执行的操作

4. 瞄准镜跟随鼠标

本课任务中通过鼠标点击发射钻石子弹时，会有一个瞄准镜跟随鼠标移动，这可以使用运动模块中的“移到( )”积木实现，其中移到的位置设置为“鼠标指针”即可，代码如图11.12所示。

另外，由于需要使瞄准镜一直跟随鼠标运动，因此可以将“移动鼠标指针”放到“重复执行”积木中，如图11.13所示。

图11.12　移到鼠标指针

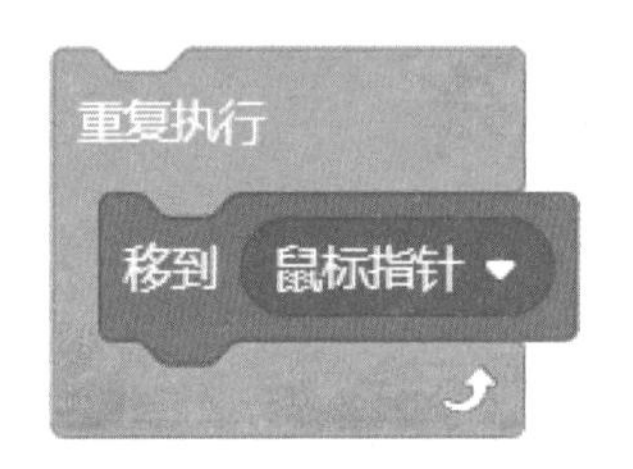

图11.13　瞄准镜始终跟随着鼠标指针移动

根据探索实践中的内容，我们可以总结出，在实现害虫随机移动时，需要循环执行以下操作：

（1）移动。

（2）碰到舞台边缘时移到随机位置。

（3）碰到钻石子弹时切换被击中的造型。

（4）隐藏。

（5）再次移到随机位置。

（6）切换未击中造型。

（7）显示。

按照以上分析设计害虫随机移动的完整程序，如图11.14所示。而瞄准镜主要起到跟随鼠标的作用，其代码如图11.15所示。

说明

在图11.14所示代码中加入“等待2秒”积木，是为了使被击中效果显示得更加明显一些。

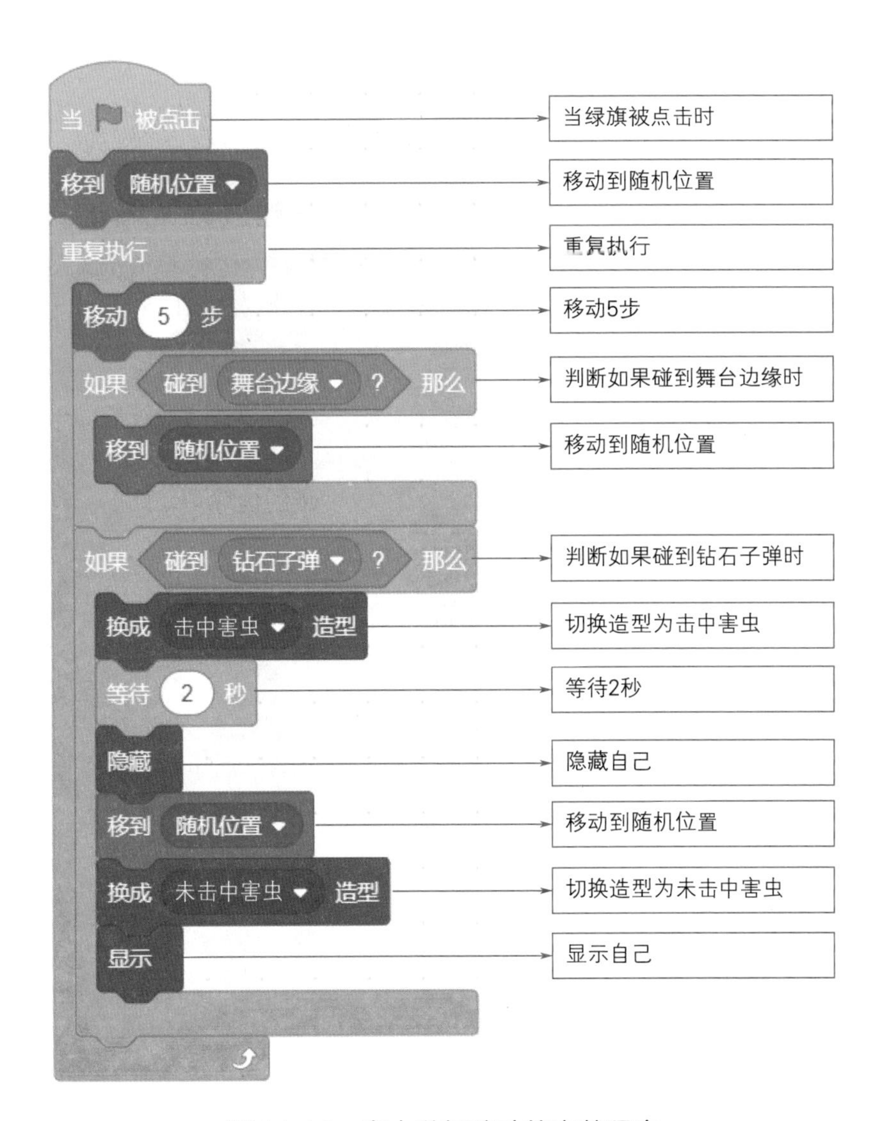

图11.14　害虫随机移动的完整程序

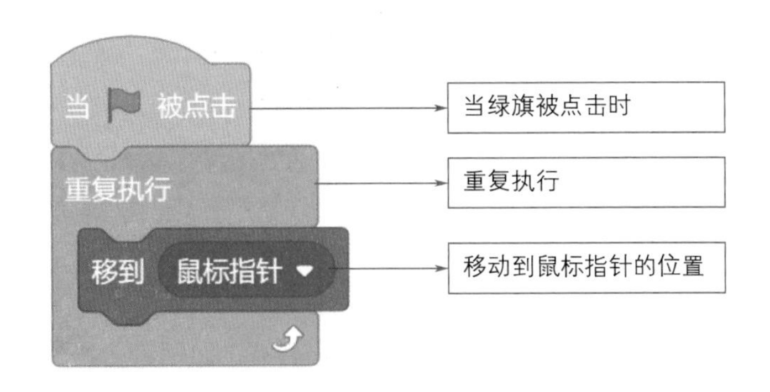

图11.15　瞄准镜始终跟随鼠标指针移动

scratch

aprender
programar
compartir
crear

知识卡片

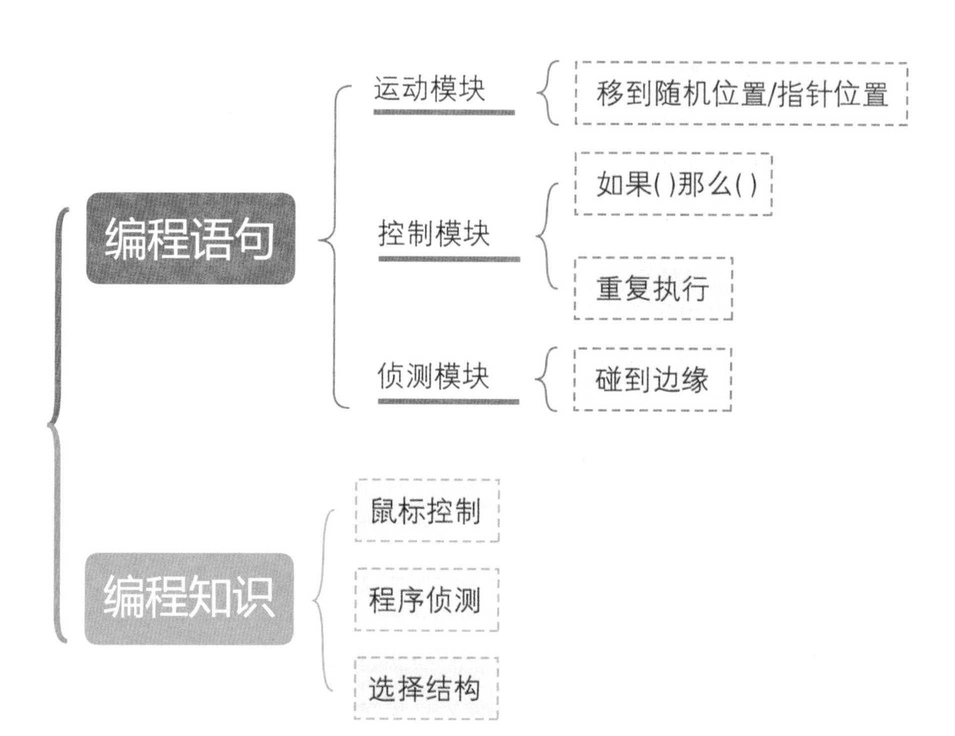
编程语句
运动模块
移到随机位置/指针位置
控制模块
如果( )那么( )
重复执行
侦测模块
碰到边缘
编程知识
鼠标控制
程序侦测
选择结构

第12课

打害虫（下）

本课学习目标

- 学会使用克隆技术对角色进行复制
- 了解克隆技术的原理
- 巩固按下鼠标积木的使用
- 学会在程序中合理使用等待积木
- 巩固循环结构和选择结构的结合使用

扫描二维码
获取本课资源

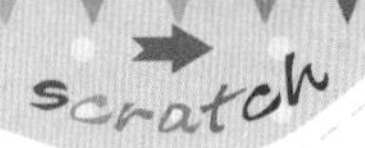

任务探秘

本课将继续完成打害虫游戏的任务。上节课中我们已经完成了害虫角色和瞄准镜角色的任务代码，本节课将对钻石子弹角色进行操作，主要实现的功能为：钻石子弹的发射以及对害虫实施打击，如图12.1所示。

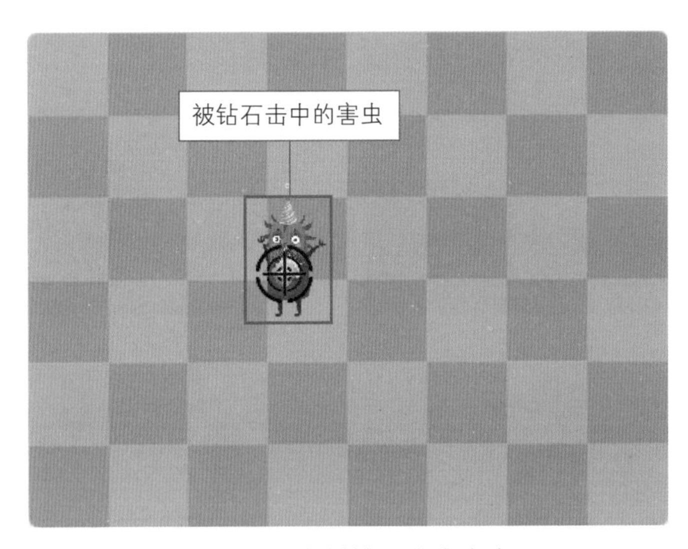

图12.1　发射钻石攻击害虫

规划流程

钻石子弹角色是在我们点击鼠标时出现的，因此需要用到克隆技术对其进行复制，当克隆体启动时显示，将其移动至鼠标指针点击的位置。另外，为了使钻石子弹不总显示在舞台中，应该在设置一个等待时间后删除相应的克隆体。根据上面的分析规划钻石子弹角色的实现流程，如图12.2所示。

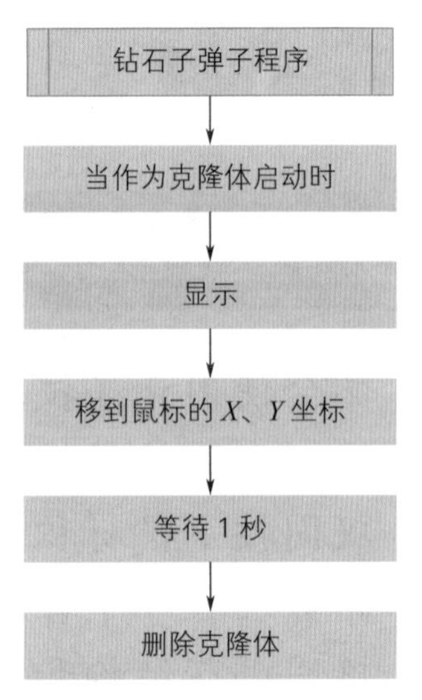

图12.2　钻石子弹角色实现流程

1. 钻石子弹的发射

在使用瞄准镜瞄准害虫后，点击鼠标，可以发射钻石子弹。点击鼠标发射钻石子弹时，主要用到以下积木：

- 外观模块的“隐藏”积木：初始隐藏钻石子弹，另外，在发射子弹1秒后隐藏钻石子弹。
- 外观模块的“显示”积木：按下鼠标时显示钻石子弹。
- 控制模块的“如果( )那么( )”积木：判断是否按下鼠标。
- 侦测模块的“按下鼠标？”积木：判断是否按下鼠标的条件。
- 控制模块的“重复执行”积木：一直检测鼠标操作。
- 运动模块的“移到x:( )y:( )”积木：将钻石子弹移到鼠标指针处。
- 侦测模块的“鼠标的x坐标”和“鼠标的y坐标”积木：获取按下鼠标时的坐标位置。

使用以上积木实现钻石子弹发射的代码如图12.3所示。

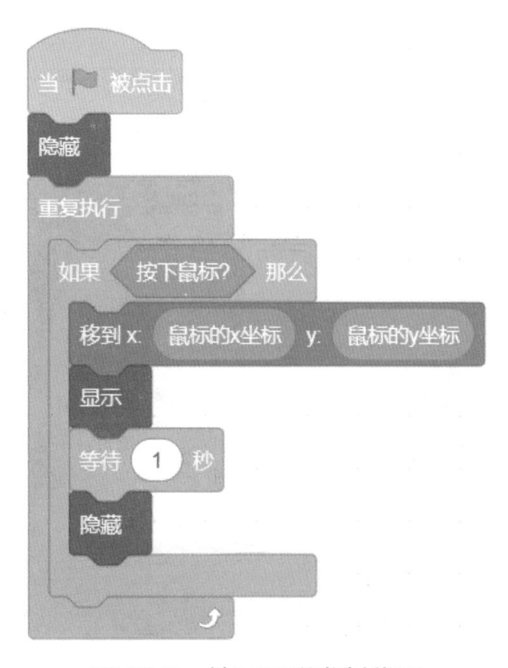

图12.3　钻石子弹发射代码

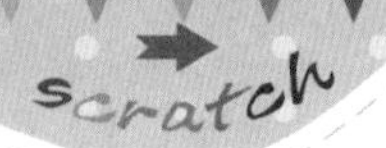

2. 克隆技术

通过上面的代码实现的发射钻石子弹功能，每次只能发射一发子弹，如果没有打中，还需要等待一下才可以发射第二发子弹，如果想要实现连发功能，该怎么办呢？

在Scratch的控制模块中提供了一个“克隆( )”积木，使用它可以克隆程序中的任意角色，例如，本课任务中有3个角色，在钻石子弹角色中使用“克隆( )”积木时，其效果如图12.4所示。

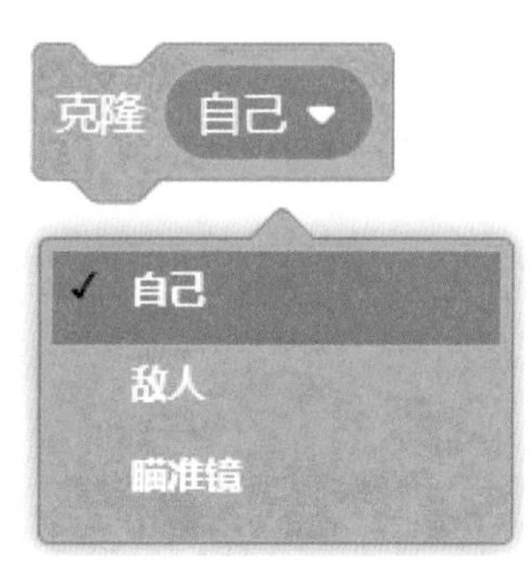

图12.4　可以克隆程序中的任意角色

克隆是生物学的一个概念，指生物体通过体细胞进行的无性繁殖，以及由无性繁殖形成的基因型完全相同的后代个体。通常是利用生物技术由无性生殖产生与原个体有完全相同基因的个体或种群。而在Scratch中，克隆指的是在程序运行时对角色进行复制，复制出来的克隆体与角色本体具有相同的属性，如颜色、形状、大小等都一样，包括我们为角色编写的程序，克隆体同样拥有。

对角色克隆完成后，如果想显示克隆体，需要使用“当作为克隆体启动时”和“显示”积木。例如，本课任务中，当在钻石子弹角色中克隆自己之后，点击鼠标，在鼠标点击位置显示钻石子弹，则代码如图12.5所示。

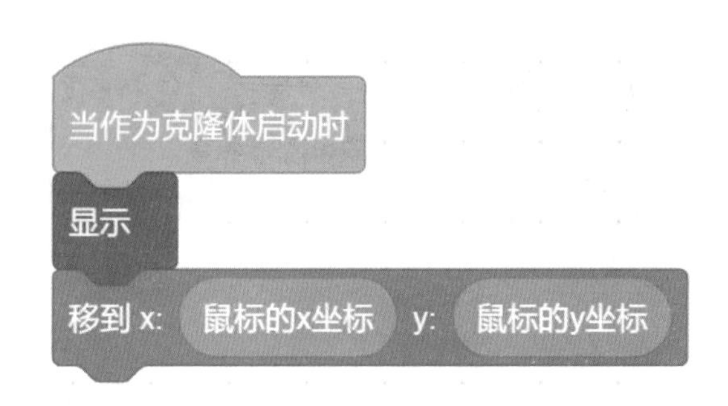

图12.5　使克隆体显示在鼠标位置处

这时运行程序，当将瞄准镜瞄准害虫时，按下鼠标，钻石子弹实现了连发功能，但如果在舞台中多次按下鼠标会出现如图12.6所示的画面。

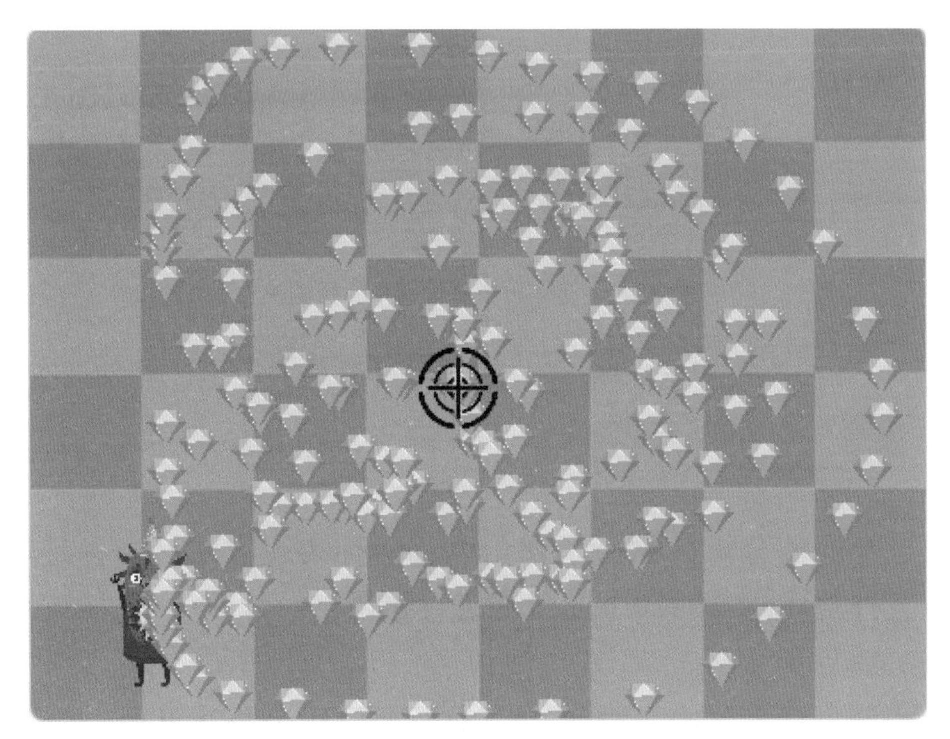

图12.6 舞台中的钻石子弹

出现图12.6所示情况，主要是由于钻石子弹的克隆体显示完后没有及时删除造成的，这时可以使用控制模块中的“删除此克隆体”积木来避免这种情况，如图12.7所示。

图12.7 “删除此克隆体”积木

3.巧用等待积木

如果我们在图12.5中程序中直接添加“删除此克隆体”积木，运行程序后，在舞台区中会看不到钻石子弹！这是为什么呢？

这是因为程序执行速度很快，快到肉眼看不到，为了避免出现这种情况，我们可以使用控制模块中的“等待( )秒”积木让克隆体等待一会再消失。例如，本课任务中在1秒后使钻石子弹消失，代码如图12.8所示。

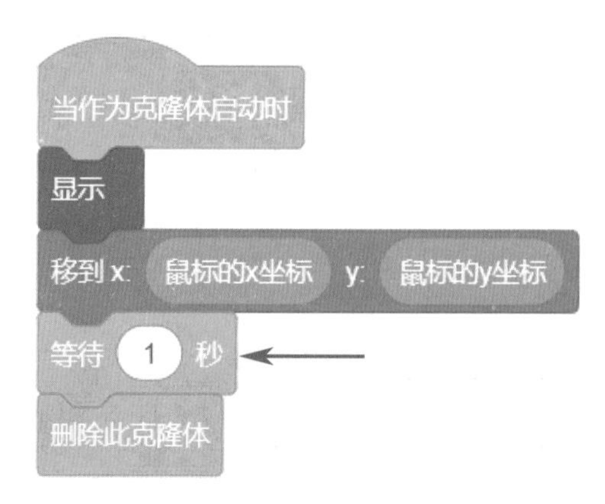

图 12.8　使钻石子弹等待 1 秒后消失

编程实现

通过上面的分析，钻石子弹角色有两种实现方法：一种是单次发射；另一种是连续发射。下面分别进行讲解。

（1）单次发射钻石子弹

单次发射钻石子弹，只需要控制按下鼠标时显示并隐藏钻石子弹即可，其程序如图12.9所示。

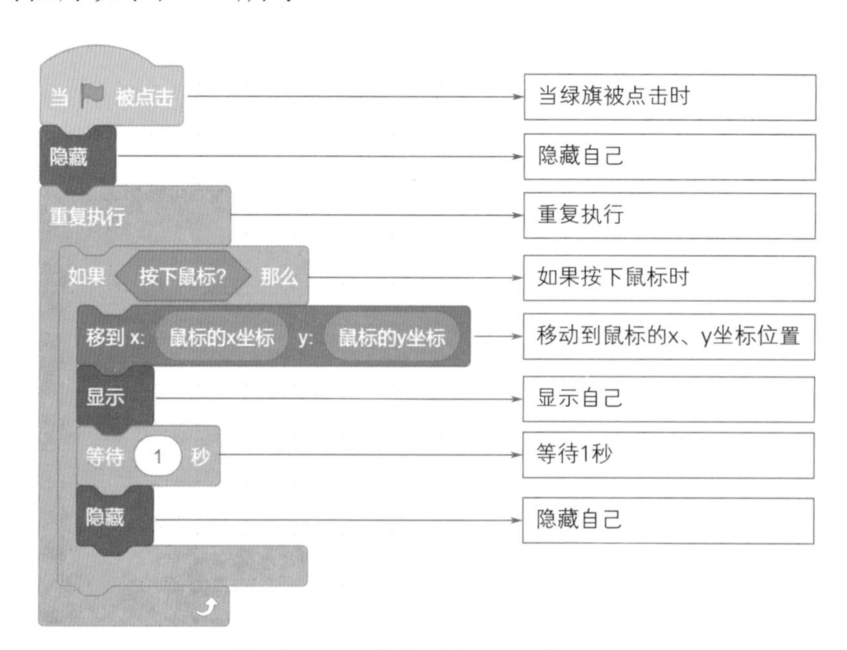

图 12.9　单发发射钻石子弹程序

（2）连续发射钻石子弹

连续发射钻石子弹需要借助克隆技术实现。具体实现时，首先需要在按下鼠标时克隆自己，然后控制克隆体的显示和隐藏。连续发射钻石子弹的程序如图12.10所示。

图12.10　连发钻石子弹程序

本课挑战任务要求，尝试使用今天所学的知识设计一款你经常玩的打击或者射击类游戏，你可以充分发挥想象，如打地鼠游戏、射箭游戏、经典拍蚊子游戏等！

知识卡片

- 编程语句
  - 侦测模块
    - 按下鼠标
    - 鼠标的 x、y 坐标
  - 控制模块
    - 克隆( )
    - 当作为克隆体启动时
    - 删除此克隆体
    - 等待( )秒
    - 如果( )那么( )
    - 重复执行
- 编程知识
  - 鼠标控制
  - 克隆技术
  - 选择结构
  - 循环结构

附录

Scratch的下载、安装与使用

进行Scratch图形化编程的前提，首先需要在计算机上安装Scratch软件，并熟悉其基本的使用方法，这里以Windows 10操作系统为例讲解如何下载、安装并使用Scratch。

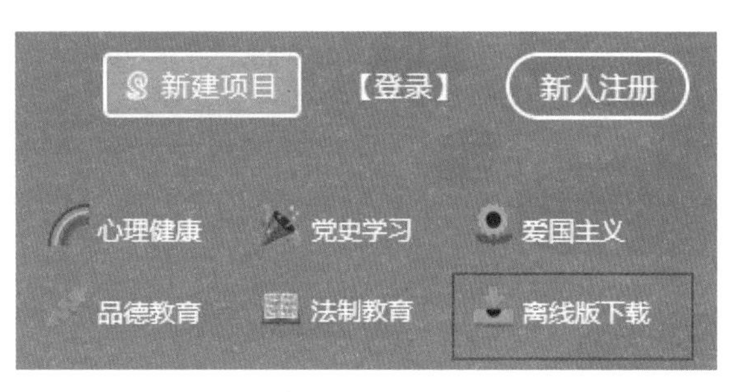

图1　Scratch软件的下载页面

1. 下载Scratch

下载Scratch软件的步骤如下：

（1）打开计算机上的网页浏览器，进入Scratch中国爱好社区，如图1所示。

（2）单击“离线版下载”，打开下载地址页面，然后就可以根据提示下载相应的Scratch安装文件了。这里提供了百度网盘的下载地址，如图2所示。

图2　Scratch软件的百度网盘下载地址

说明

建议下载稳定版的Scratch，并且根据自己的系统下载相应安装文件。.dmg结尾的是针对苹果电脑的安装文件，而.exe结尾的是针对Windows系统的安装文件。

2. 安装Scratch

Scratch软件的安装文件下载完成后，就可以在本地计算机上安装

了，安装步骤如下：

使用鼠标双击下载的Scratch软件安装文件，选中“仅为我安装”单选按钮，单击“安装”按钮，如图3所示。然后等待安装完成即可。

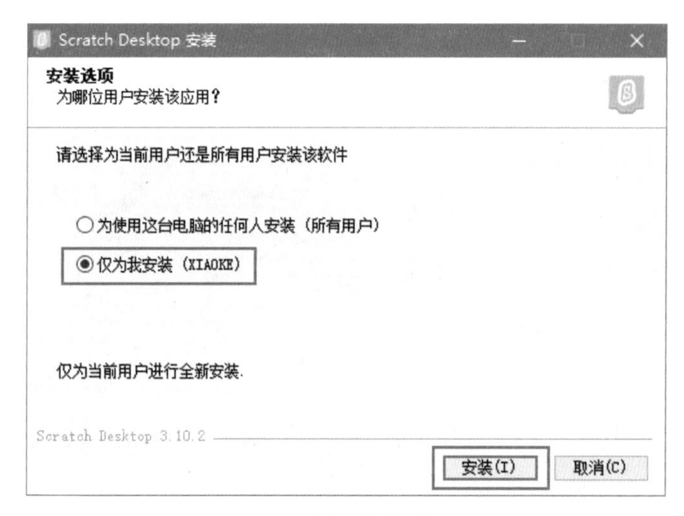

图3　选择安装选项

3.Scratch软件的使用

Scratch软件安装完成后，会在用户的计算机桌面上自动创建一个快捷方式，如图4所示；另外，在系统的“开始”菜单中也会创建一个快捷方式，如图5所示。

图4　Scratch的桌面快捷方式

图5　Scratch的开始菜单快捷方式

本节为大家讲解如何打开及使用Scratch软件。

（1）打开Scratch

使用鼠标左键双击图4所示的桌面快捷方式，或者单击图5所示的开始菜单快捷方式，即可打开Scratch软件。Scratch软件主界面及区域如图6所示。

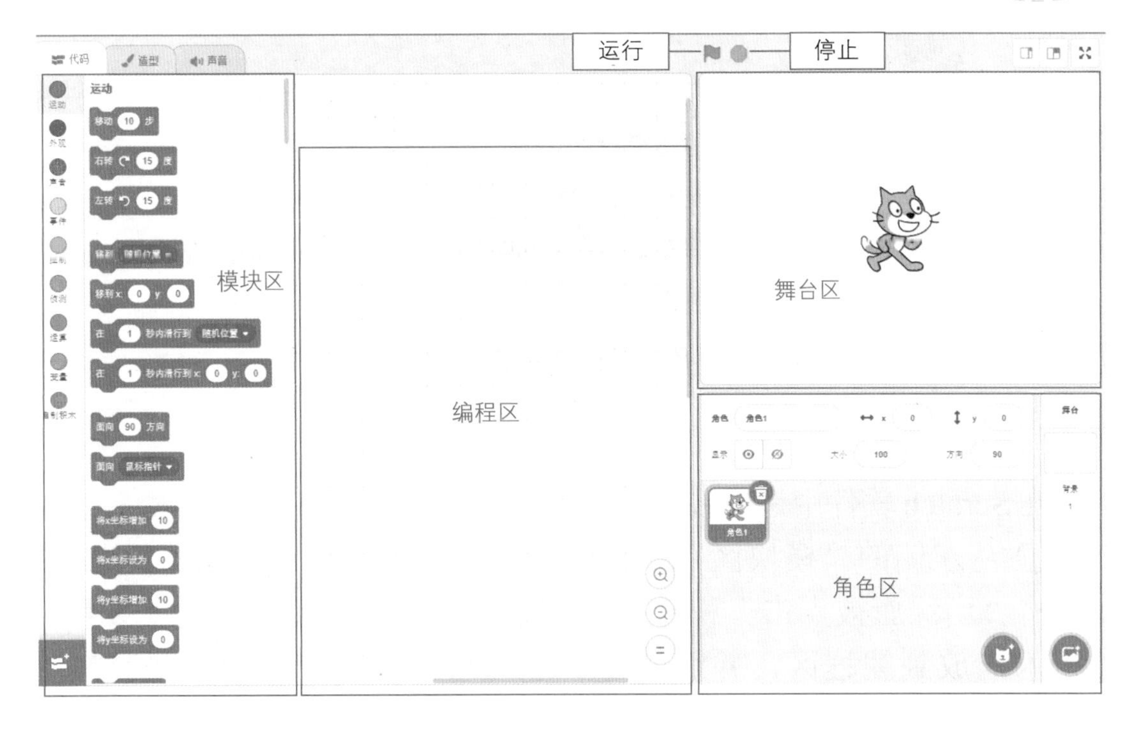

图6　Scratch软件

（2）新建或者打开Scratch程序

新建或者打开已有的Scratch程序需要通过操作“文件”菜单实现，步骤如下：

① 选择Scratch中的“文件”→“新作品”菜单，即可新建一个Scratch空白程序，如图7所示。

图7　新建Scratch程序

② 选择Scratch中的“文件”→“从电脑中打开”菜单，然后在打开的“打开”对话框中选择已有的Scratch程序即可，如图8所示。

图8 打开Scratch程序

（3）使用Scratch进行图形化编程

在Scratch软件中进行图形化编程的步骤如下：

① 从左侧的“模块区”中拖动相应的积木到中间“编程区”。例如，将“当绿旗被点击”积木拖放到编程区中。然后将其他需要用到的积木拖放到编程区，并组合在一起即可。例如，要使小猫移动10步，则将运动模块中的“移动10步”积木拖放到编程区，并与“当绿旗被点击”积木组合在一起，如图9所示。

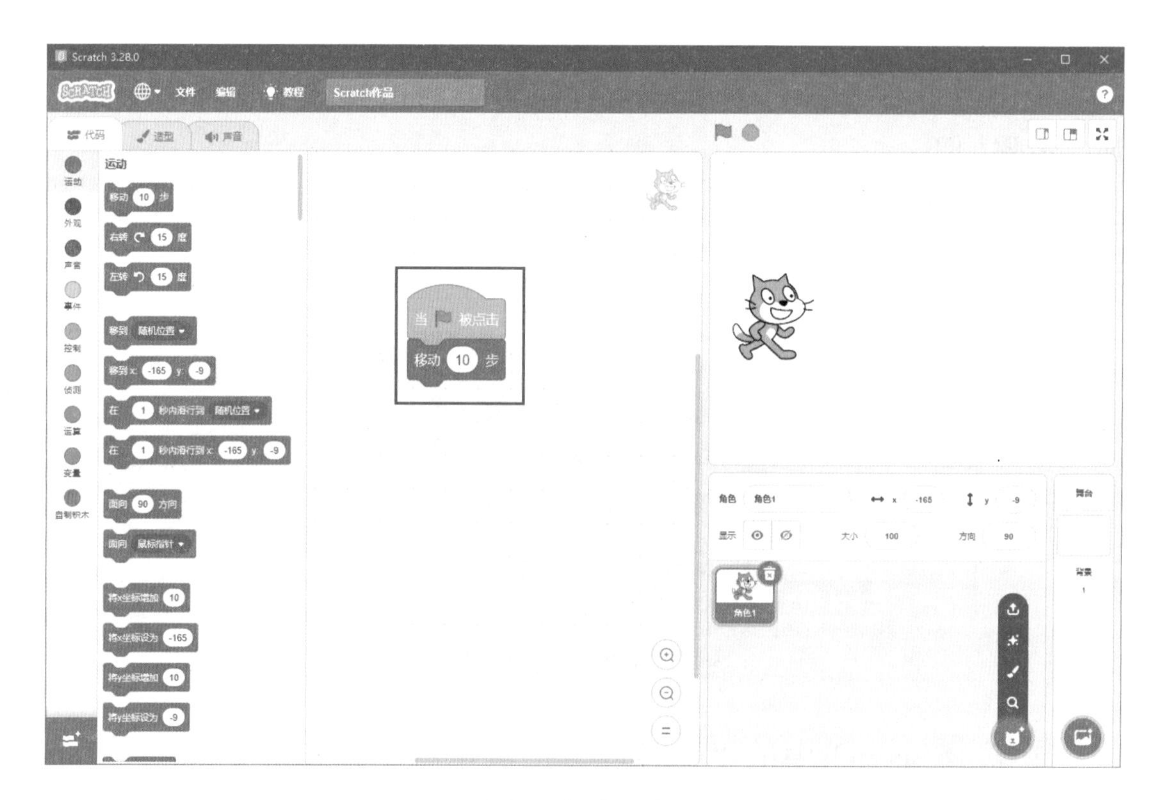

图9 组合积木

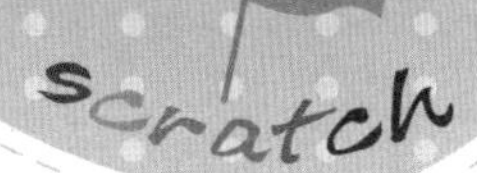

② 积木组合完成后，单击“舞台区”上方的绿旗（运行）按钮，即可运行Scratch程序。

（4）添加删除角色

有的Scratch程序可能会用到多个角色，本节将讲解如何向Scratch程序中添加或者删除角色，步骤如下：

添加角色时，可以添加Scratch自带的角色，也可以将自己本地计算机上的图片作为角色，方法为：用鼠标单击Scratch软件的右下方“角色区”中相应的图标即可，如图10和图11所示。

如果要删除某个角色，直接选中角色，单击其右上角的“删除”图标即可，如图12所示。

说明

如果一个Scratch程序中有多个角色需要实现功能，则需要为每个角色单独编写代码，方法为：在“角色区”中用鼠标左键单击角色，然后在“编程区”为其编写代码。

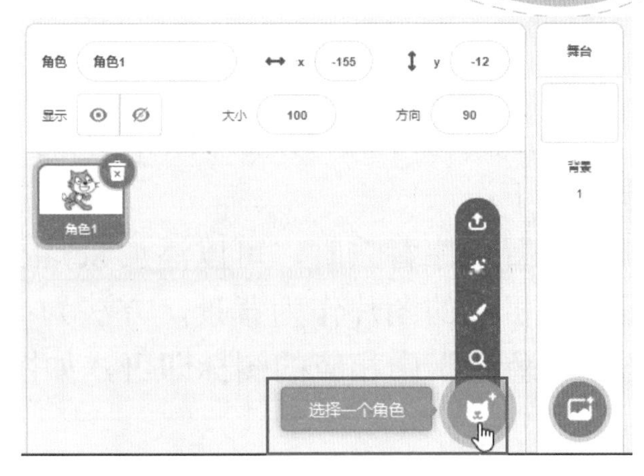

图10　选择Scratch自带角色

图11　将本地计算机上的图片作为角色

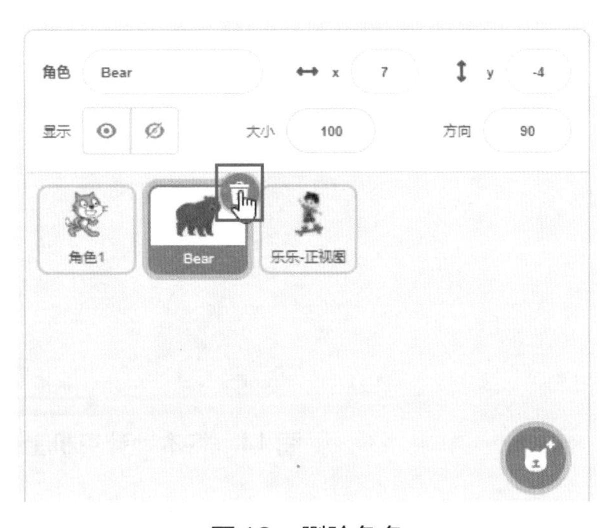

图12　删除角色

(5) 设置程序背景

Scratch程序的背景默认是白色的，我们可以为其设置背景，具体步骤如下：

设置程序背景时，可以添加Scratch自带的背景，也可以将自己本地计算机上的图片作为背景，方法为：用鼠标单击Scratch软件的右下方“角色区”中相应的图标即可，如图13和图14所示。

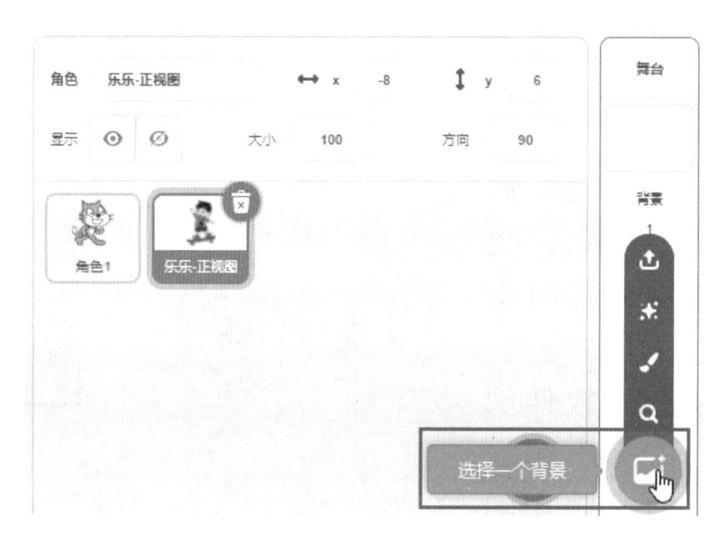

图13　选择Scratch自带背景

图14　将本地计算机上的图片作为背景

（6）使用扩展模块

Scratch提供了很多的扩展模块，如音乐、画笔、视频等，但它们默认并不会显示在“模块区”中，需要手动添加扩展模块后，才可以使用其中的积木。步骤如下：

① 单击“模块区”左下角的图标，如图15所示。

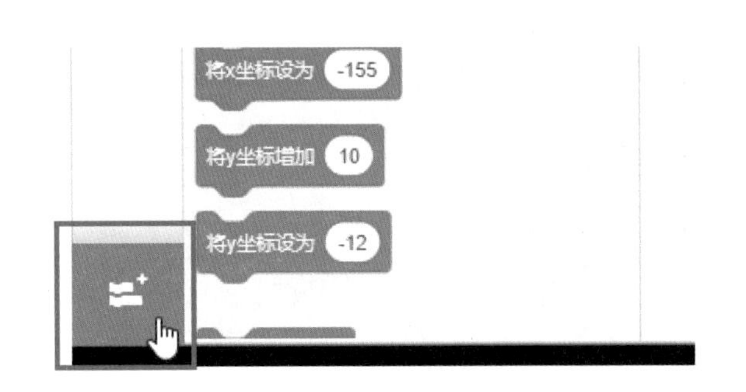

图15 单击“模块区”左下角图标

② 打开“选择一个扩展”页面，该页面中提供了Scratch自带的扩展模块，使用鼠标单击其中的一个，即可将其添加到“模块区”中，之后我们就可以使用其他包含的相应积木了。

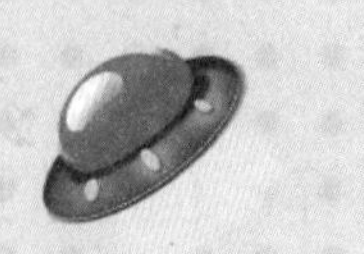

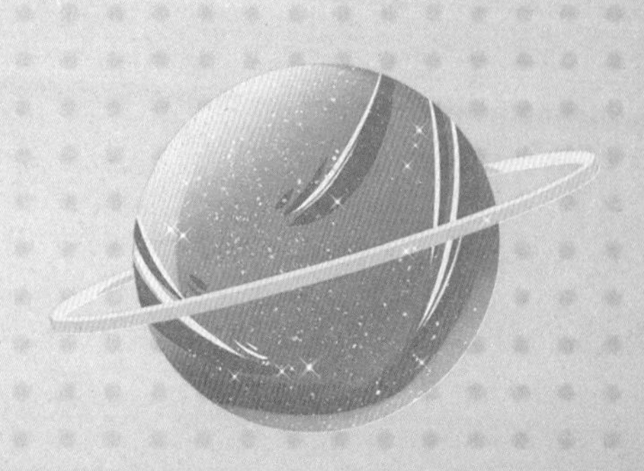

明日之星教研中心　编著

孩子们的编程书

Scratch编程进阶

图形化 下

内容简介

本书是“孩子们的编程书”系列里的《Scratch编程进阶：图形化》分册。本系列图书共分6级，每级两个分册，书中内容结合孩子的学习特点，从编程思维启蒙开始，逐渐过渡到Scratch图形化编程，最后到Python编程，通过简单有趣的案例，循序渐进地培养和提升孩子的数学思维和编程思维。本系列图书内容注重编程思维与多学科融合，旨在通过探究场景式软件、游戏开发应用，全面提升孩子分析问题、解决问题的能力，并养成良好的学习习惯，提高自身的学习能力。

本书基于Scratch图形化编程语言编写而成，分为上、下两册。上册以Scratch基础及编程基本结构为主，通过开发游戏引导孩子掌握Scratch编程基础，培养孩子的编程思维和创新意识；下册以实际应用及Scratch进阶内容为主，通过每课完成一个游戏设计任务，使孩子能够熟练掌握Scratch编程，并能够用编程的思维去解决实际生活中遇到的问题。全书共24课，每课均以一个完整的作品制作为例展开讲解，让孩子边玩边学，同时结合思维导图的形式，启发和引导孩子去思考和创造。

本书采用全彩印刷+全程图解的方式展现，每节课均配有微课教学视频，还提供所有实例的源程序、素材，扫描书中二维码即可轻松获取相应的学习资源，大大提高学习效率。

本书特别适合中小学生进行图形化编程初学使用，适合完全没有接触过编程的家长和小朋友一起阅读。对从事编程教育的老师来说，这也是一本非常好的教程。本书可以作为中小学兴趣班以及相关培训机构的教学用书，也可以作为全国青少年编程能力等级测试的参考教程。

图书在版编目（CIP）数据

Scratch编程进阶：图形化：上、下册/明日之星教研中心编著. —北京：化学工业出版社，2023.1
ISBN 978-7-122-42314-6

Ⅰ.①S… Ⅱ.①明… Ⅲ.①程序设计-少儿读物
Ⅳ.①TP311.1-49

中国版本图书馆CIP数据核字（2022）第184519号

责任编辑：曾 越 周 红 雷桐辉　　装帧设计：水长流文化
责任校对：田睿涵

出版发行：化学工业出版社（北京市东城区青年湖南街13号 邮政编码100011）
印　　装：中煤（北京）印务有限公司
787mm×1092mm 1/16 印张$15^1/_2$ 字数216千字 2023年3月北京第1版第1次印刷

购书咨询：010-64518888　　售后服务：010-64518899
网　　址：http://www.cip.com.cn
凡购买本书，如有缺损质量问题，本社销售中心负责调换。

定　　价：108.00元（上、下册）

如何使用本书

本书分上、下册，共24课，每课学习顺序是一样的，先从开篇漫画开始，然后按照任务探秘、规划流程、探索实践、编程实现和挑战空间的顺序循序渐进地学习，最后是知识卡片。学习顺序如下：（本书使用Scratch平台进行实践，其下载、安装及使用请参见本书上册附录。）

小勇士，快来挑战吧！

开篇漫画
知识导引

任务探秘
任务描述
预览任务效果

规划流程
理清思路

探索实践
探索知识
学科融合

编程实现
编码测试

挑战空间
挑战巅峰

知识卡片
思维导图总结

互动App——一键扫码、互动学习

微课视频——解除困惑、沉浸式学习

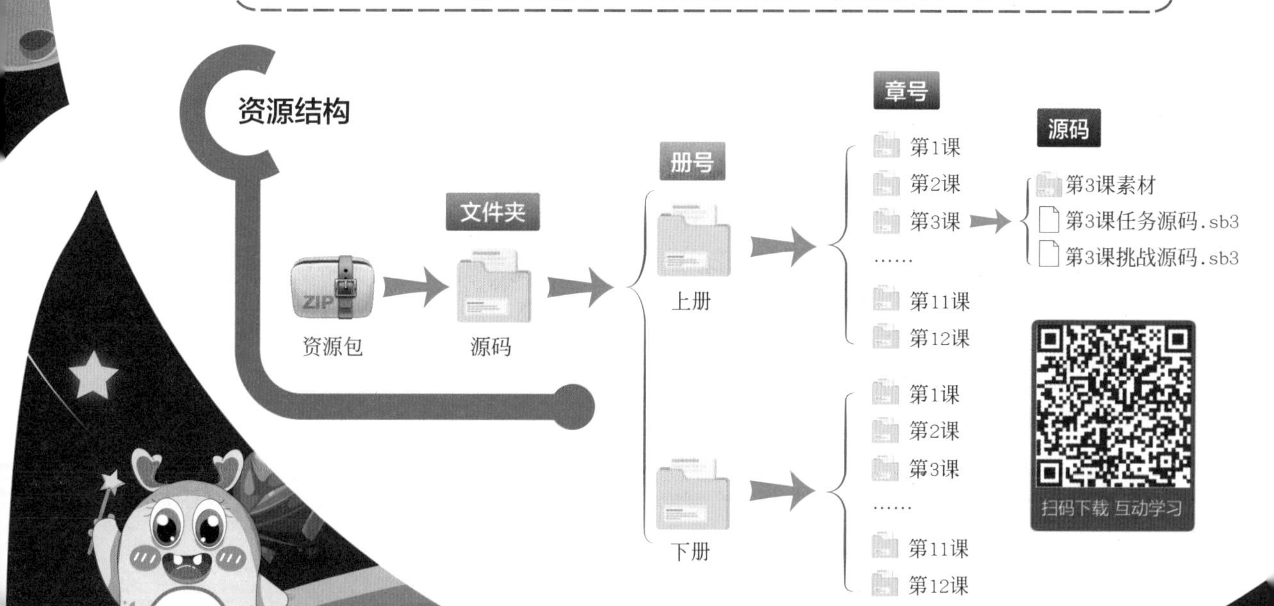

人物介绍

一天傍晚，依林小镇东方的森林里出现一个深坑，从造型奇特的飞行器中走出几个外星人，来自外太空的卡洛和他的小伙伴们就这样带着对地球的好奇在小镇生活下来。

卡洛（仙女星系）

关键词：机灵 呆萌

来自距地球254万光年的仙女星系，对地球的一切都很感兴趣，时而聪明，时而呆萌，乐于助人。

圆圆（盾牌座UY）

关键词：正义 可爱

来自一颗巨大的恒星——盾牌座UY，活泼可爱，有点娇气，虽然偶尔在学习上犯小迷糊，但正义感十足。

木木（木星）

关键词：爱创造 憨厚

性格憨厚，总因为抵挡不住美食诱惑而闹笑话，但对于数学难题经常有令人惊讶的新奇解法。

小明（明日之星）

关键词：智慧 乐观

充满智慧，学习能力强，总能让难题迎刃而解。精通编程算法，有很好的数学思维和逻辑思维。平时有点小骄傲。

精奇博士（地球）

关键词：博学 慈爱

行走的“百科全书”，无所不知，喜欢钻研。经常教给小朋友做人的道理和有趣的编程、数学知识。

乐乐（地球）

关键词：爱探索 爱运动

依林小镇的小学生，喜欢天文、地理；爱运动，尤其喜欢玩滑板。从小励志成为一名伟大的科学家。

目录

aprender
programar
compartir
crear

第1课

字母掉落赛

本课学习目标

- 掌握随机数的使用方法
- 掌握让角色不断下移的方法
- 熟悉事件模块中的按键积木的使用
- 学会让角色不断变换造型并下移
- 掌握使用选择结构对角色进行判断的方法

扫描二维码
获取本课资源

任务探秘

本课的任务要求设计一个可以不断掉落字母的游戏程序，具体要求为：在空中不断随机掉落字母，在键盘上按下和空中掉落相同的字母时，字母消失，如果按错字母或字母掉落至舞台底部，游戏结束。任务示意如图1.1所示。

图1.1　字母掉落赛

规划流程

根据上面的任务探秘分析规划本任务的流程如图1.2所示。

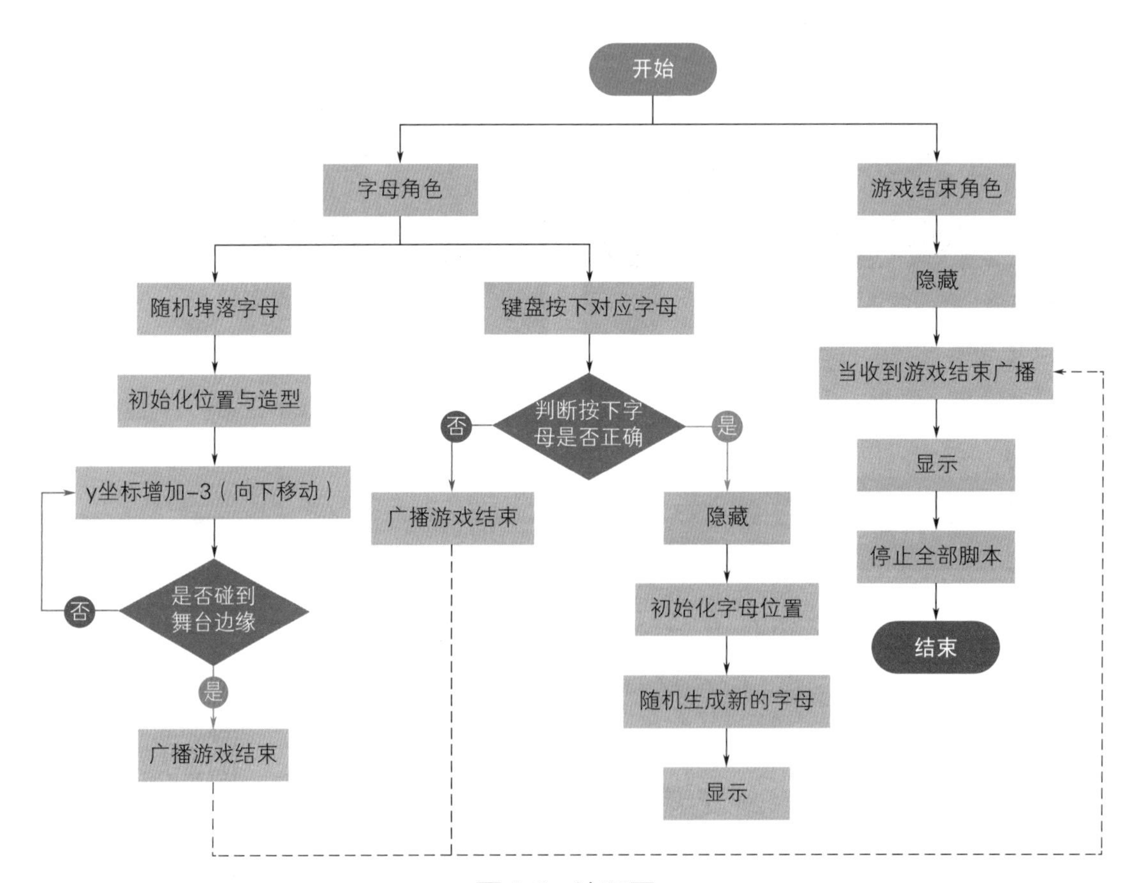

图1.2　流程图

探索实践

1. 随机造型

在之前的课程中我们学习过如果想要给角色切换造型，可以使用外观模块中“换成( )造型”或“下一个造型”积木实现。

本课任务需要实现造型的随机切换，因此，这里需要用到运算模块中的“在( )和( )之间取随机数”积木，具体使用方法如图1.3所示。

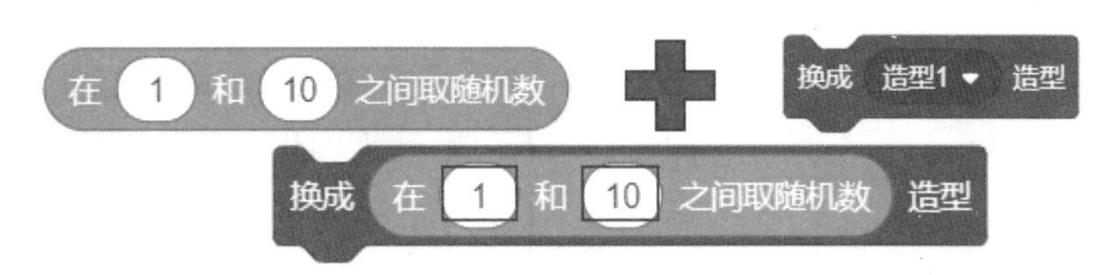

图1.3　随机造型积木组合

其中，1和10是默认的随机数生成范围，我们可以根据实际情况进行修改，例如，本课任务中的字母造型一共有26个，因此，在生成随机数时，就需要从1～26中随机抽取，如图1.4所示。

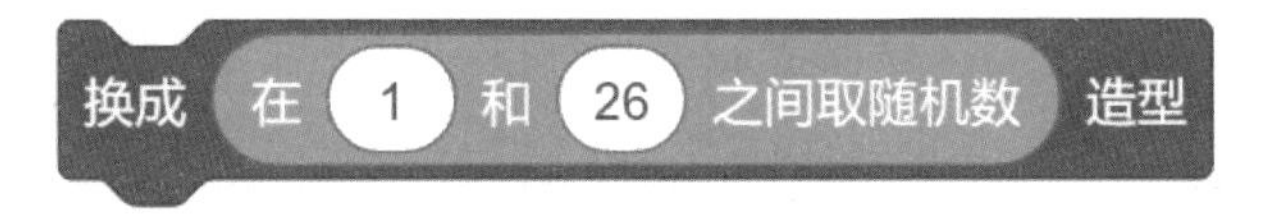

图1.4　本课任务中生成随机字母造型的积木

2. 字母掉落

使用“移动( )步”积木可以控制角色移动，但是本课中需要使随机出现的字母向下掉落，这时可以使用运动模块中的“将y坐标增加( )”积木实现，如图1.5所示。

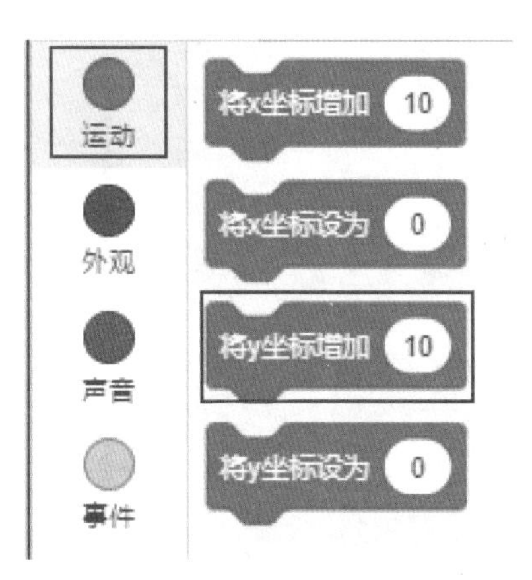

图1.5　“将y坐标增加( )”积木

使用“将y坐标增加( )”积木时，小括号中输入的可以是正数，也可以是负数。其中，正数表示向上，数值越

图1.6　实现字母掉落程序

大，每次向上的距离就越大；负数表示向下，数值越大，每次向下的距离就越大。

例如，本课任务中，要使字母持续掉落，可以在“将y坐标增加( )”积木中输入负数，并将其放在“重复执行”积木当中，如图1.6所示。

3. 按下按键

在字母掉落的过程中，如果我们按下与字母相同的按键，字母就会消失，这可以使用事件模块中的“当按下( )键”事件积木实现，如图1.7所示。

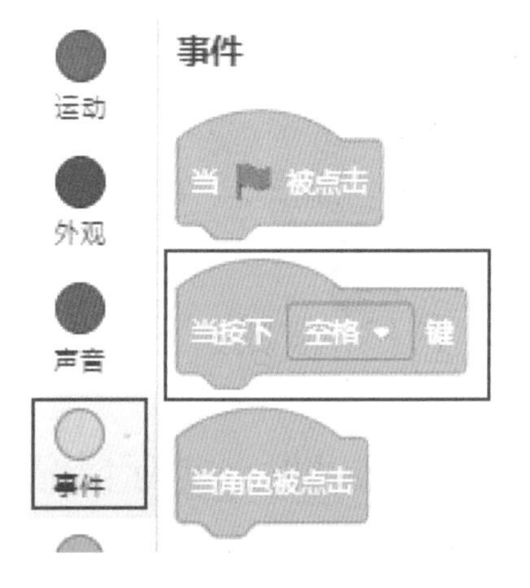

图1.7　当按下( )键积木

“当按下( )键”积木是一个可以实时侦测的积木，即使在程序没有运行的状态下，当按下按键时，也会立刻执行相应的侦测操作，该积木中默认显示“空格”键，点击倒三角符号可以选择与键盘上按键对应的任意键（包括26个字母键），如图1.8所示。

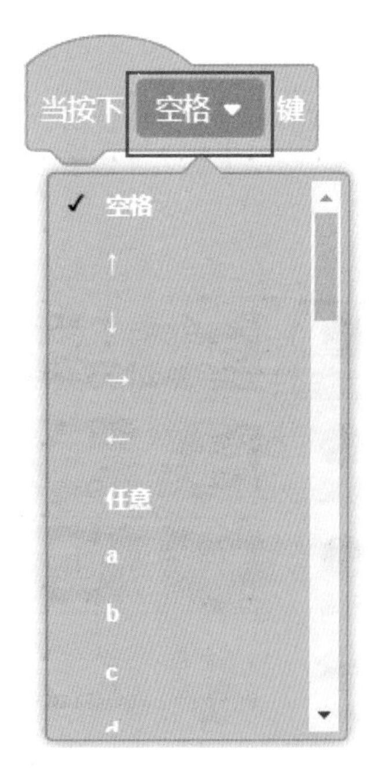

图1.8　选择按键

试一试

除了使用“当按下( )键”事件积木，还可以使用侦测模块中的“按下( )键？”条件积木，并结合“如果( )那么( )”选择结构来判断按下的是哪个键，快来动手试一试吧。

4. 判断按下字母是否正确

在判断按下的字母是否正确时，可以使用控制模块中的“如果( )那么( )否

则( )”积木来实现。例如，本课任务中当按下z键时，判断如果造型编号为1，则使当前掉落的字母消失，同时再随机显示另外一个掉落的字母；否则，说明按下了错误的按键，这时发送游戏结束的广播，程序如图1.9所示。

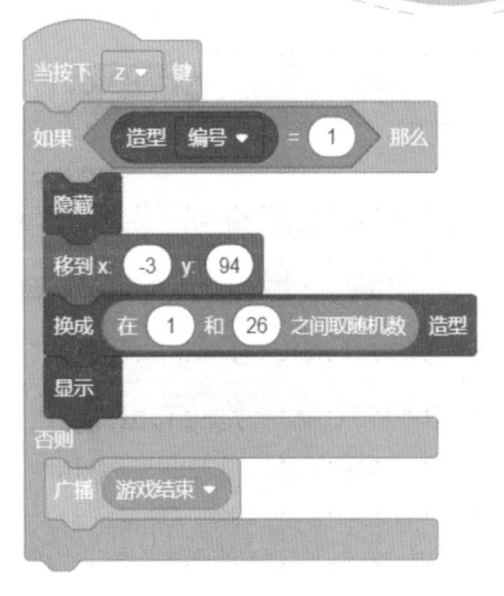

图1.9 判断按下字母是否正确的程序

本课任务中按键与造型编号的对应关系如表1.1所示。

表1.1 按键与造型编号的对应关系

按键	对应造型编号	按键	对应造型编号	按键	对应造型编号
A（a）	26	J（j）	17	S（s）	8
B（b）	25	K（k）	16	T（t）	7
C（c）	24	L（l）	15	U（u）	6
D（d）	23	M（m）	14	V（v）	5
E（e）	22	N（n）	13	W（w）	4
F（f）	21	O（o）	12	X（x）	3
G（g）	20	P（p）	11	Y（y）	2
H（h）	19	Q（q）	10	Z（z）	1
I（i）	18	R（r）	9		

注：编号可自行设定。

编程实现

要实现本课任务程序，大致需要分为3个部分，下面分别讲解。

● 实现字母随机掉落的效果

当绿旗被点击后，初始化坐标位置，并将字母换成编号1～26之间的随机造型，然后通过重复执行y坐标值减3实现字母不断向下掉落，当字母角色碰到边缘时，发送游戏结束的广播。实现字母随机掉落的完整程序如图1.10所示。

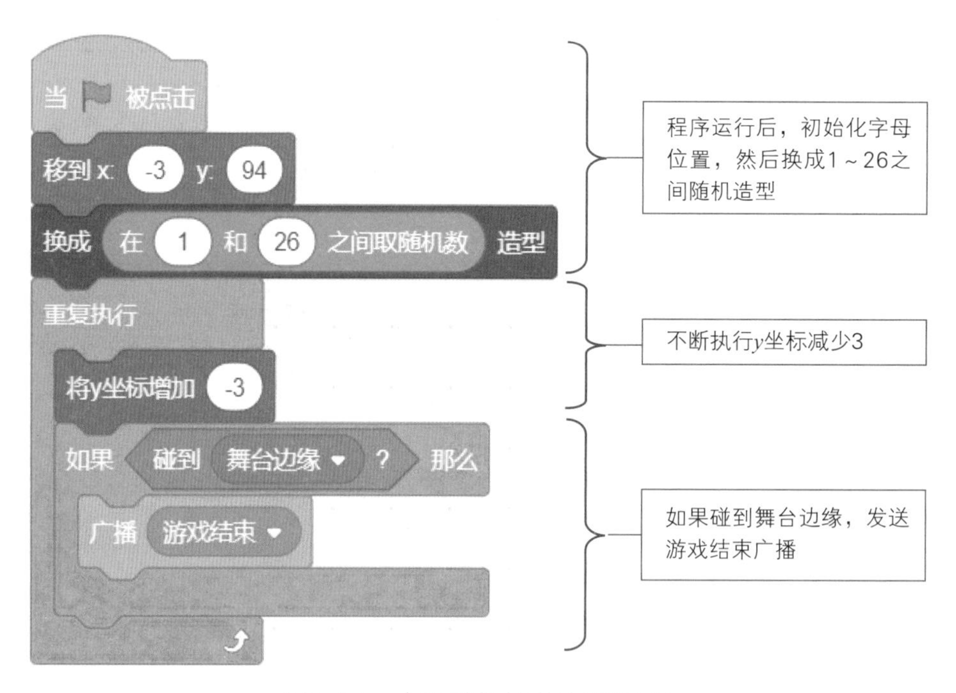

图1.10　字母随机掉落完整程序

● 监测键盘按键

当我们按下按键时，如果字母的造型和按键一致，字母会隐藏并重新在舞台上随机出现其他造型；而如果字母和按键不一致，则发送游戏结束广播。例如，当按下a键时的监测程序如图1.11所示。

说明

可以按照实际角色外观造型的编号修改随机造型的数值，掉落的速度也可以根据实际情况进行调整。

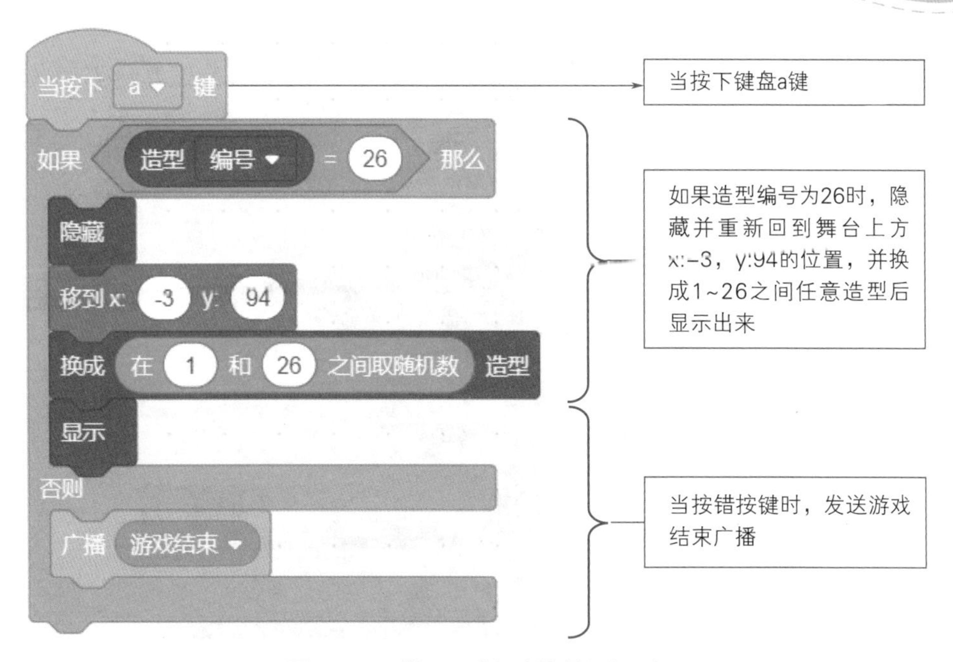

图1.11　按下a键时的监测程序

由于一共有26个字母，而每个按键都对应一个造型，所以需要为每个字母按键都添加监测程序，但监测程序的实现代码是相同的，因此直接复制即可，具体操作过程如图1.12所示。

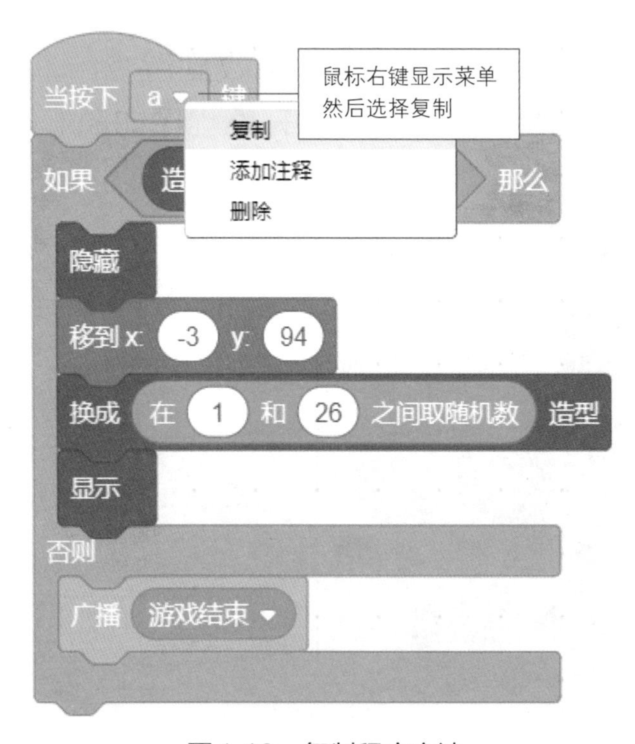

图1.12　复制程序方法

程序复制完成后，只需要修改红色框中的按键及造型编号即可，如图1.13所示。

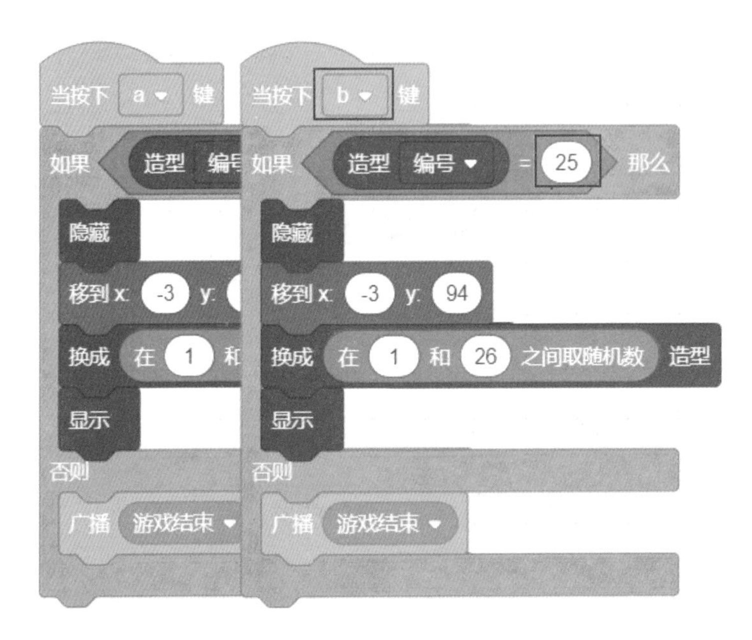

图1.13　修改按键及编号

● 游戏结束角色

该角色在程序运行时默认隐藏，当收到游戏结束广播时，显示并停止全部程序。实现游戏结束角色的完整程序如图1.14所示。

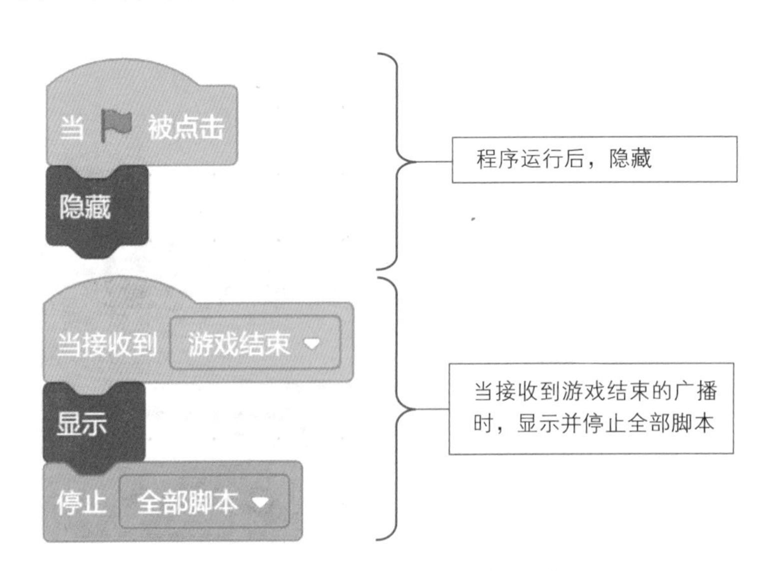

图1.14　游戏结束的完整程序

挑战空间

本节课我们学习了随机数的知识，请你结合所学知识，将此次任务中字母掉落的速度，修改为随机1～5的速度。

知识卡片

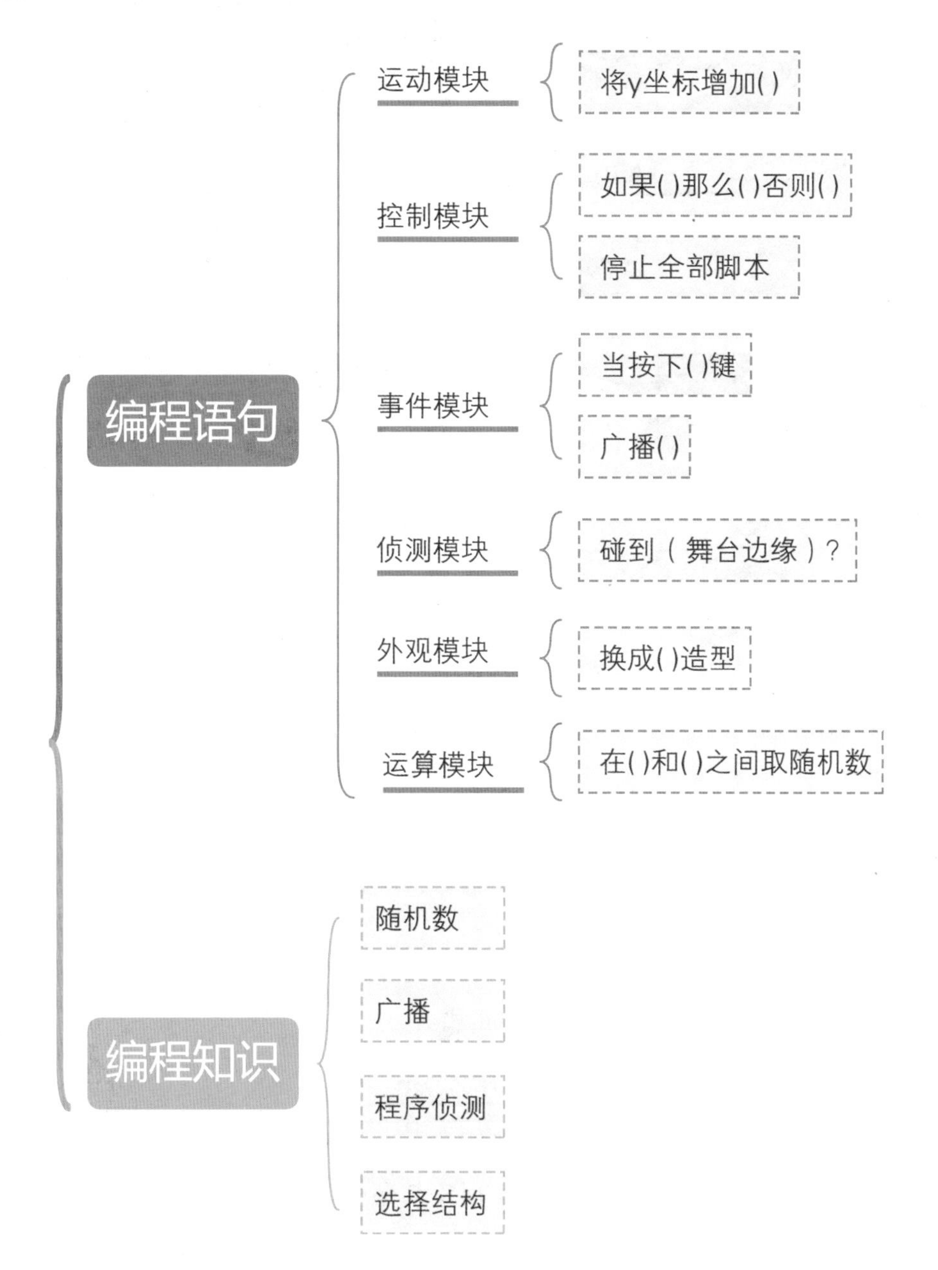

病毒消灭战

本课学习目标

- 熟练掌握使角色快速移到某个位置的方法
- 熟悉播放声音积木的使用方法
- 巩固克隆技术在实际中的应用
- 巩固条件积木与选择结构积木的综合使用

扫描二维码
获取本课资源

任务探秘

本课的任务是设计一个使用疫苗消灭病毒的程序，具体要求为：程序开始后病毒怪兽在舞台上不断移动投掷病毒，针管可以跟随鼠标改变方向，点击鼠标发射疫苗药剂，疫苗药剂打中病毒时，病毒消失。任务效果如图2.1所示。

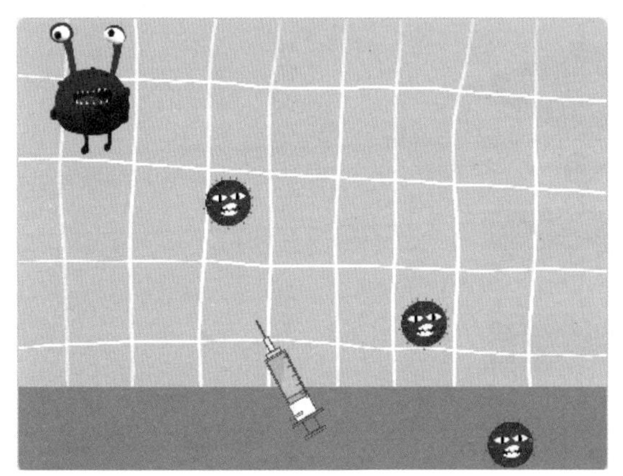
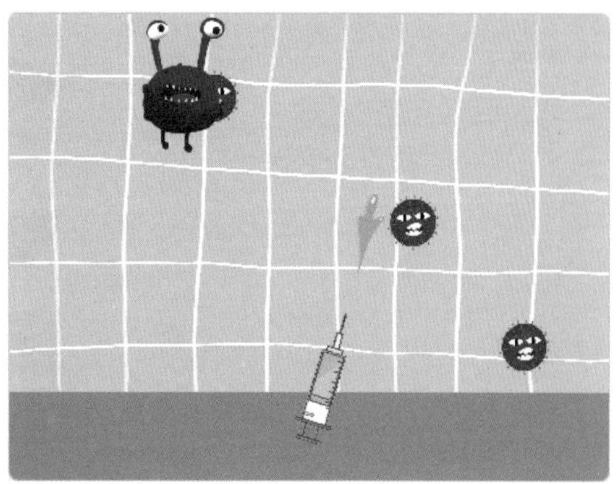

图2.1　病毒消灭战

规划流程

分析上面的任务，我们可以发现此次任务一共有4个角色，分别是针管、疫苗药剂、病毒怪兽和病毒，它们每个角色都需要有自己独立的实现过程。

第1个角色是针管，针管需要根据鼠标指针的方向来进行旋转，其规划流程如图2.2所示。

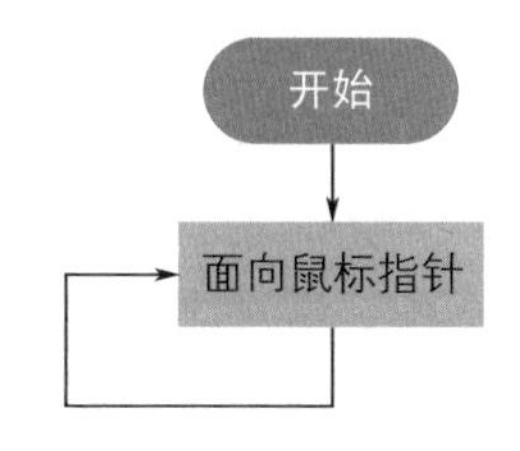

图2.2　针管流程图

第2个角色是疫苗药剂，当点击鼠标时，疫苗药剂需要向鼠标点击方向进行发射，其规划流程如图2.3所示。

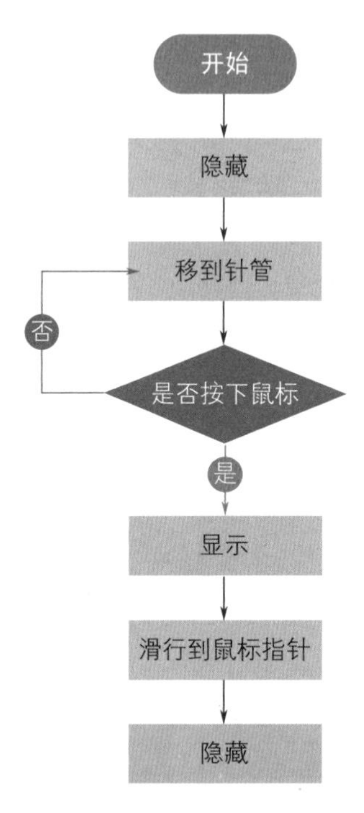

图2.3 疫苗药剂流程图

第3个角色是病毒怪兽，程序运行后，病毒怪兽需要在舞台上来回左右移动，其规划流程如图2.4所示。

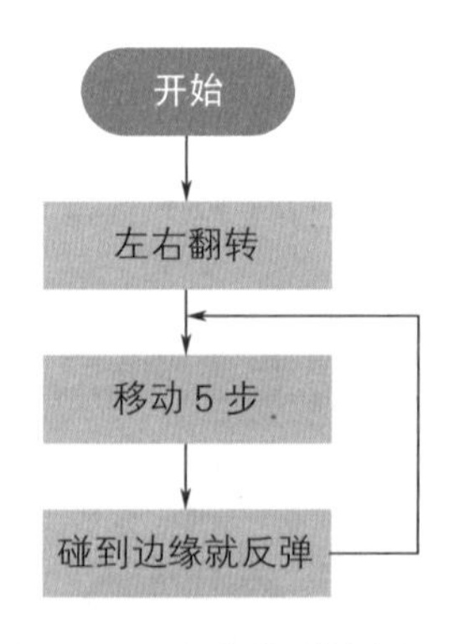

图2.4 病毒怪兽流程图

第4个角色是病毒，病毒需要不断被复制，并且从病毒怪兽的身上掉落下来；另外，当病毒碰到舞台边缘或者被疫苗药剂打中后，就会消失。病毒角色的规划流程如图2.5所示。

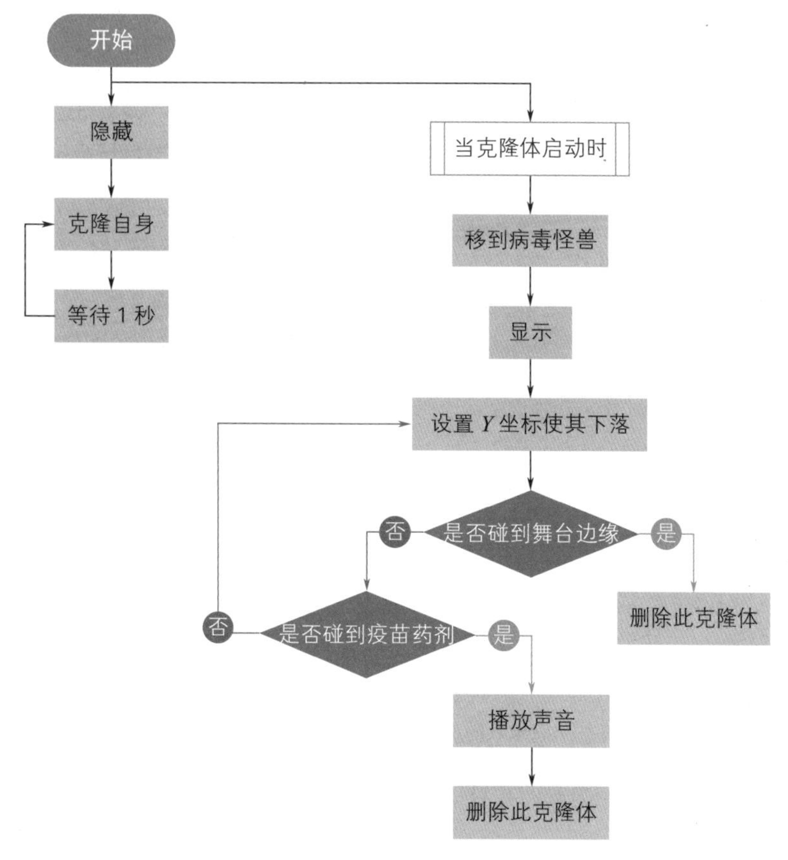

图2.5　病毒流程图

1. 针管持续面向鼠标指针

本课任务中，针管需要跟随鼠标指针的方向进行旋转。实现该功能，可以使用运动模块中的“面向( )”积木，如图2.6所示。

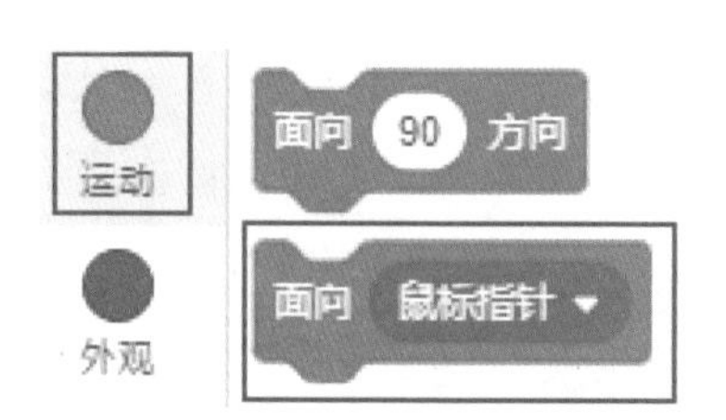

图2.6　“面向( )”积木

“面向( )”积木默认为“面向鼠标指针”，点击积木右侧的倒三角，可以选择其他角色，这里采用默认，如图2.7所示。

例如，本课中需要让针管持续面向鼠标指针，只需要将“面向鼠标指针”积木放在“重复执行”积木中执行即可，代码如图2.8所示。

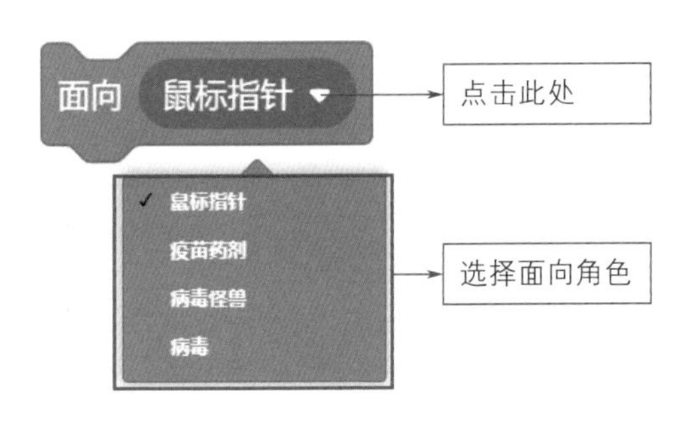

图2.7　选择面向角色

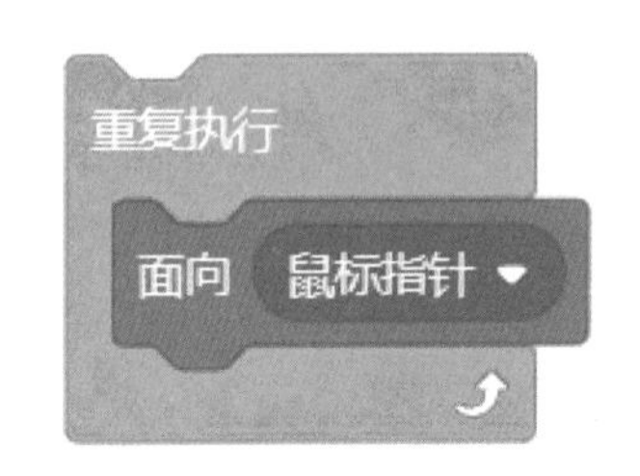

图2.8　针管持续面对鼠标指针

2. 使疫苗药剂移到鼠标指针位置

当用户点击鼠标时，疫苗药剂需要移动至鼠标所点击的位置，实现该功能可以使用运动模块中的“在( )秒内滑行到( )”积木，如图2.9所示。

点击积木右侧的倒三角，根据需要选择任意一个角色。本课中选择“鼠标指针”，如图2.10所示。

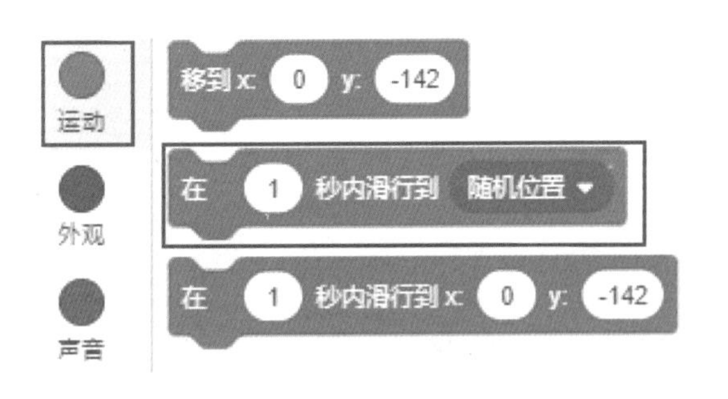

图2.9　“在( )秒内滑行到( )”积木

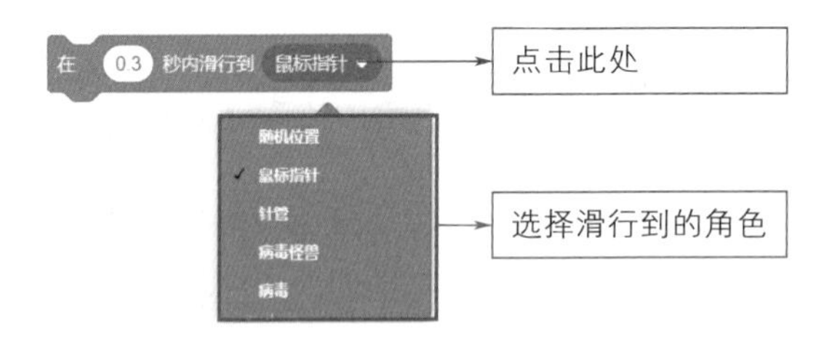

图2.10　选择滑行到的角色

说明

“在( )秒内滑行到( )”积木中的时间可以根据需要进行设置。本课中为了在点击鼠标的同时发射疫苗药剂，将时间设置成了0.3秒。

3. 病毒怪兽左右移动

病毒怪兽在舞台区中左右移动功能可以通过一个循环执行的“移动( )步”和“碰到边缘就反弹”积木实现，但在实现过程中，首先应该将其旋转方式设为“左右翻转”，这样才能在碰到边缘反弹时改变病毒怪兽的方向。实现病毒怪兽左右移动功能的主要代码如图2.11所示。

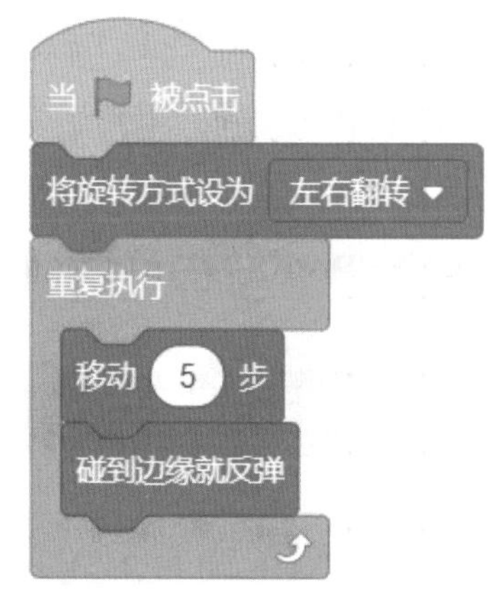

图2.11　实现病毒怪兽左右移动功能的代码

4. 病毒角色的实现

病毒角色要实现的功能及使用的积木如下：

● 不断从病毒怪兽处发射：“移到( )”积木、克隆技术。

● 不断往下掉落：“将y坐标增加( )”积木。

● 碰到舞台边缘消失：“碰到( )”条件积木和“如果( )那么( )”选择积木。

● 碰到疫苗药剂，播放被击中声音，同时消失：“碰到( )”条件积木、“如果( )那么( )”选择积木、“播放声音( )”积木。

下面对实现病毒角色用到的主要积木进行详细讲解。

●“移到( )”积木

“移到( )”积木主要用来将角色瞬间移动到指定位置处。本课中由于病毒是从病毒怪兽角色中发射的，因此需要使用如图2.12所示的积木。

图2.12　使病毒移到病毒怪兽位置处

●“碰到( )”条件积木

“碰到( )”积木是一个条件积木，通常与选择结构一起使用，用来判断指定角色是否碰到某个角色，例如，本课任务中需要判断病毒是否碰到边缘或者疫苗药剂，则可以在“碰到( )”积木中选择如图2.13所示的两个角色。

● “播放声音( )”积木

病毒在碰到边缘时直接消失，此时直接删除克隆体即可，但在碰到“疫苗药剂”时，要求播放被击中的声音，然后才消失，因此需要使用声音模块中的“播放声音( )”积木实现。该积木中可以播放默认的声音Pew，也可以播放自己录制的声音，如图2.14所示。

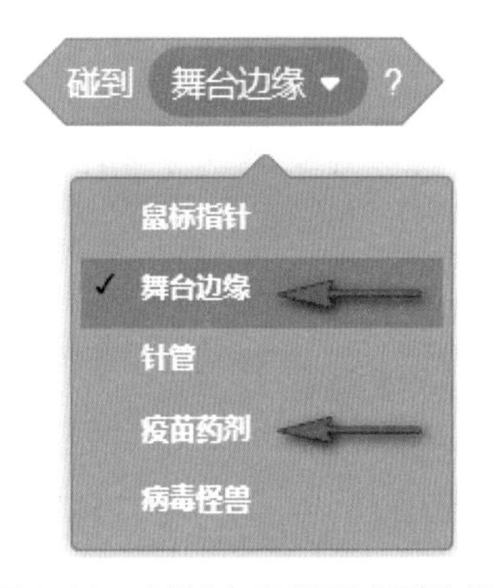

图2.13　判断病毒是否碰到边缘或者疫苗药剂

图2.14　“播放声音( )”积木

通过上面的流程分析与知识讲解，本节将讲解如何实现本课任务中的功能，要实现本课任务程序，需要分为4个部分，下面分别讲解。

● 针管角色程序

针管角色主要持续跟随鼠标指针方向进行旋转，其程序如图2.15所示。

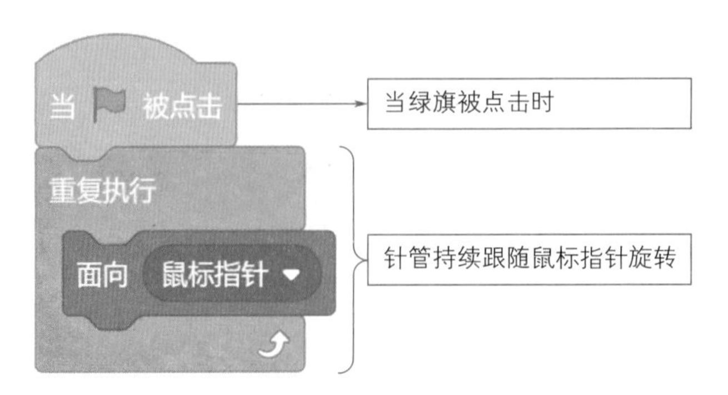

图2.15　针管完整程序

● 疫苗药剂角色程序

疫苗药剂角色在默认情况下是隐藏的，并且，其默认是出现在针管位置处并且面向鼠标指针；当按下鼠标时，疫苗药剂会显示，并快速滑行到鼠标指针的位置，之后再次隐藏。疫苗药剂程序如图2.16所示。

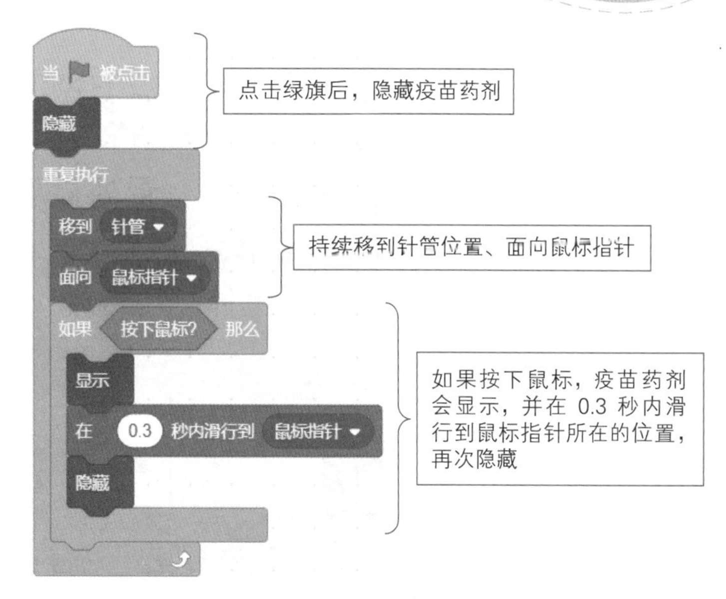

图2.16 疫苗药剂完整程序

试一试

除了使用“在( )秒内滑行到（鼠标指针）”积木来实现疫苗药剂的发射以外，还可以使用“移到（鼠标指针）”结合“等待( )秒”积木实现，请动手试一试吧，看看它们有什么不同之处？

● 病毒怪兽角色程序

病毒怪兽角色主要在舞台中来回移动，其程序如图2.17所示。

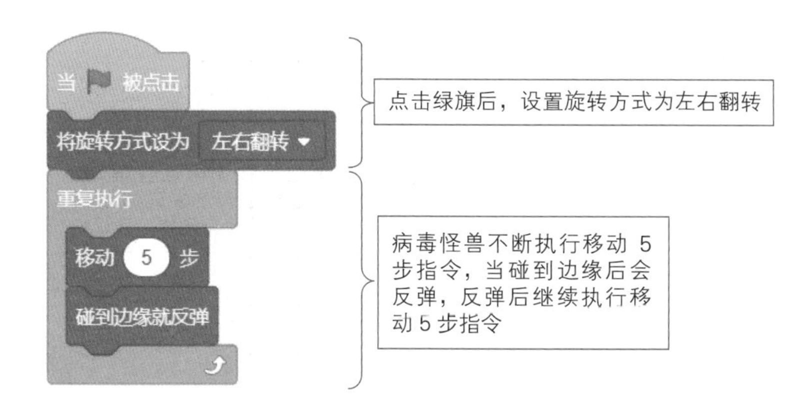

图2.17 病毒怪兽完整程序

● 病毒角色程序

病毒角色在默认的情况下是隐藏的，但由于病毒怪兽也会发射病毒，因此需要使用克隆技术对自身进行克隆。而当克隆体启动时，克隆出来的病毒会移动到病毒怪兽位置处显示，并不断降落，此时，如果碰到舞台边缘，就删除这个克隆体，如果碰到疫苗药剂，则播放被击中音效，同时删除这个克隆体。病毒程序如图2.18与图2.19所示。

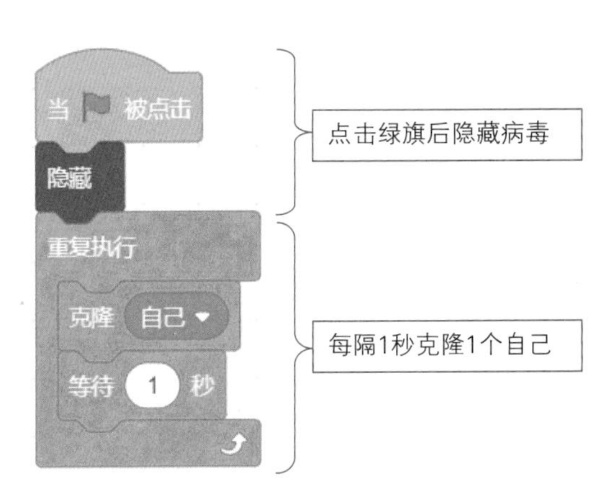

图2.18　克隆病毒的程序

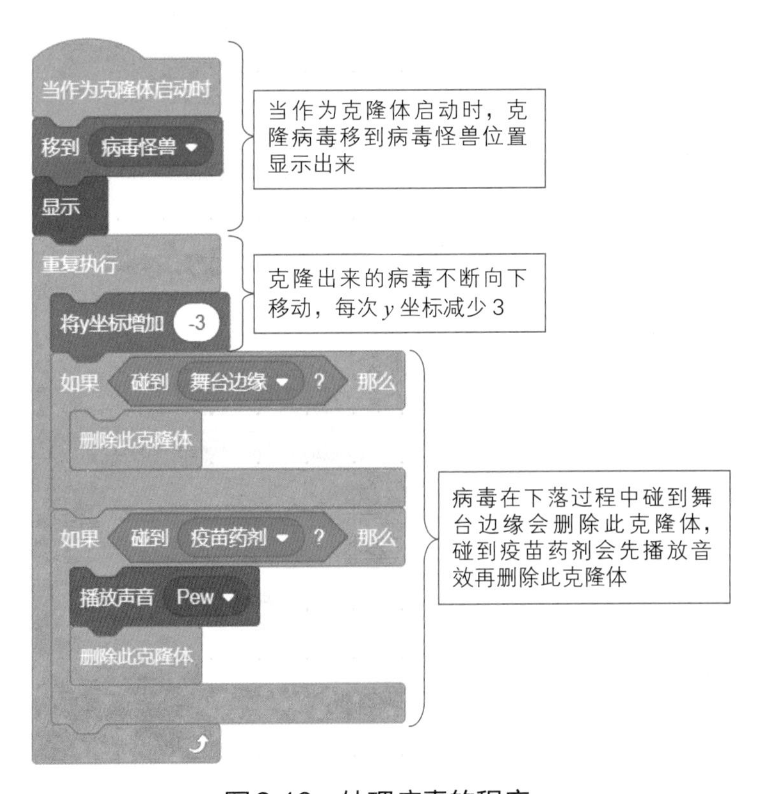

图2.19　处理病毒的程序

本课任务中，病毒怪兽只是在舞台上方左右移动，现在如果要求调整病毒怪兽的方向，如图2.20所示，此时病毒怪兽将会按照一个不规则的路线移动，赶快来挑战吧！

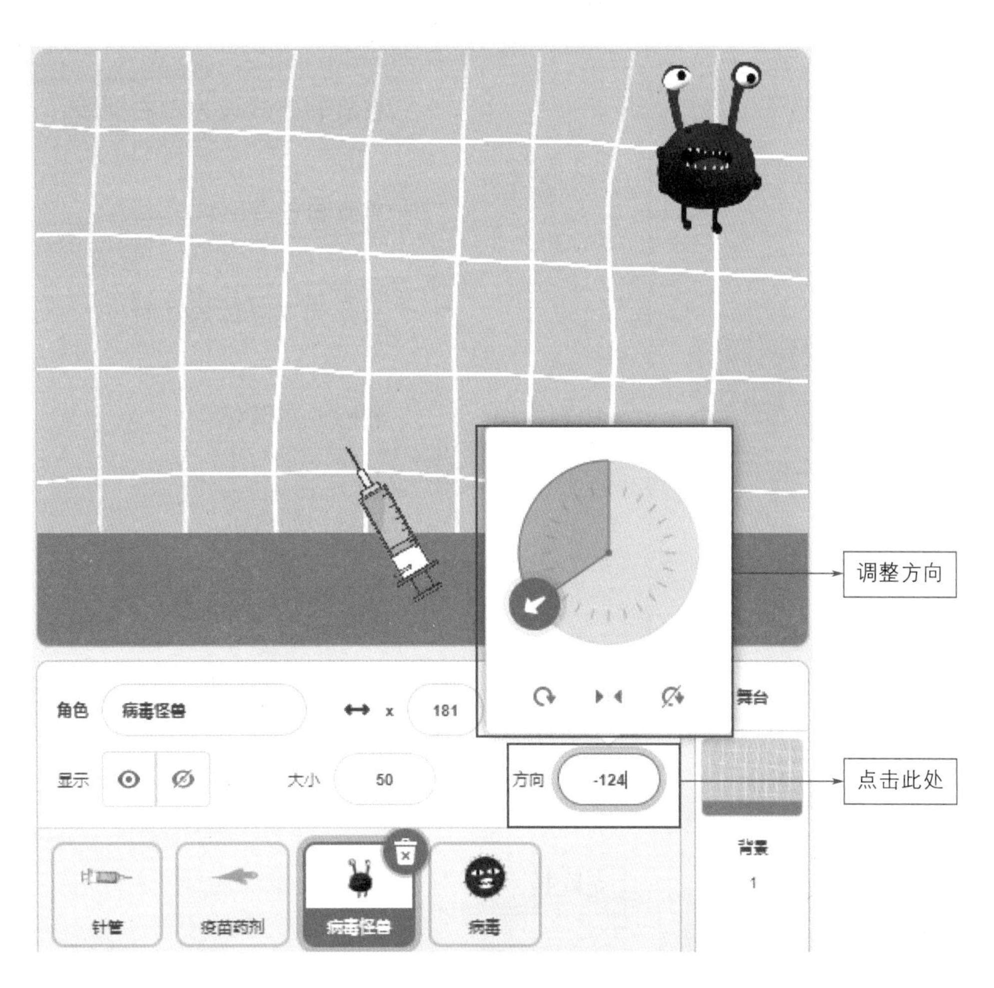

图2.20　调整病毒怪兽移动的方向

知识卡片

- 编程语句
  - 运动模块
    - 移到( )
    - 在( )秒内滑行到( )
    - 将旋转方式设为左右翻转
  - 控制模块
    - 克隆自己
    - 当作为克隆体启动时
    - 删除此克隆体
    - 如果( )那么( )
    - 重复执行
  - 声音模块
    - 播放声音( )
- 编程知识
  - 克隆技术
  - 条件判断
  - 选择结构

第3课

明日车神

本课学习目标

- 熟悉如何设计双人按键版的程序
- 掌握“当按下 ( ) 键”事件积木的使用
- 熟练掌握在程序中进行颜色判断的方法
- 综合应用运动积木和控制积木完成任务
- 巩固面向指定方向积木的使用

扫描二维码
获取本课资源

任务探秘

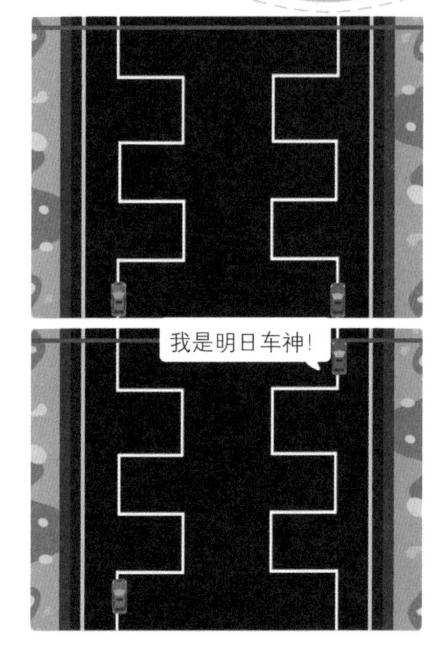

图3.1　明日车神

本节课将设计一个双人赛车游戏，具体要求为：左侧玩家使用（W、A、S、D）按键控制红色小车移动，右侧玩家使用（↑↓←→）按键控制蓝色小车移动，两辆车需要按照白色路线示意图行驶，第一个到达红色终点线的小车即可获得“明日车神”称号。任务示意如图3.1所示。

规划流程

分析上面的任务，首先要用不同的按键来控制小车上下左右的移动，并且需要让小车在固定的白色线路上行驶，如果偏离线路，小车会回到起点，哪辆车先碰到终点的红线，哪辆车则胜利。根据上面的任务探秘分析，规划本任务的流程如图3.2所示。

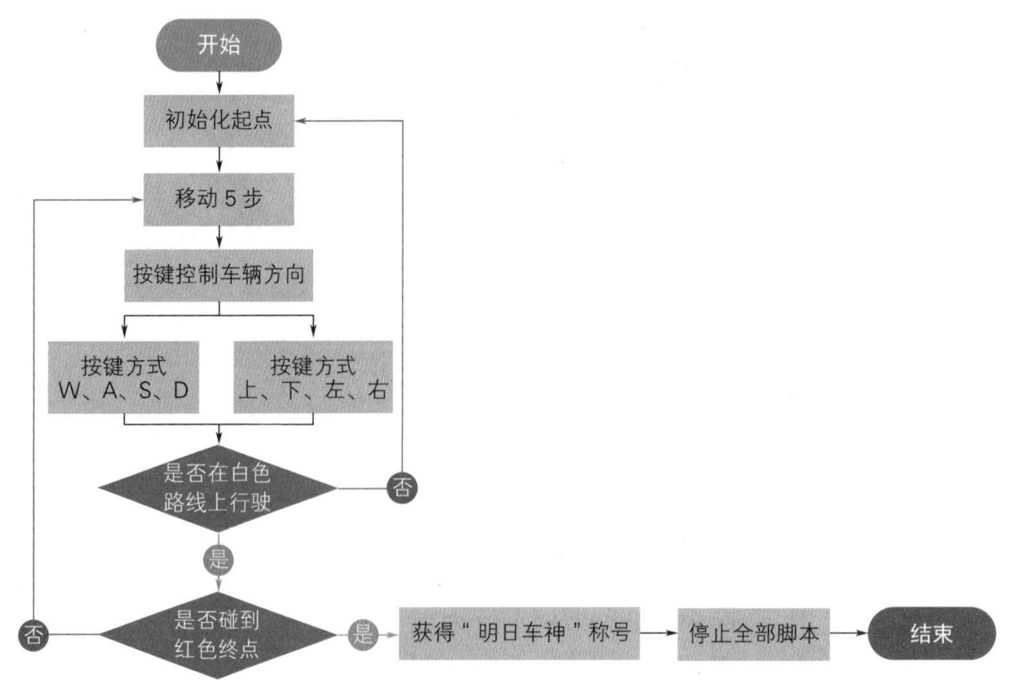

图3.2　流程图

1. 车不断向前行驶

在实现赛车向前不断行驶的效果时，确定好起点坐标后，需要使用运动模块中的“面向( )方向”积木，来确定赛车所要行驶的方向。如图3.3所示，默认为90，表示向右，鼠标单击数字“90”，可以调整方向。本任务中，由于终点红线的位置在舞台的正上方，所以需要设置为“面向（0）方向”，如图3.4所示。然后在重复执行中移动指定步数即可，关键代码如图3.5所示。

图3.3 “面向( )方向”积木

图3.4 设置方向为正上方

图3.5 实现小车不断向前行驶的积木组合

说明

请你按照实际编程需求来修改移动的步数，要注意为了保证两辆车行驶的公平，最开始行驶的步数我们要统一设定。

2. 使用不同按键控制小车的方向

在实现使用不同按键控制小车的方向时，可以使用以下两种方法：

- 使用“重复执行”+“如果( )那么( )”+“按下( )键？”+“面向( )方向”的积木组合。

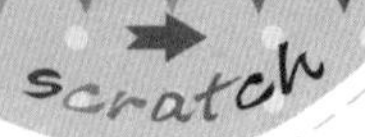

● 使用“当按下( )键”+“面向( )方向”的积木组合。

以上两种实现方法的关键代码如图3.6所示。

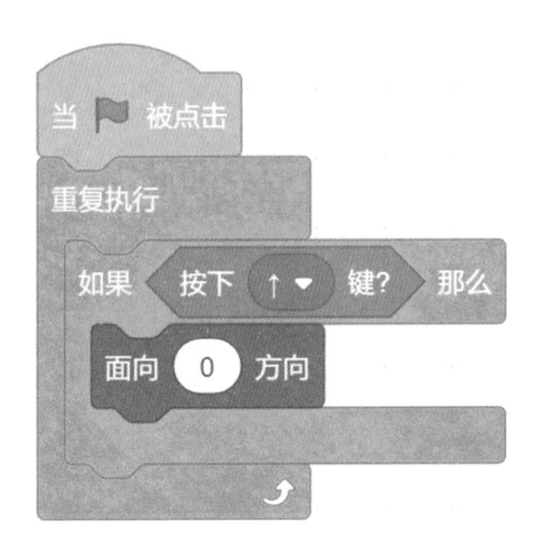

图3.6　按键侦测两种方法对比图

说明

使用左侧的积木组合时，需要按照4个方向（上面向0、下面向180、左面向–90、右面向90）分别编写4段实现上、下、左、右的程序；而如果使用右侧的积木组合，我们只需要在重复执行中添加4个“如果( )那么( )”条件积木来进行上（面向0）、下（面向180）、左（面向–90）、右（面向90）的判断即可。

3. 不按规定路线行驶惩罚

在实现不按规定路线行驶惩罚时，可以使用“重复执行”+“如果( )那么( )”+“碰到颜色( )？”+“不成立”积木来实现。在重复执行中判断赛车是否偏离了白色线路，如果没有碰到白色，说明偏离，这时将赛车送回到起点位置，实现关键代码如图3.7所示。

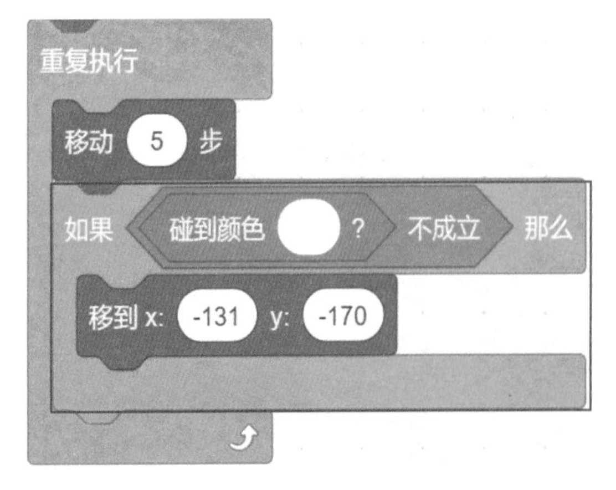

图3.7　实现不按规定路线行驶惩罚的代码

4.到达终点红线

在实现到达终点红线时，可以使用“如果( )那么( )”和“碰到颜色( )？”积木来实现。具体实现步骤为：在重复执行中判断赛车是否碰到了终点红线，如果碰到，说明到达终点，这时与用户交互，说“我是明日车神！”，并且停止程序。关键代码如图3.8所示。

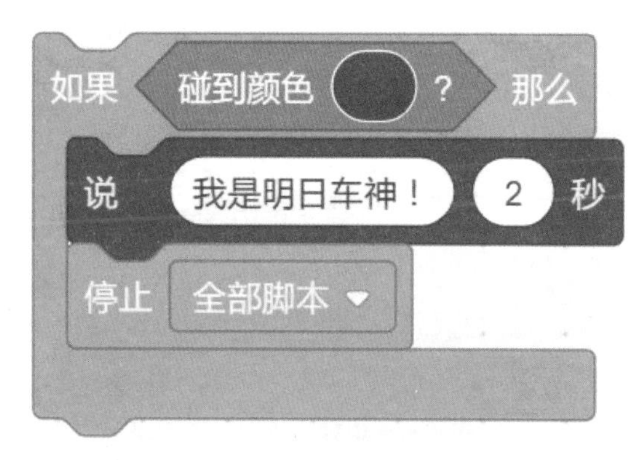

图3.8　实现到达终点红线的代码

要实现本课任务中的功能，需要分别为蓝色小车和红色小车编写代码，这两个角色的实现代码基本类似，下面以蓝色小车为例进行讲解。

点击绿旗后，小车会从固定的起点位置，面向上方不断移动。当小车离开白色行驶线时，将自动返回至起点位置，再次向上移动；而如果按照白色行驶线，行驶至终点红线处时，游戏胜利，停止程序，在小车行驶过程中，通过键盘中的按键（蓝色小车使用方向键，红色小车使用W、S、A、D键）来控制小车行驶的方向。

使用方向键控制蓝色小车方向的代码如图3.9所示。

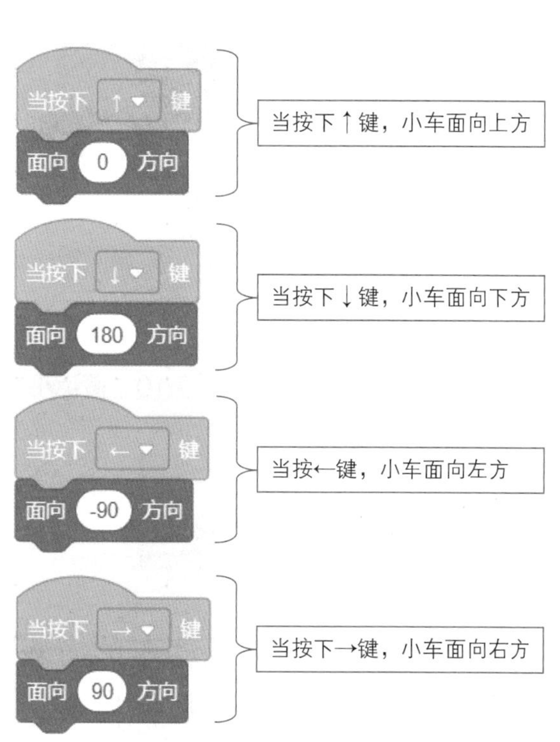

图3.9　控制蓝色小车方向

说明

当为红色小车角色编写代码时，需要将图3.9中的方向键换成W、S、A、D键。

控制蓝色小车前进，并判断是否胜利到达终点的代码如图3.10所示。

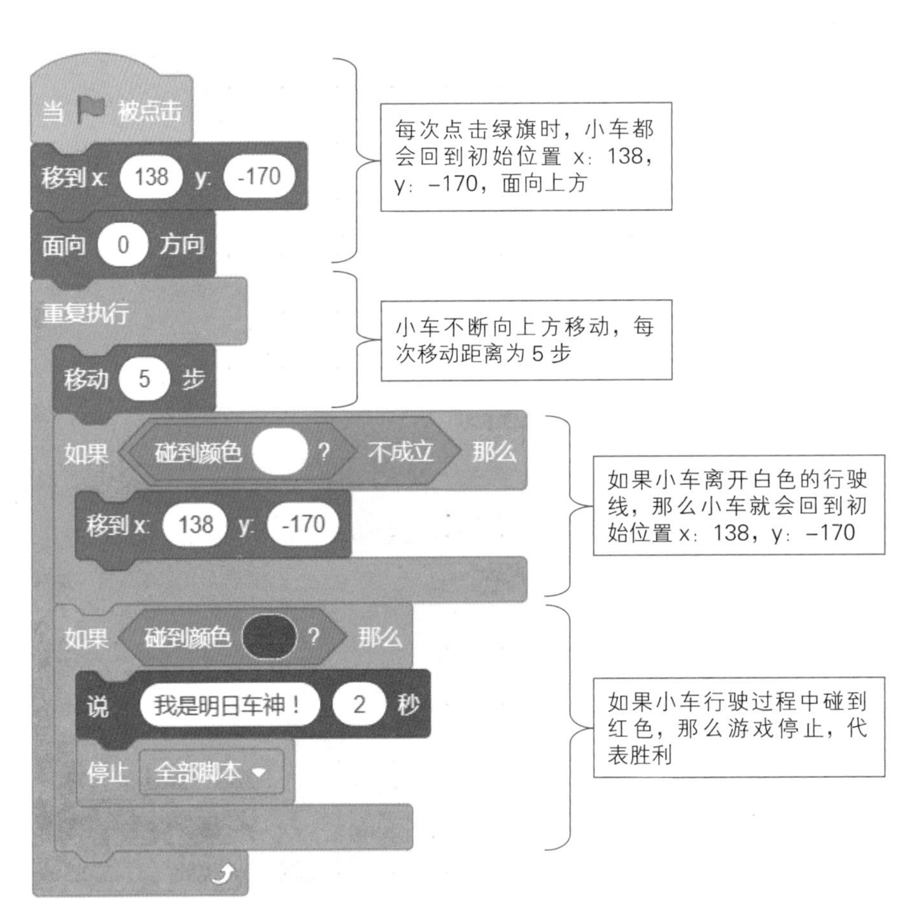

图3.10　蓝色小车前进的完整程序

本节课完成了双人赛车的游戏，现在需要将程序升级，即在玩家的小车碰到红色终点线后，自动切换另一张赛道背景，哪辆车先碰到黄色终点线，哪辆车就胜利，如图3.11所示。

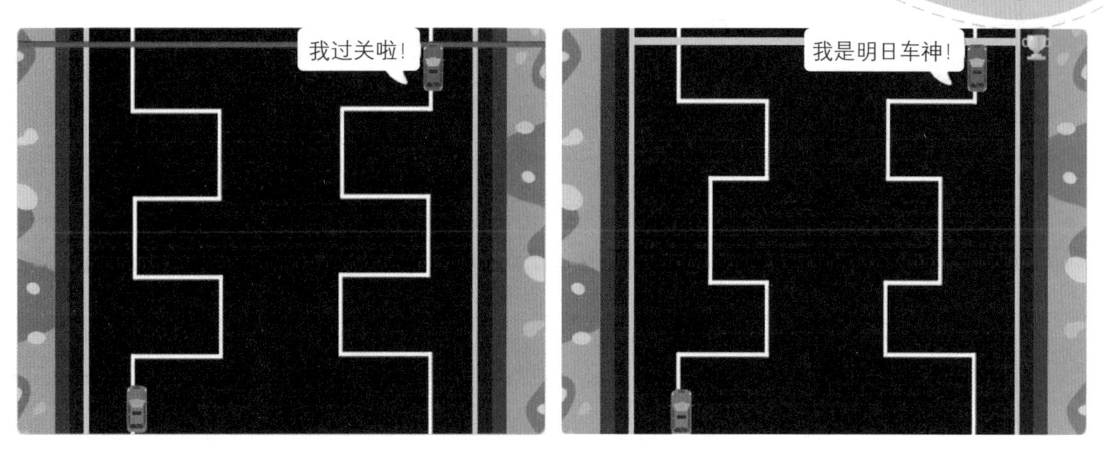

图3.11 挑战任务示意图

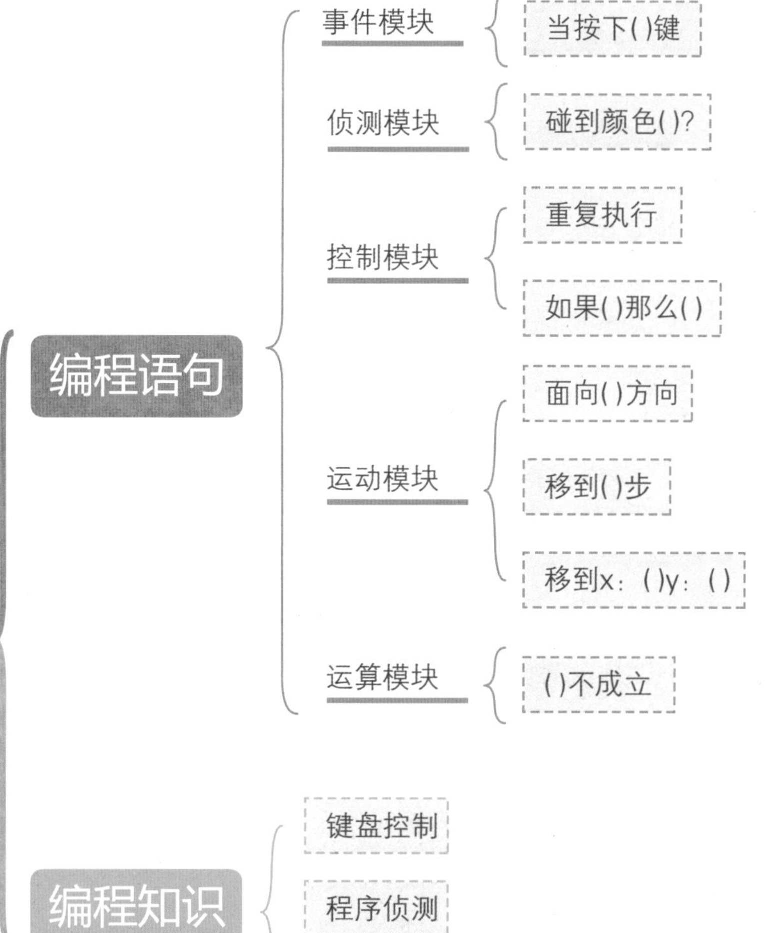

第4课 环保卫士

本课学习目标

- 掌握变量的创建方法
- 掌握如何在程序中使用变量
- 巩固广播的使用及使用场景

扫描二维码
获取本课资源

任务探秘

本课将设计一个可以进行垃圾分类的游戏，具体要求为：随机掉落不同的垃圾，我们需要根据掉落的垃圾切换对应分类的垃圾桶，垃圾和垃圾桶一致时，得1分，如果垃圾桶切换错误，则不得分，并继续游戏。任务示意如图4.1所示。

图4.1　环保卫士

规划流程

分析上面的任务，程序运行时，首先需要随机掉落不同的垃圾，然后按下空格键可以切换不同类别的垃圾桶，当切换到与垃圾对应的垃圾桶时，可以得到1分；如果切换了错误的垃圾桶，则不得分，并继续游戏。根据上面的任务探秘分析，规划本任务的流程如图4.2所示。

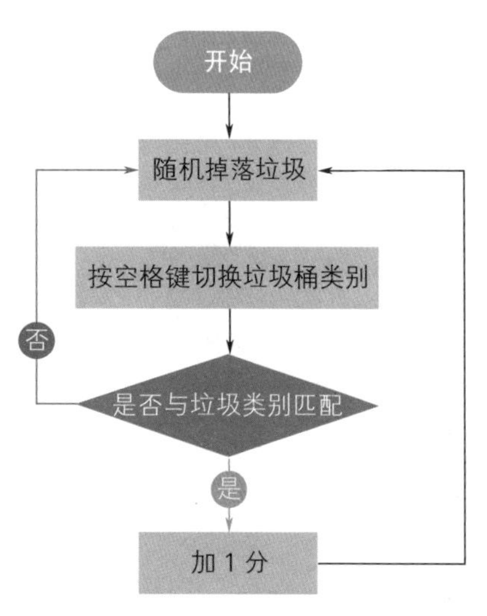

图4.2　流程图

1. 变量的建立

本课任务中使用垃圾桶接收随机掉落的垃圾时，会出现分数变化，那么如何在程序中来体现这一个变化过程呢？答案是使用变量。那么什么是变量？变量又是如何设置的呢？

变量是可以变化的量。例如，随着时间的推移，我们的身高、体重、年龄都在不断变化，这些都可以称作“变量”，如图4.3所示。

图4.3　年龄——生活中的变量

程序中的变量是由变量名和变量值组成的，那么该如何建立变量呢？如图4.4所示。单击“建立一个变量”后将会出现如图4.5所示的窗口。输入变量名后，单击“确定”按钮，即可创建一个变量，这时就可以在舞台区和模块区看到这个变量了，如图4.6所示。

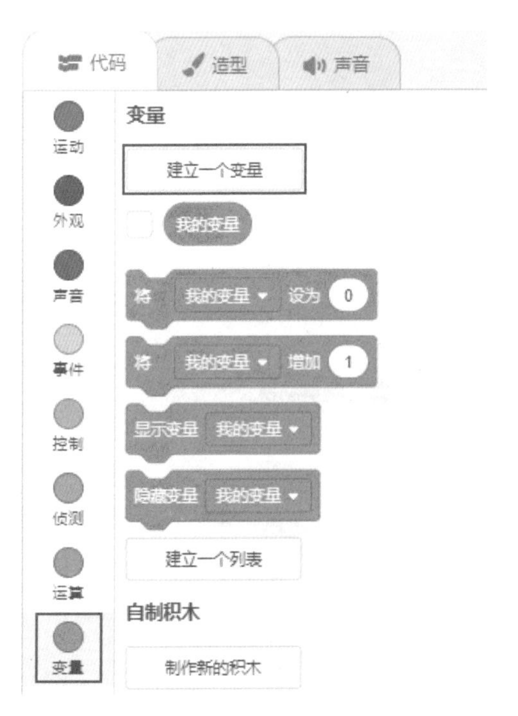

图4.4　创建变量

Scratch中的变量名称可以是数字、中文或者英文及特殊符号，但需要注意变量名不能重复使用。

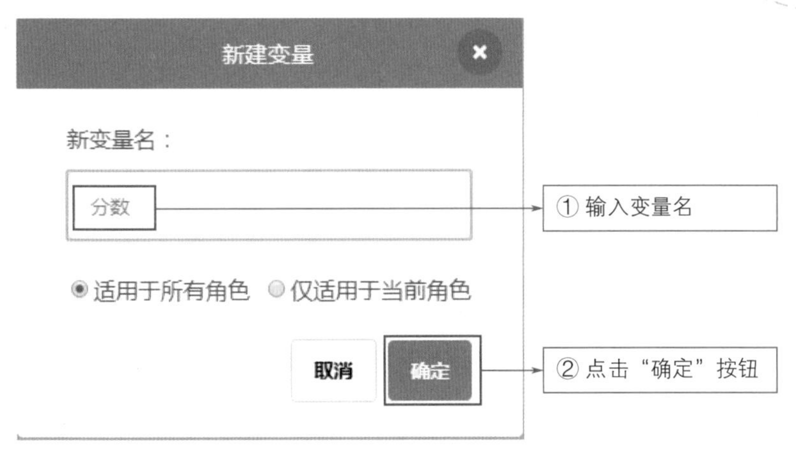

图4.5　新建变量名

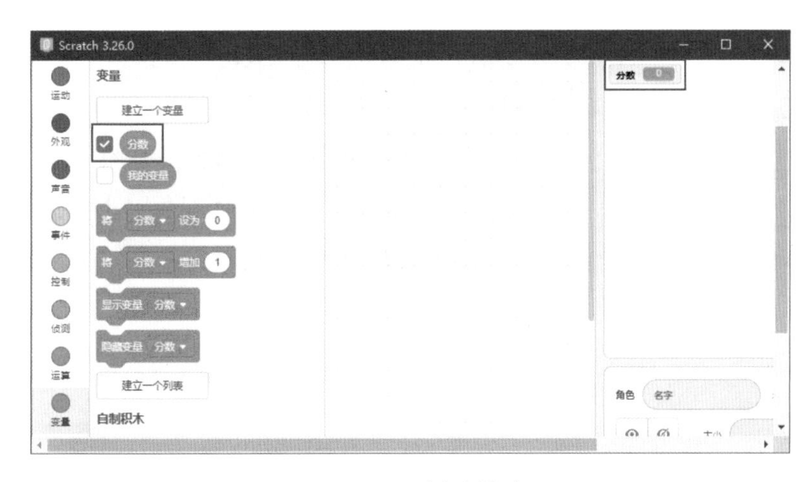

图4.6　显示创建的变量

在模块区中，鼠标放置在变量上，单击鼠标右键可以修改变量名称，也可以删除该变量；而在舞台区中，使用鼠标右键点击变量，可以改变变量的样式，如图4.7所示。

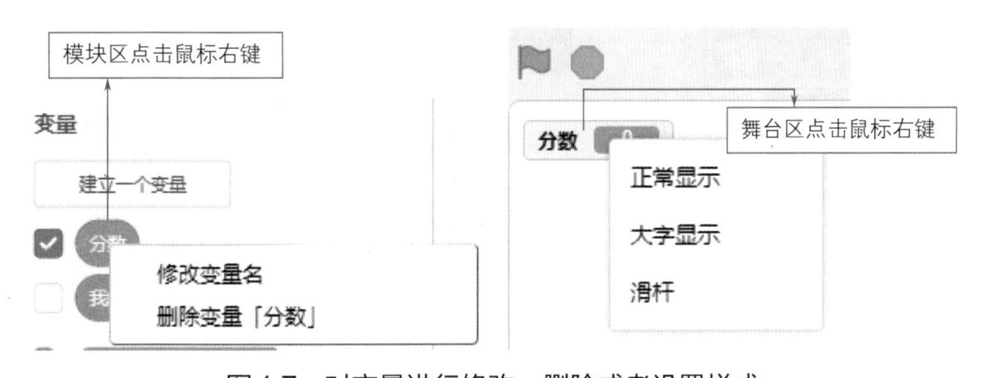

图4.7　对变量进行修改、删除或者设置样式

说明

除了以上调整变量的功能以外，还可以在舞台区通过鼠标左键拖拽变量，这样可以根据程序的需求来移动变量的位置。

2.变量的设定及数值变化

创建完变量之后，如果要使用变量，需要为其设置值或者改变值，Scratch中提供了“将( )设为( )”与“将( )增加( )”两个积木，可以实现以上需求，积木位置如图4.8所示。

其中，“将( )设为( )”积木用于将变量设置为某个固定的数值。例如，本课任务中，启动游戏后需要对创建的“分数”变量进行初始化，这时就可以使用如图4.9所示代码实现。

“将( )增加( )”积木用于使一个变量在原来的数值基础上，增加或减少指定的数值。例如，本课任务中，判断当垃圾与垃圾桶分类相同时，将分数变量增加1，实现代码如图4.10所示。

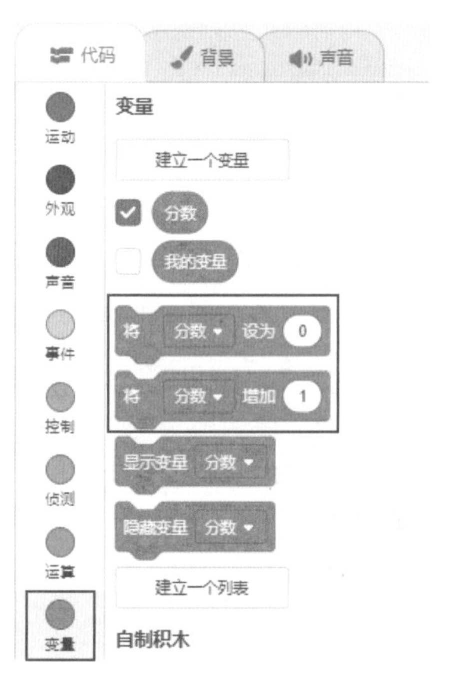

图4.8　变量相关的积木

图4.9　启动游戏初始化分数变量

图4.10　增加分数的实现代码

说明

如果要使变量减少指定的数值，需要将数值设置为负数。

编程实现

要实现本课任务，需要为垃圾桶和垃圾这两个角色编写程序，下面分别讲解。

●“垃圾桶”角色程序

垃圾桶角色实现比较简单，主要是在程序运行后，每次按下空格，都切换一个造型，代码如图4.11所示。

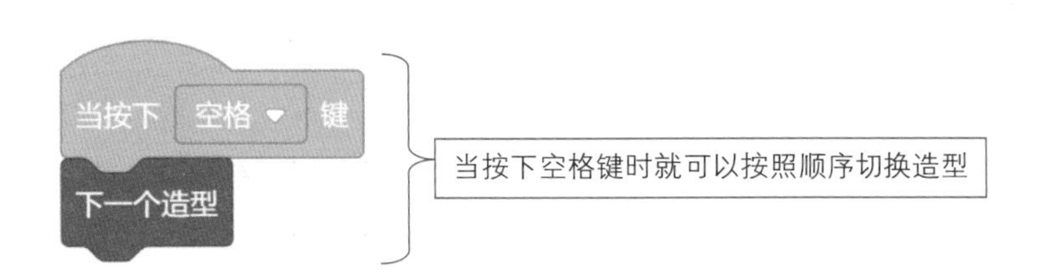

图4.11 “垃圾桶”角色程序

●“垃圾”角色程序

本课任务中的主要逻辑代码都是在“垃圾”角色中实现的。首先当点击绿旗时，将分数初始化为0，并且发送“出现垃圾”广播，程序如图4.12所示。

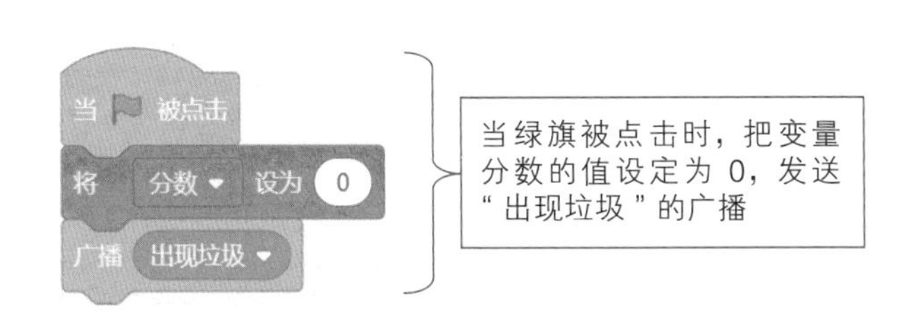

图4.12 “垃圾”角色的初始化程序

当程序接收到“出现垃圾”广播后，垃圾会随机不断向下落。在下落过程中，如果垃圾造型编号和垃圾桶造型对应的编号一致（如表4.1所示），加1分；否则，不加分，并再次发送“出现垃圾”广播，重新出现随机掉落的垃圾。程序代码如图4.13所示。

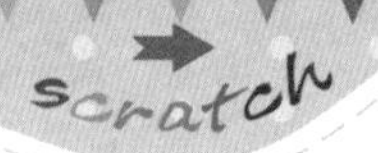

表4.1　垃圾分类对应造型编号及垃圾桶造型对应编号

垃圾名称	垃圾造型编号	对应垃圾桶造型编号	垃圾名称	垃圾造型编号	对应垃圾桶造型编号
厨余垃圾	1	3	其他垃圾	3	4
可回收垃圾	2	1	有害垃圾	4	2

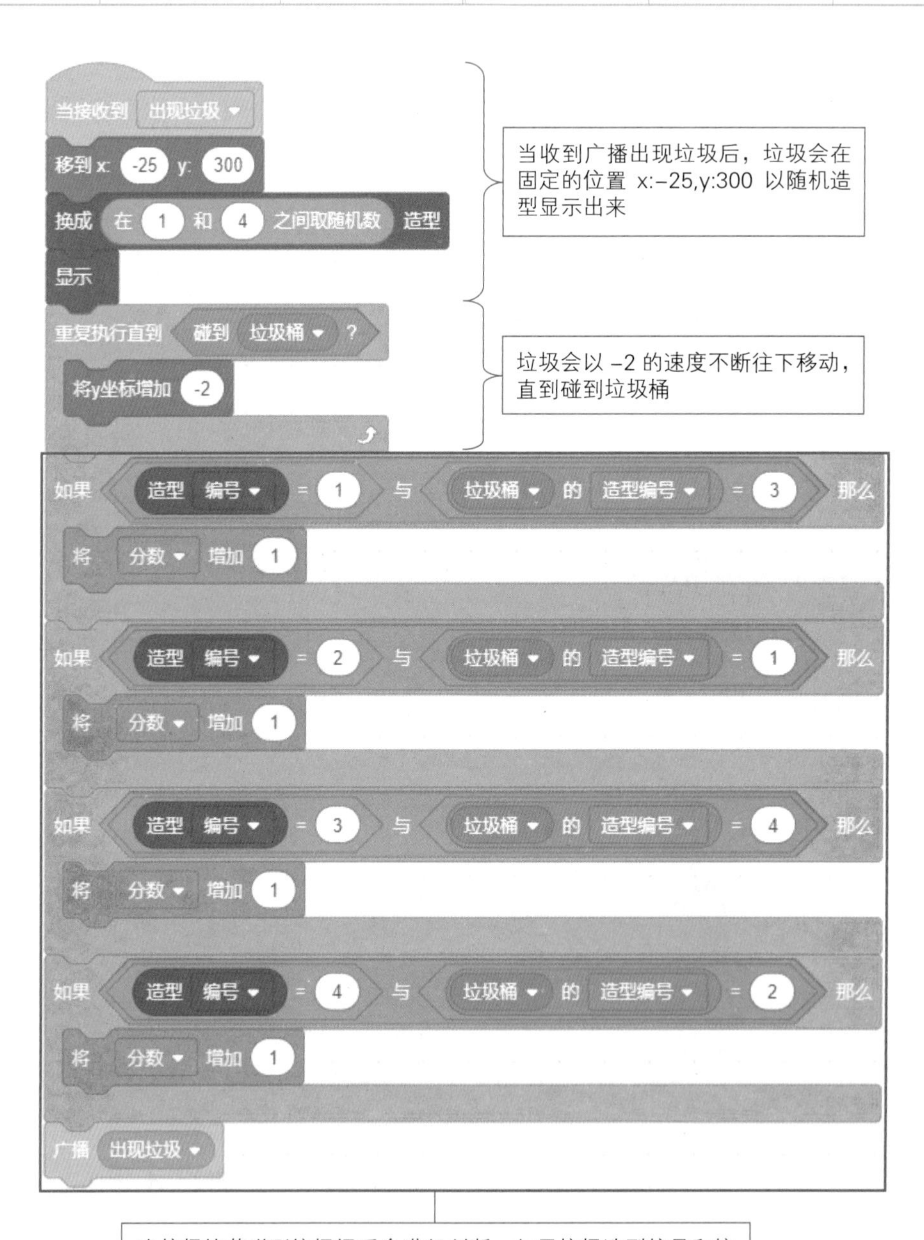

图4.13　收到“出现垃圾”广播后的程序

想一想

上面程序中只实现了垃圾造型编号和垃圾桶对应的编号一致时增加1分的功能。想一想，如果要使垃圾造型编号和垃圾桶对应的编号不一致时减去1分，应该怎么做呢？

挑战空间

使用变量，并结合本课任务中垃圾桶的造型编号，尝试将程序修改为：当按下方向键“↑”键时，将垃圾桶造型切换为上一个造型，当按下方向键“↓”键时，将垃圾桶造型切换为下一个造型，赶快来挑战吧！

知识卡片

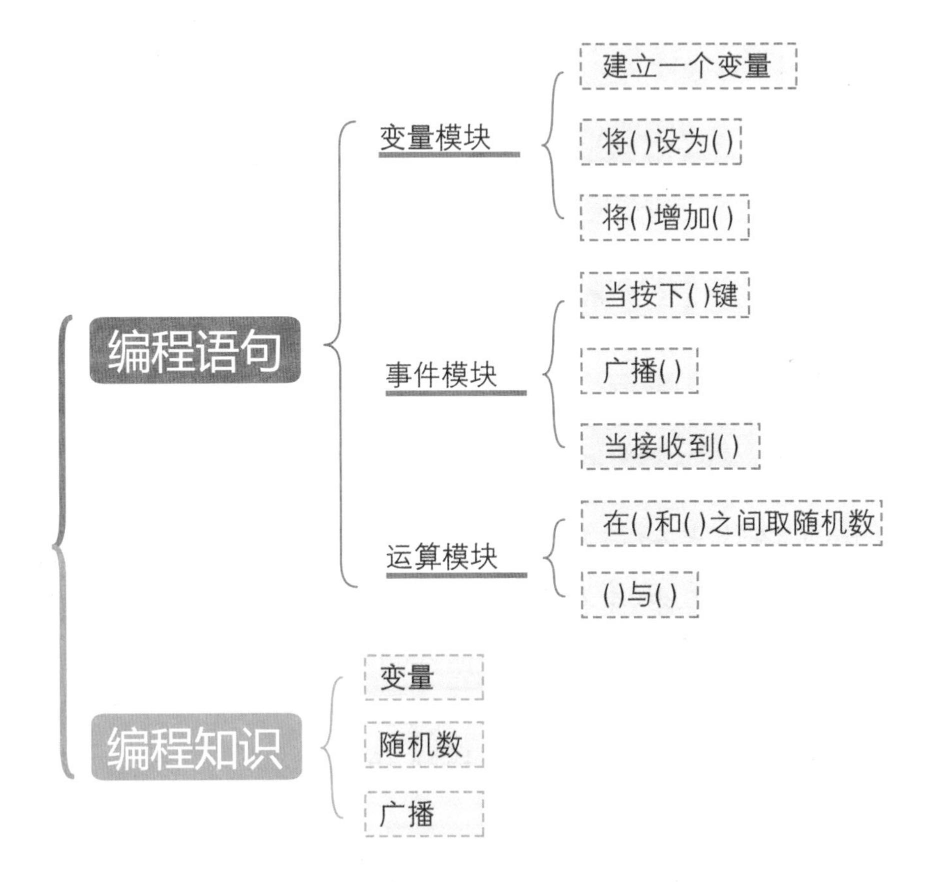

第5课

百发百中

本课学习目标

- 巩固克隆技术的使用
- 巩固事件积木和等待积木的使用
- 掌握比较运算积木（大于、小于、等于）的使用
- 能根据需求综合应用各个模块的积木

扫描二维码
获取本课资源

任务探秘

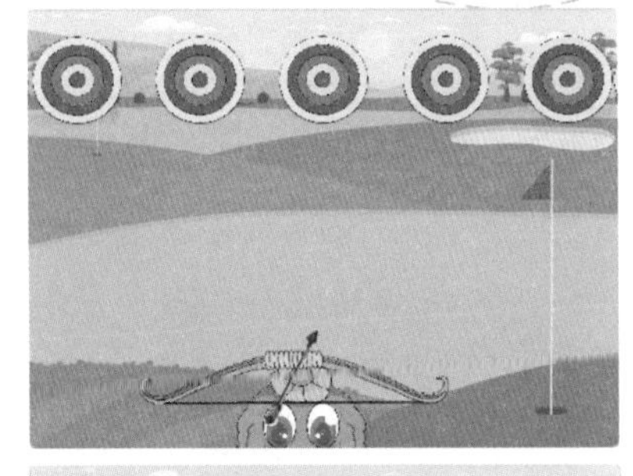

图5.1　百发百中

本课的任务是设计一个百发百中的游戏，具体要求为：舞台区出现多个不同位置的目标靶，通过按下方向键中的左、右键控制箭的旋转，然后按下空格键，让箭射向目标靶，任务示意如图5.1所示。

规划流程

分析上面的任务，首先需要在同一高度出现5个不同位置的目标靶，当按下左、右方向键时，可以调整弓箭的目标方向；而当按下空格键时，箭可以向目标靶发射。如果目标靶被箭射中，就会消失，并且箭回到初始位置；而当目标靶的数量为0时，游戏胜利并停止程序。根据上面的任务探秘分析，规划本任务的流程如图5.2所示。

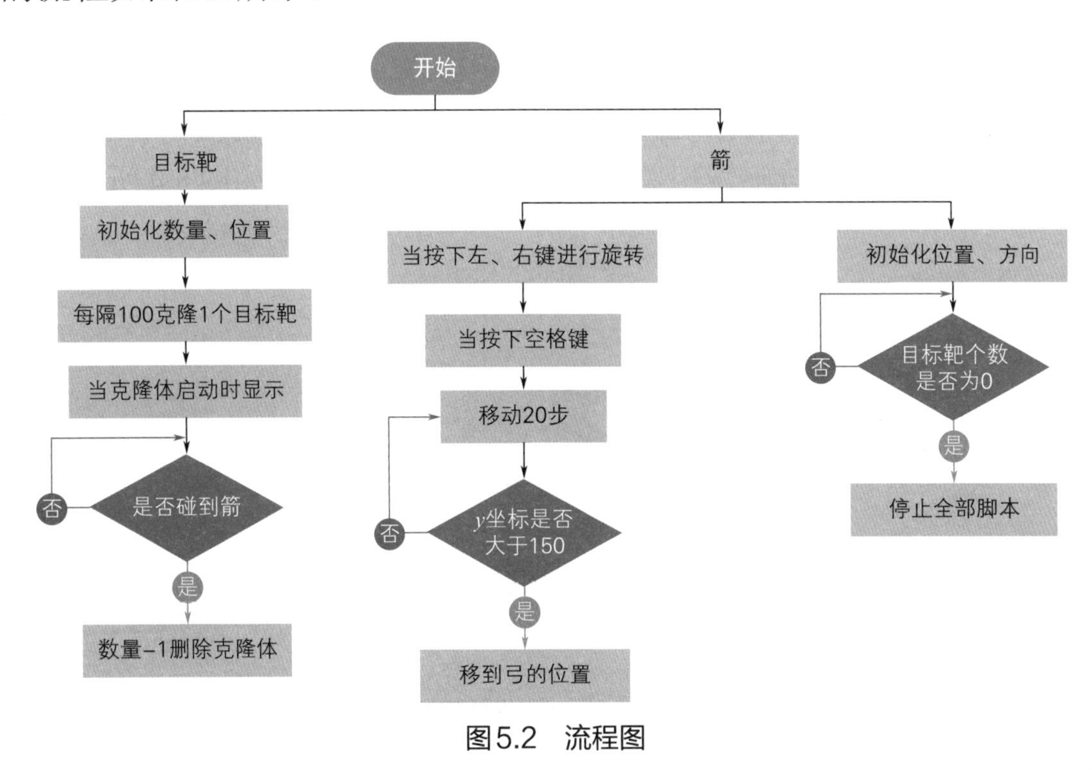

图5.2　流程图

图5.3　实现同一高度不同位置的目标靶的积木组合

1. 同一高度不同位置的目标靶

本课任务中，目标靶需要出现在同一高度的5个不同位置，因此这里需要对目标靶角色进行克隆，并分别设置它们的x坐标，这时需要用到控制模块中的“克隆( )”积木、运动模块中的“将x坐标增加( )”积木，以及控制模块中的“重复执行( )次”积木，其组合使用方式如图5.3所示。

说明

图5.3中对目标靶克隆了5次，这时加上目标靶的本体，实际程序中有了6个目标靶，但我们可以设计目标靶在作为克隆体启动时才显示，这样就可以不对目标靶本体操作，而只显示克隆的5个目标靶。

2. 左、右按键控制箭旋转

在实现使用左、右按键控制箭旋转时，需要在“当按下( )键”事件积木中用到两个与旋转相关的积木，它们所在位置如图5.4所示。

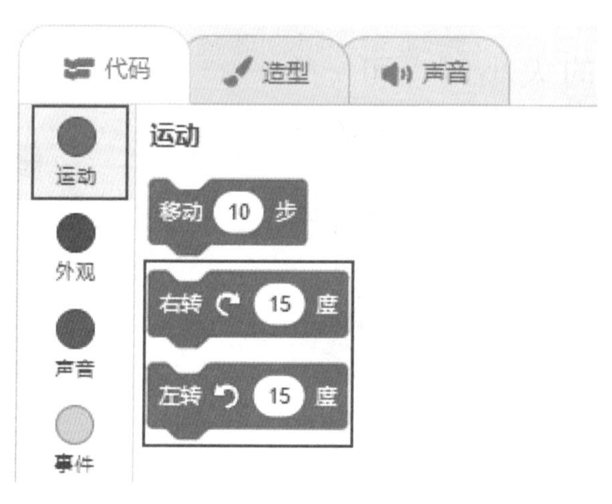

图5.4　左、右旋转积木

例如，本课任务中，当按下“←”键时箭向左旋转，按下“→”键时箭向右旋转，则代码如图5.5所示。

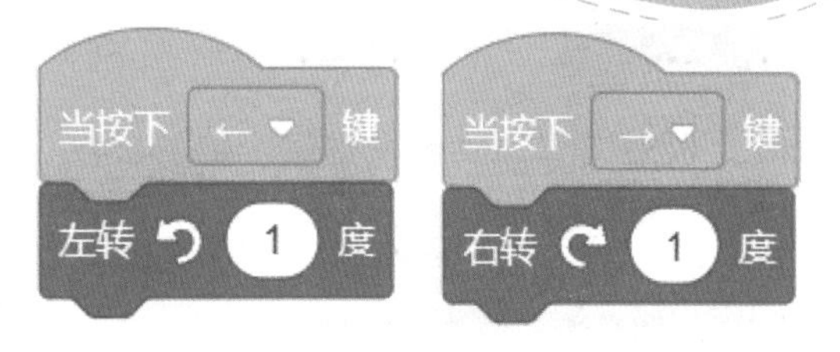

图5.5 实现左、右按键控制箭旋转

说明

键的旋转角度可以根据实际情况进行修改。

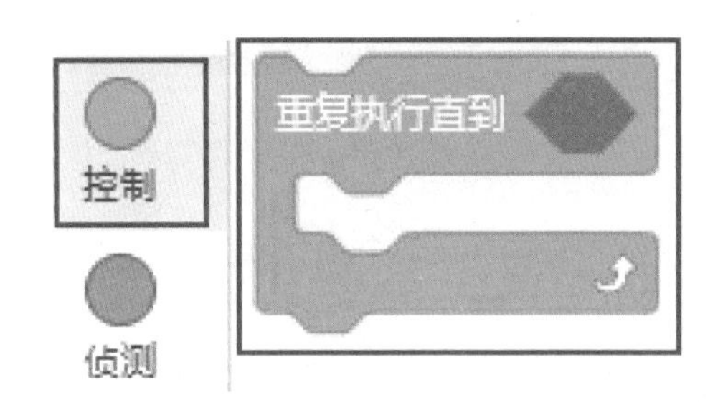

图5.6 “重复执行直到( )”积木

3.按下空格发射箭

在实现按下空格发射箭时，需要使用控制模块中的“重复执行直到( )”积木，该积木可以实现在满足指定条件的情况下退出循环，积木位置如图5.6所示。

而在目标靶消失后，箭会继续移动，当箭的y坐标大于150时，说明箭已经接近了舞台的边缘，此时需要将箭移动至弓的位置准备下次发射。在实现比较两个数的大小时，可以使用运算模块中的“( )＞( )”或“( )＜( )”积木，积木位置如图5.7所示。

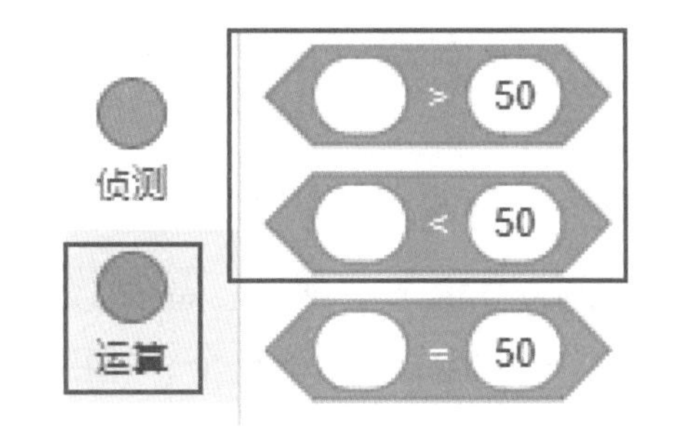

图5.7 大于、小于积木

例如，本课任务中使用“重复执行直到( )”积木和“( )＞( )”积木结合，实现按下空格发射箭功能的代码如图5.8所示。

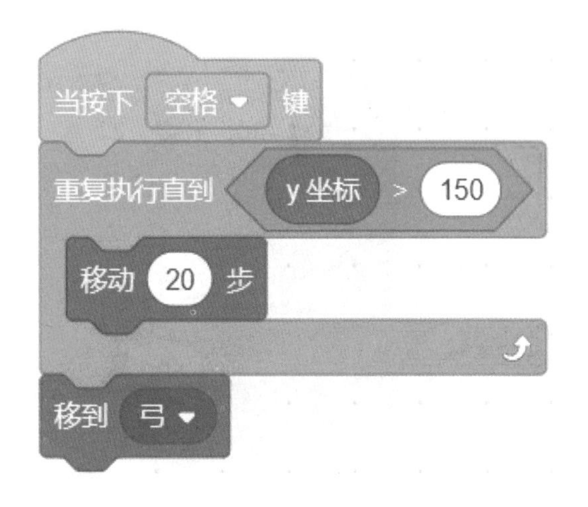

图5.8 实现按下空格发射箭功能

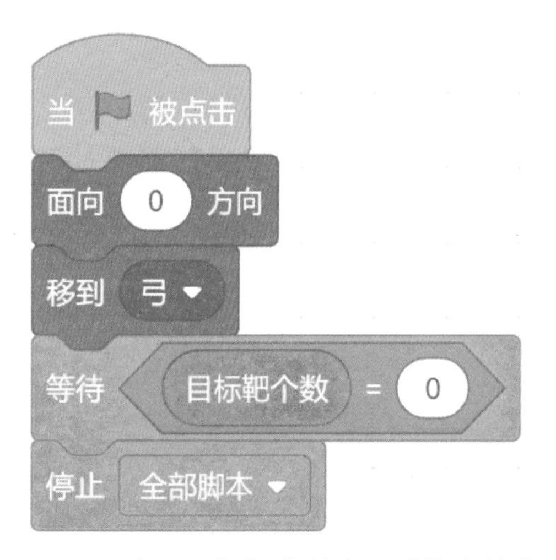

图5.9　实现目标靶个数为0时停止游戏

4.目标靶个数为0时停止游戏

本课任务中，当目标靶个数为0时，需要停止游戏，这主要用到运算模块中的“( )=( )”积木进行判断，并使用控制模块中的“等待( )”积木来等待目标靶个数到0时，停止程序。代码如图5.9所示。

要实现本课任务，主要为目标靶和箭这两个角色编写程序，下面分别讲解。

●“目标靶”角色程序

点击绿旗后，首先需要设定目标靶的个数，并让目标靶从一个固定的位置开始，克隆5个，每个目标靶间隔100。程序如图5.10所示。

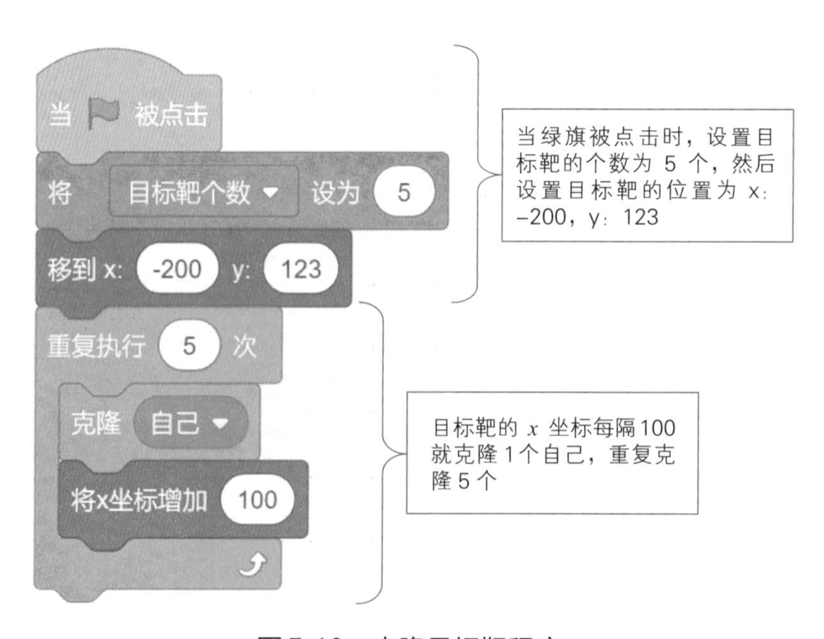

图5.10　克隆目标靶程序

当目标靶作为克隆体启动时，会显示出来，并且在目标靶碰到箭时，其数量会减少1，同时删除相应的目标靶克隆体。程序如图5.11所示。

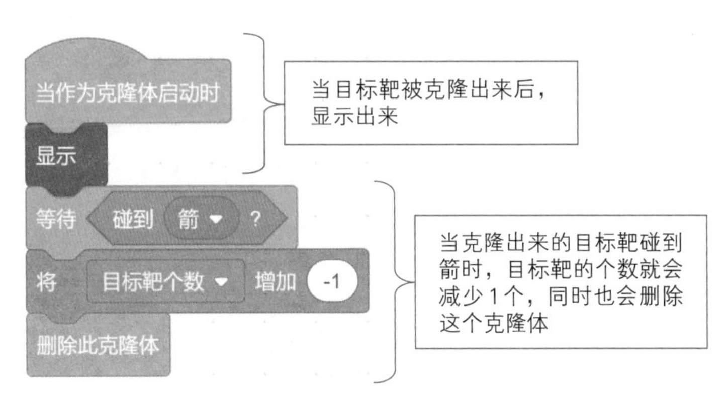

图5.11　当目标靶作为克隆体启动时的程序

●“箭”角色程序

“箭”角色主要进行方向调整及射击操作，因此，在按下左、右键时，需要对箭进行角度旋转，程序如图5.12所示。

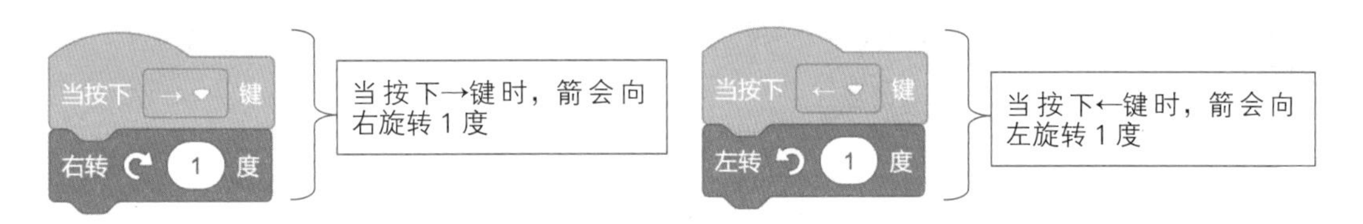

图5.12　用按键控制箭左右旋转程序

当按下空格键后，箭会一直沿着旋转后的方向向前移动20步，直到y坐标大于150时，说明已经完成射击操作，这时箭会再次回到弓的位置，准备下次射击。程序如图5.13所示。

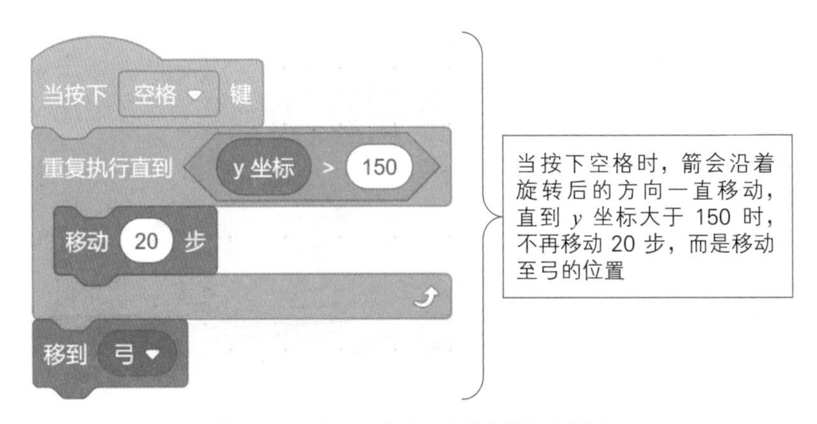

图5.13　按下空格后发射箭的程序

当点击绿旗时，需要初始化箭的方向和位置，然后判断目标靶个数是否为0，当目标靶个数为0时，游戏停止。程序如图5.14所示。

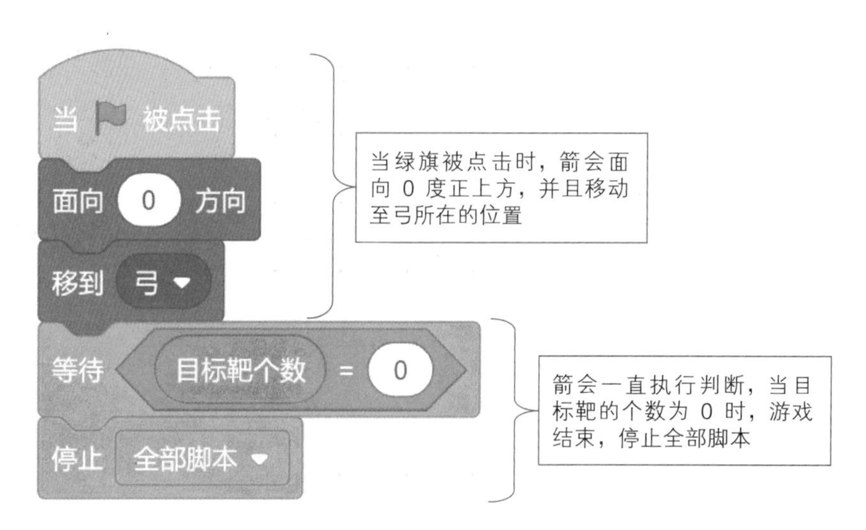

图5.14　监测游戏是否停止的程序

挑战空间

在本次的挑战任务中，需要运用变量知识为本课程序设置分数，当游戏开始时分数为0，而每当箭击中一次目标靶，则分数加1。挑战任务示意如图5.15所示。

图5.15　挑战任务示意图

知识卡片

- 编程语句
  - 运算模块
    - 比较两个数大小
      - 大于
      - 小于
      - 等于
  - 控制模块
    - 克隆（自己）
    - 当克隆体启动时
    - 删除此克隆体
  - 变量模块
  - 各模块的综合应用
- 编程知识
  - 克隆技术
  - 比较运算
  - 变量

第6课

反应高手

本课学习目标

- 掌握如何在开发中改变角色的坐标
- 灵活应用随机数积木生成不同范围内的数
- 巩固克隆技术的使用
- 巩固变量的使用
- 能根据需求综合应用各个模块的积木

扫描二维码
获取本课资源

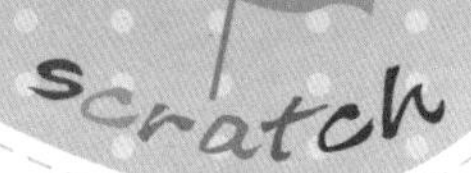

任务探秘

图6.1　反应高手

本课将设计一个测试反应力的游戏，看看谁是反应高手！具体要求为：拖动鼠标控制篮子左右移动，目标是接到掉落的苹果，每接到一个苹果加1分，并且苹果下落的速度会逐渐加快；如果没有接到苹果，则游戏结束。任务示意如图6.1所示。

规划流程

根据上面的任务探秘分析，本课任务中主要涉及3个角色，分别为“苹果”“篮子”和“游戏结束”，它们的流程如图6.2所示。

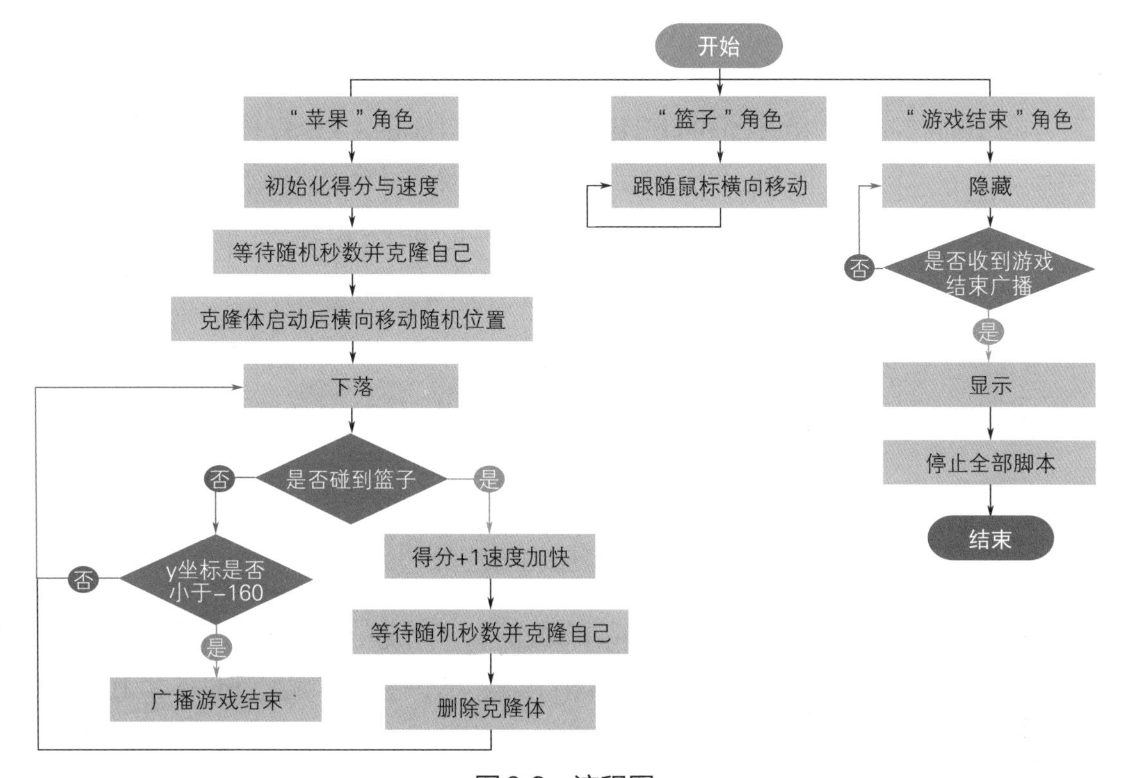

图6.2　流程图

1. 篮子跟随鼠标移动

在实现篮子跟随鼠标移动时，首先需要明确：篮子只需要横向（x坐标）移动，其y坐标不需要变化。实现该功能，可以使用运动模块中的“将x坐标设为( )”积木和侦测模块中的“鼠标的x坐标”积木来实现，积木位置如图6.3所示。

另外，为了使篮子能够持续跟随鼠标位置移动，需要使改变篮子x坐标的积木能够循环执行，代码如图6.4所示。

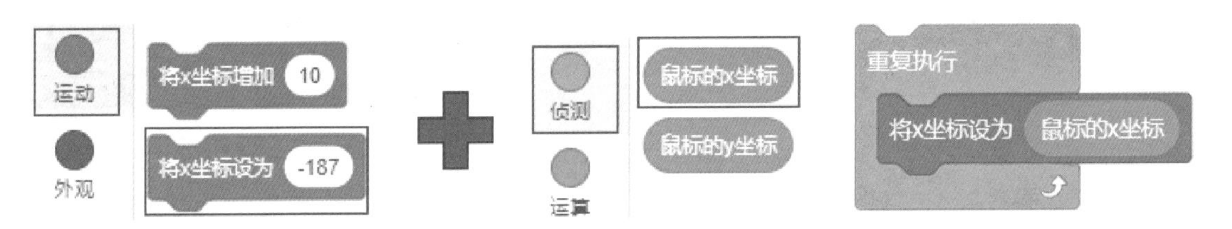

图6.3　积木位置　　　图6.4　实现篮子持续跟随鼠标移动

2. 等待随机秒数

苹果在下落时是不定时随机出现的，因此，需要使苹果角色随机等待一定的时间后对自身进行克隆，可以使用控制模块中的“等待( )秒”积木和运算模块中的“在( )和( )之间取随机数”来实现，其中，“在( )和( )之间取随机数”积木如图6.5所示。

图6.5　随机生成整数

使用上面积木生成随机等待秒数时，生成的时间都是整数秒。为了缩短时间，可以将随机数值的范围缩小，如让其随机产生0.1～1之间的小数，如图6.6所示。

图6.6　随机生成小数

确定了随机时间后，只需要将其放在“等待( )秒”的积木中即可，代码组合如图6.7所示。

图6.7　等待随机秒数的积木组合

3. 加快苹果的掉落速度

本课任务中，游戏难度是不断加大的，即在每接到一个苹果后，下一个苹果的下落速度都会更快。要实现该功能，我们可以创建一个表示下落速度的变量，如图6.8所示。

变量创建完成后，首先初始化一个默认速度值，如图6.9所示。

接下来苹果每碰到一次篮子，就加快一定的数值，y坐标的数值减少得越多，说明下落速度越快，如图6.10所示。

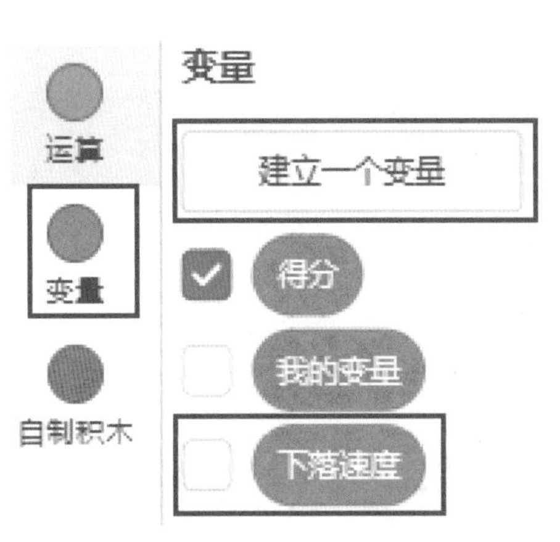

图6.8　创建“下落速度”变量

图6.9　初始化“下落速度”变量值

图6.10　加快苹果掉落速度

要实现本课任务，主要为“篮子”“苹果”和“游戏结束”这3个角色编写程序，下面分别讲解。

●“篮子”角色程序

当绿旗被点击开始运行程序时，篮子会在舞台区底部跟随鼠标左右移动，程序如图6.11所示。

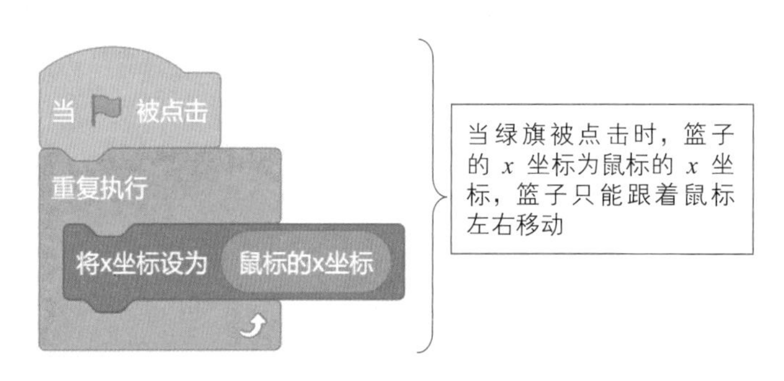

图6.11　篮子跟随鼠标移动的程序

●“苹果”角色程序

当点击绿旗开始运行程序时，需要对表示得分和下落速度的变量进行初始化，这里将得分初始化为0，下落速度初始化为–5；然后发送开始广播，程序如图6.12所示。

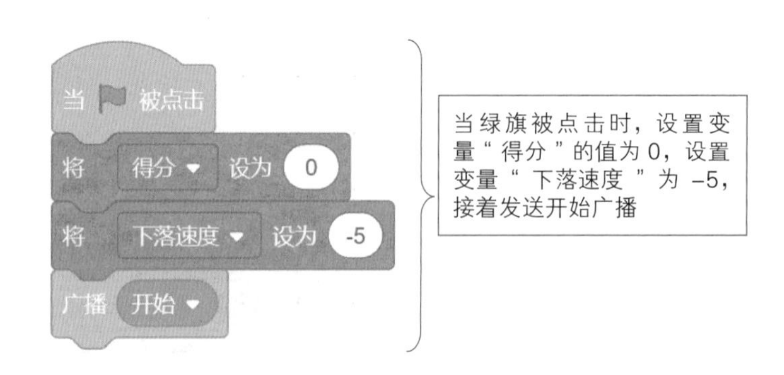

图6.12　苹果初始化程序

当程序收到开始广播后，等待随机小数秒数，并克隆苹果角色，程序如图6.13所示。

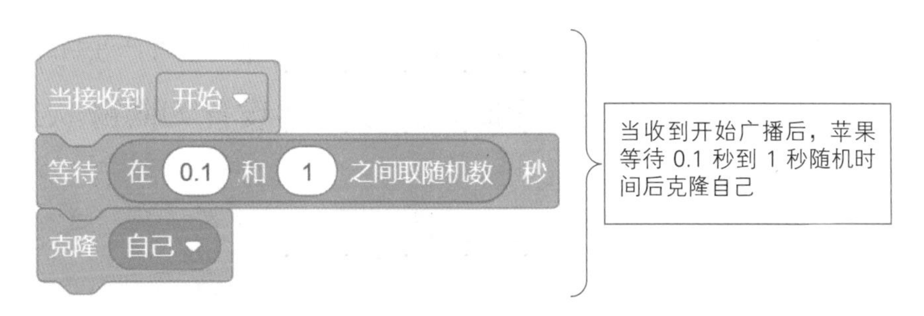

图6.13　收到开始广播克隆苹果

当苹果作为克隆体启动后，其会从上方随机位置显示出来，并不断按照设定的下落速度掉落。如果苹果碰到篮子，分数加1，下落速度增加–1，并再次发送开始广播，删除克隆的苹果；而如果苹果的y坐标小于–160，说明苹果已经落地，此时发送游戏结束的广播。程序如图6.14所示。

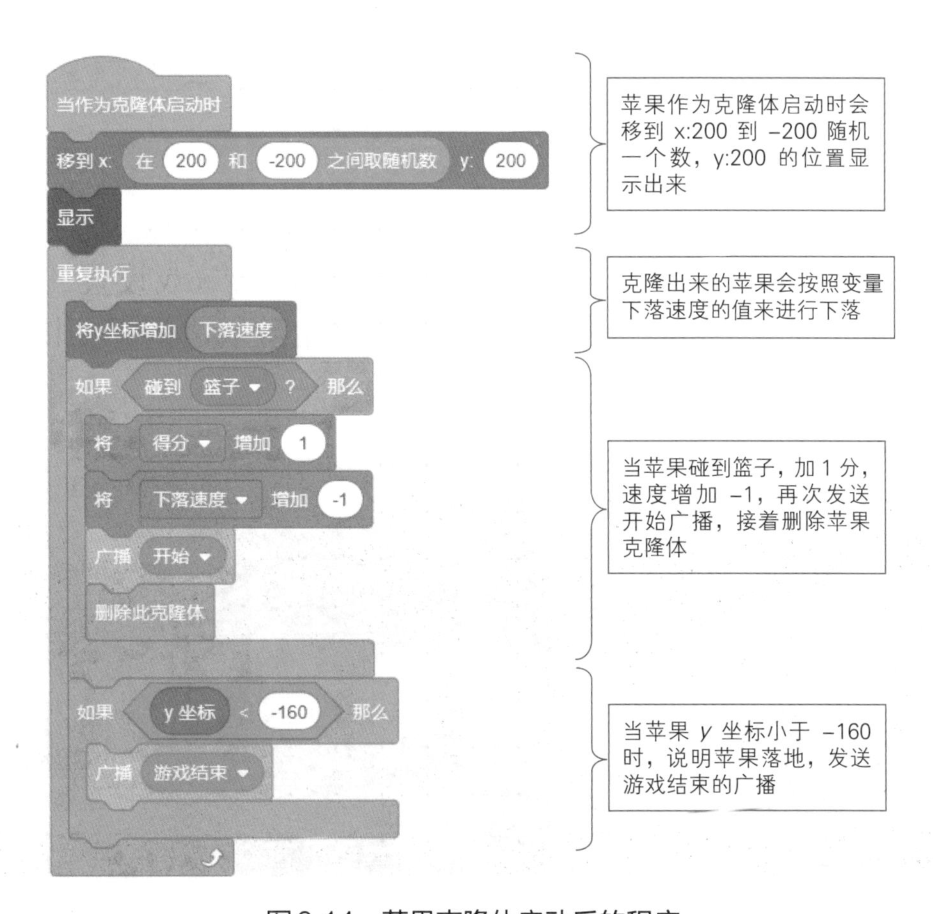

图6.14　苹果克隆体启动后的程序

● “游戏结束”角色程序

“游戏结束”程序主要在接收到“游戏结束”的广播时才显示，并停止程序，因此，在初始运行时，应该将其设置为隐藏状态。程序如图6.15所示。

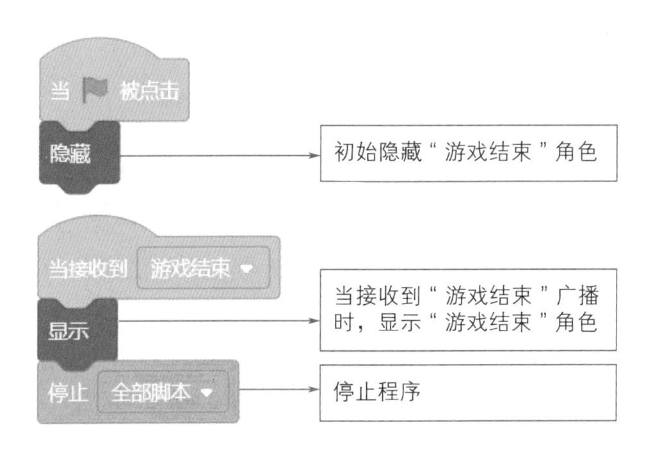

图6.15 “游戏结束”角色程序

挑战空间

挑战任务要求对本课任务进行升级优化，为游戏设置20秒的限时，并且显示倒计时，当倒计时为0时，停止游戏，效果如图6.16所示（提示：可以借助变量实现）。

图6.16 挑战任务示意图

知识卡片

- 编程语句
  - 运动模块
    - 将y坐标增加( )
    - 将x坐标设置为( )
  - 运算模块
    - 在( )和( )之间取随机数
  - 控制模块
    - 克隆相关积木
  - 侦测模块
    - 碰到( )?
    - 鼠标的x坐标
  - 事件模块
    - 发送( )广播
    - 当接收到( )
  - 变量模块
- 编程知识
  - 随机数
  - 克隆技术
  - 变量
  - 广播
  - 程序侦测

第7课

砖块消消乐

本课学习目标

- 熟练掌握嵌套循环的使用
- 掌握角色在程序中进行反弹的实现方法
- 掌握如何控制角色的反弹方向
- 能够根据需求综合应用各个模块的积木

扫描二维码
获取本课资源

小知识

《Pong》是雅达利公司（ATARI）开发的视频游戏，发行于1972年，该游戏模拟了两个打乒乓球的人。

任务探秘

本课的任务是设计一款砖块消消乐游戏，具体要求为：屏幕中出现一定数量的砖块，当按下空格键时，游戏开始，这时玩家需要通过方向键控制下方的挡板左右移动，以让小球反弹，当小球撞击到砖块时，砖块就会消失，并减少相应的砖块数；当所有砖块消失时，游戏胜利；如果小球反弹过程中没被挡板接到，则游戏失败。任务效果如图7.1所示。

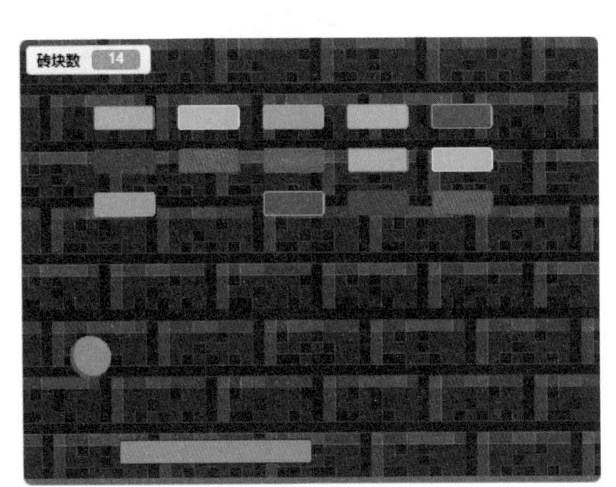

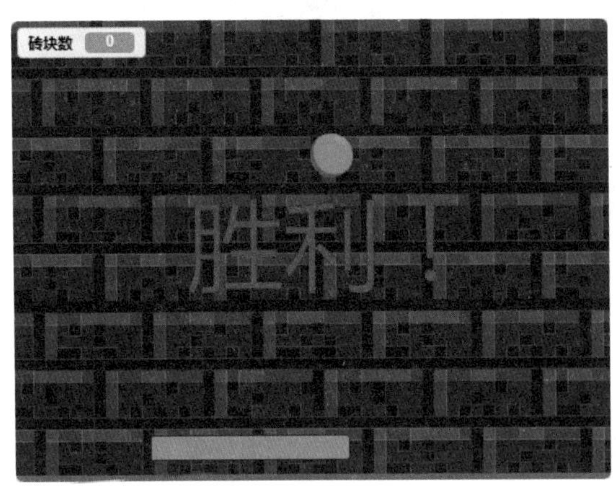

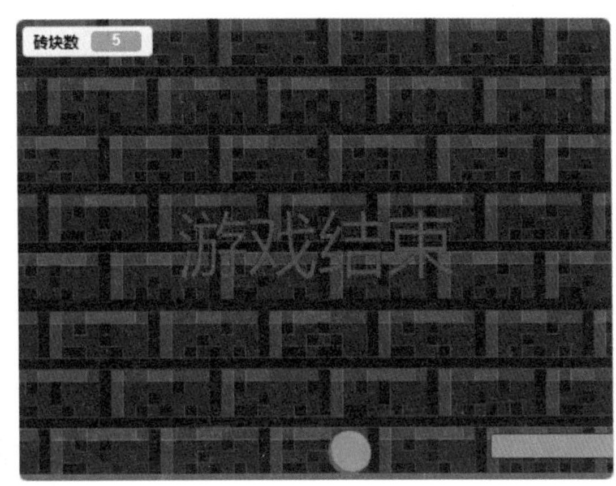

图7.1　砖块消消乐

规划流程

本课任务涉及砖块、挡板、球和舞台背景4个角色，下面分别对每个角色的流程进行分析。

● 砖块角色实现流程

在实现砖块角色的功能时，首先需要显示3层5列共15个砖块，因此可以在嵌套的循环通过克隆自身实现；而当克隆体启动时，需要判断砖块是否碰到了球，如果碰到了球，就将砖块数–1，并删除克隆体。根据上面的分析，规划砖块角色的流程如图7.2所示。

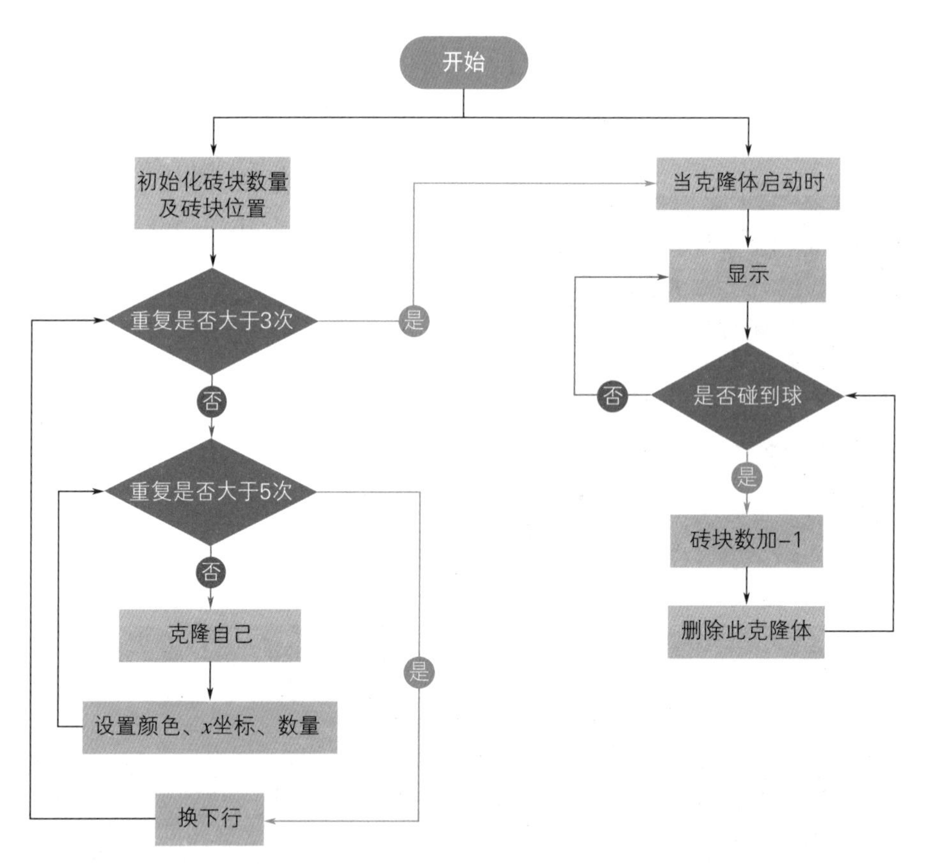

图7.2　砖块角色流程图

● 挡板角色实现流程

在实现挡板角色的功能时，首先需要初始化挡板的位置，然后循环判断，当按下←键时，挡板向左移动，当按下→键时，挡板向右移动。根据上面的分析，规划挡板角色的流程如图7.3所示。

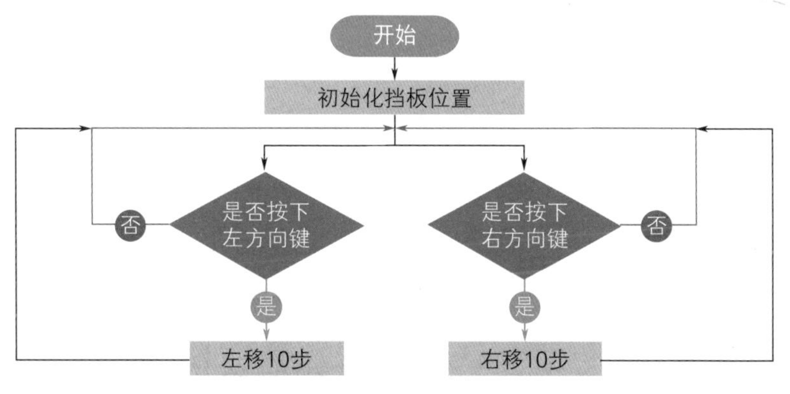

图7.3　挡板角色流程图

● 球角色实现流程

在实现球角色的功能时，首先需要初始化球的位置。当按下空格键，球会面向下面的随机方向，然后开始移动，如果球碰到挡板，向上方随机方向移动；如果球碰到砖块，向下方随机方向移动；而如果球碰到舞台底部的紫色线时，说明游戏失败，切换游戏失败背景。根据上面的分析，规划球角色的流程如图7.4所示。

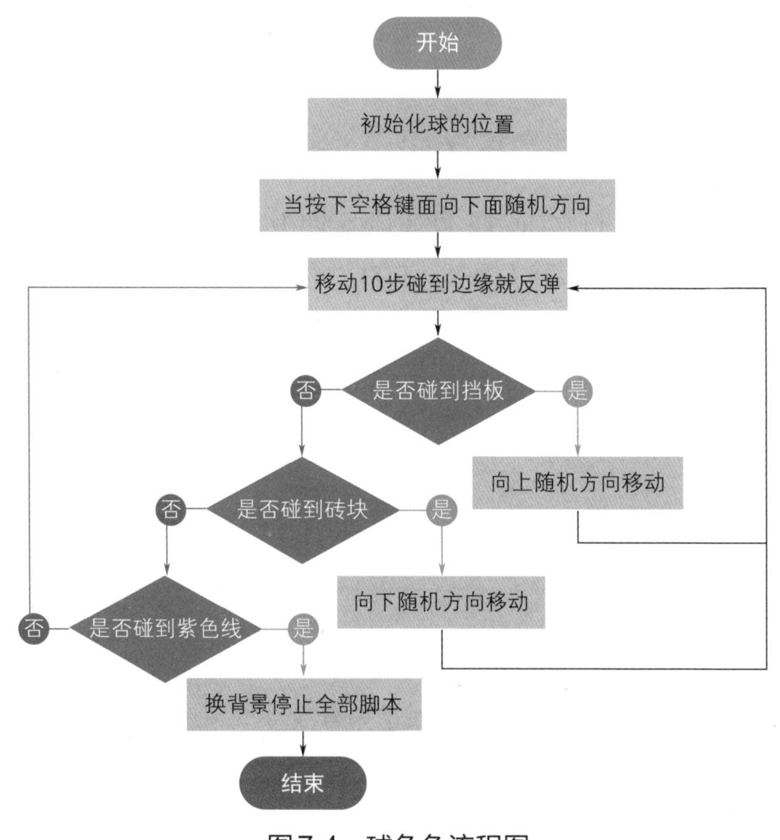

图7.4　球角色流程图

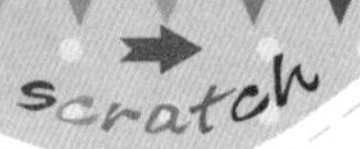

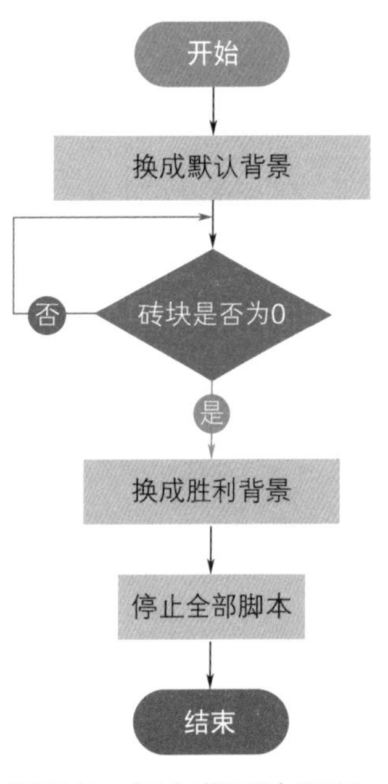

图7.5　舞台背景流程图

● 舞台背景实现流程

在实现舞台背景的功能时，首先需要换成默认背景，然后循环判断砖块数是否为0，如果砖块数为0，则切换为胜利背景，并结束游戏。根据上面的分析，规划舞台背景的流程如图7.5所示。

1.使用嵌套循环实现多排砖块

本课任务中要击打的砖块有3排5列共15个，这主要是通过克隆技术实现的。由于涉及类似于表格的二维结构，因此可以使用多个循环或者嵌套循环两种方法实现。使用嵌套循环会使程序变得更简单。例如，此次任务中，一共有3排砖块，每排5个，如果使用多个循环实现，则实现代码如图7.6所示。

上面提到了排和列。比如我们在学校站队时，横向为排，即一排中的每个学生是左右关系；而纵向为列，即一列中的每个学生是前后关系。

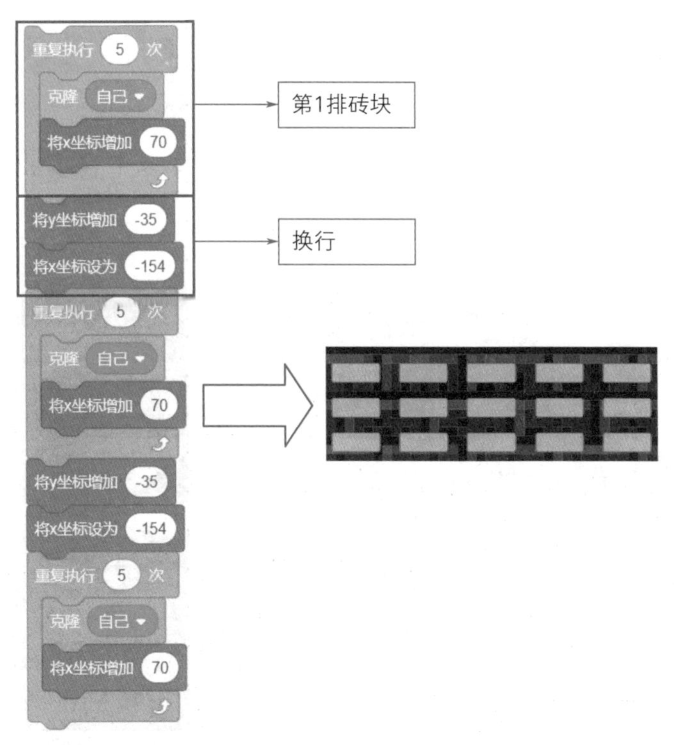

图7.6　使用多个循环实现多排砖块的积木组合

从图7.6可以看出，克隆1排5个砖块，需要重复执行5次，因此3排砖块就需要重复编写3个循环，但如果更多排呢？比如5排、10排等，难道编写5个、10个这样的循环？这时就可以使用嵌套循环来简化程序代码，即在循环外层再添加1个循环执行几次即可。例如，图7.6所示代码可以优化为如图7.7所示。

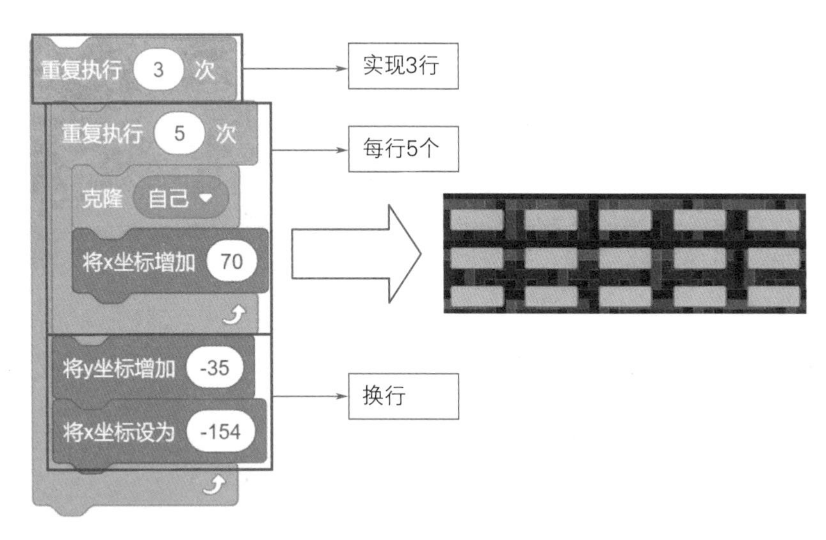

图7.7　使用嵌套循环实现多排砖块的积木组合

在克隆角色时，需要将角色本体隐藏，否则舞台中会多出一个角色本体，操作步骤如图7.8所示。

图7.8　隐藏角色本体

2.球碰到挡板进行反弹

当球碰到挡板时，球就需要向上方反弹，其移动的范围在–60度至60度之间，如图7.9所示。

完成球碰到挡板后的移动方向时，可以使用“面向()方向”积木和“在()和()之间取随机数”积木实现，积木组合如图7.10所示。

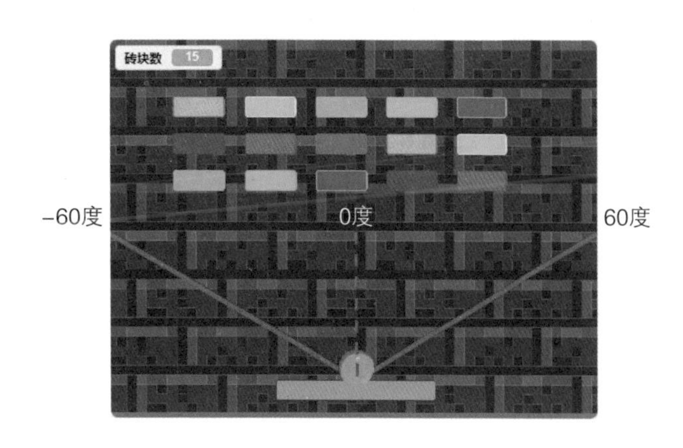

图7.9　球向上反弹范围

3. 球碰到砖块进行反弹

当球碰到砖块时，球需要向下反弹，其移动的范围在–120 ～ –180、120 ～ 180之间这2个区域，如图7.11所示。

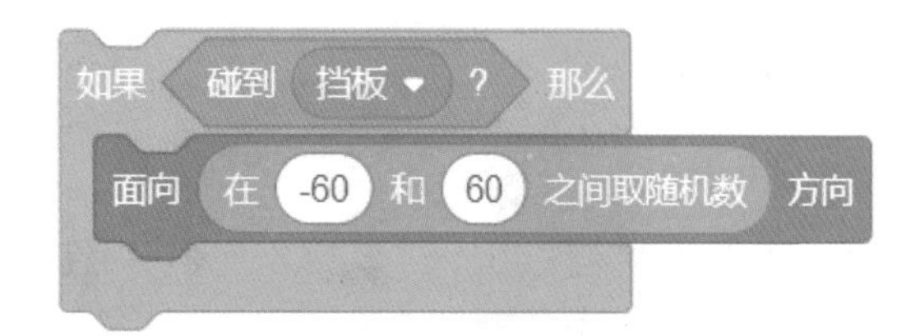

图7.10　球向上反弹的范围控制

完成球碰到砖块后向下反弹时，可以借助一个变量，判断球的反弹方向，该变量值为0，球就向左侧–120 ～ –180的方向反弹，否则向120 ～ 180的方向反弹，积木组合如图7.12所示。

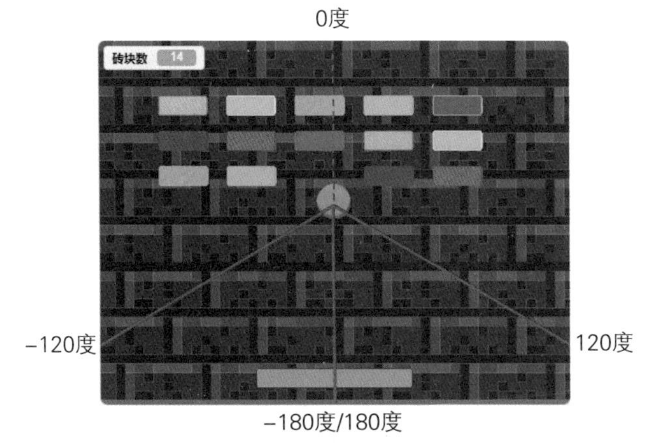

图7.11　求向下移动范围

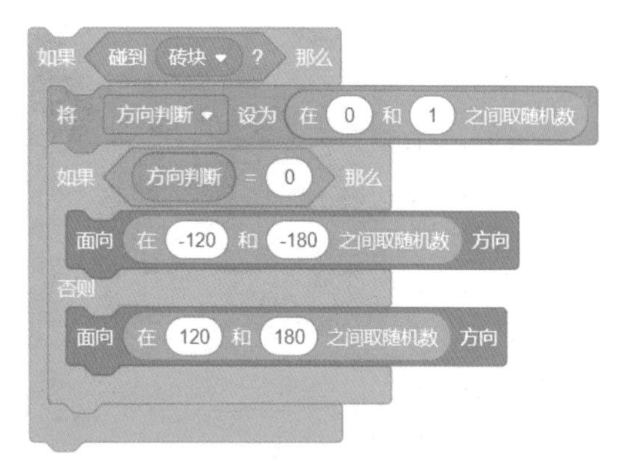

图7.12　球向下反弹的方向及范围控制

编程实现

通过上面的流程分析与知识讲解，本节将讲解如何实现本课任务中的功能。要实现本课任务，主要为砖块、挡板、球和舞台背景这4个角色编写程序，下面分别讲解。

●“砖块”角色程序

当绿旗被点击时，首先初始化砖块的数量和位置，即生成3排5列共15个砖块，这里需要注意每生成一排后，需要增加y坐标的值，以便换行。程序如图7.13所示。

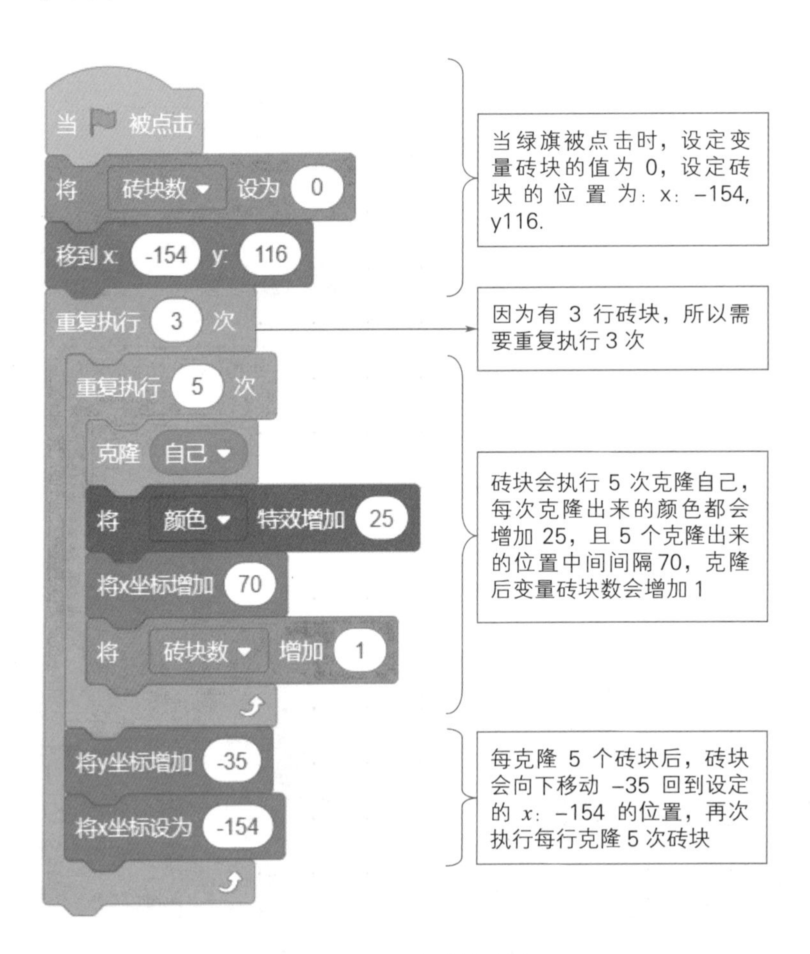

图7.13　生成砖块程序

而当砖块作为克隆体启动时，如果克隆出来的砖块碰到球，则删除相应的克隆体，并使砖块个数减少1，程序如图7.14所示。

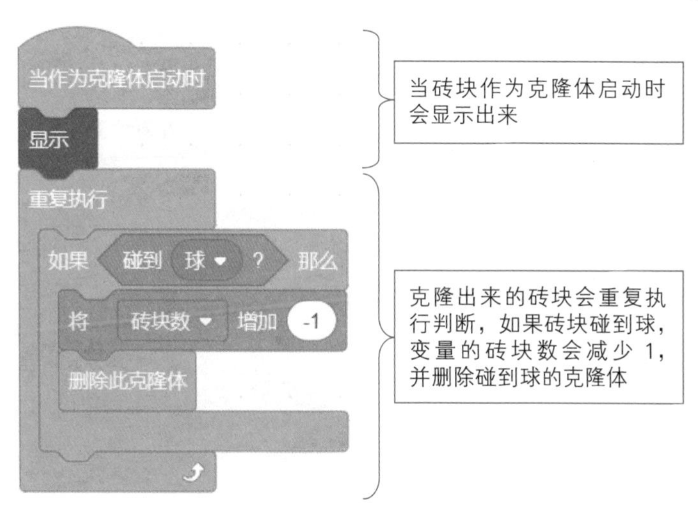

图7.14　砖块克隆体启动的程序

● “挡板”角色程序

当绿旗被点击时，初始化挡板的位置，然后循环判断按下的是哪个方向键，并分别向不同方向移动，程序如图7.15所示。

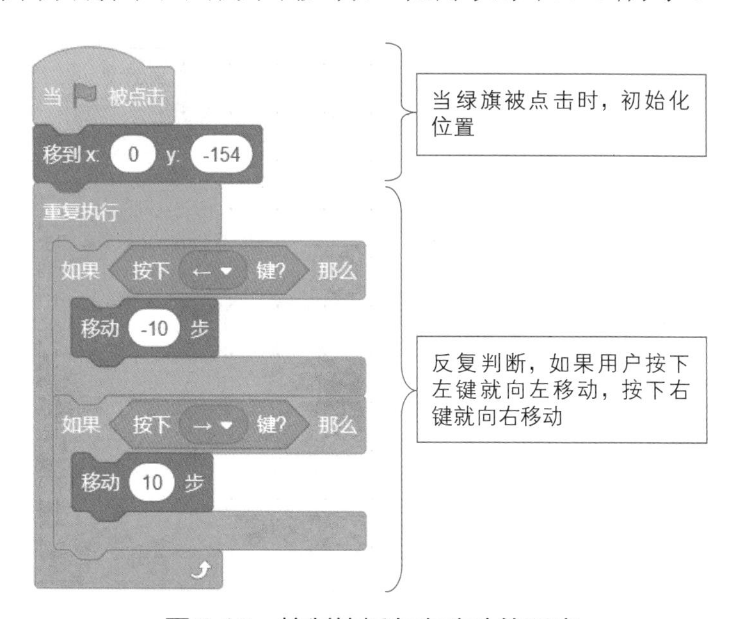

图7.15　控制挡板左右移动的程序

● “球”角色程序

当绿旗被点击时，初始化球的位置，而当按下空格键时，球向下随机方向移动。如果球碰到挡板，向上随机方向移动；如果球碰到砖块，向下随机方向移动；如果球碰到底部紫色线，则切换游戏结束背景，并停止全部脚本，程序如图7.16所示。

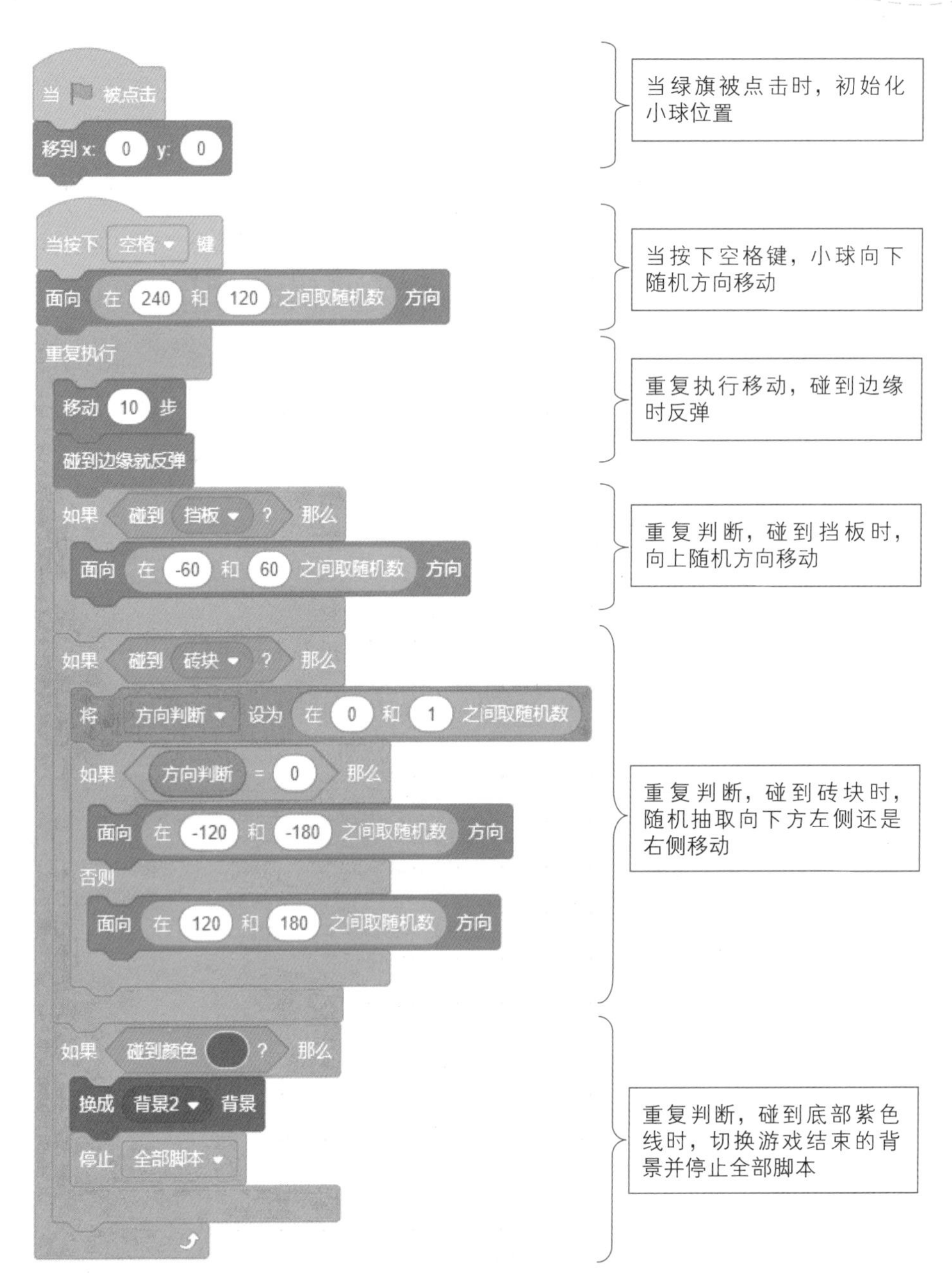

图7.16　球移动的处理程序

●“舞台背景”程序

舞台背景一共有3种外观，当绿旗被点击时，切换默认背景；然后循环判断砖块数是否为0，如果为0，则切换游戏胜利背景，并停止全部脚本；游戏结束背景是在“球”角色程序中控制的。“舞台背景”程序如图7.17所示。

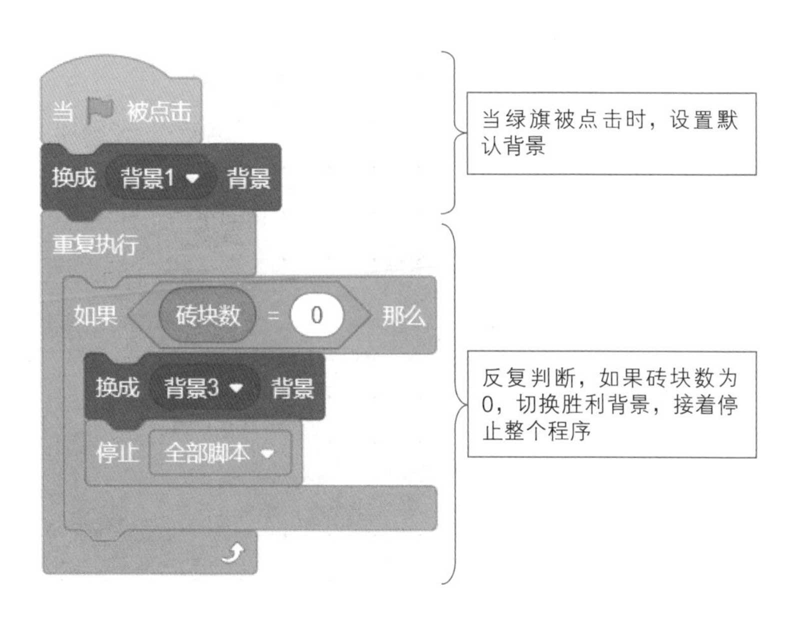

图7.17　舞台背景程序

请尝试使用嵌套循环，并结合Scratch中其他积木设计一个如图7.18所示的程序，要求：自己选择喜欢的角色，当绿旗被点击后，舞台区可以出现每排3个，共4排12个角色（提示：角色可以根据自己喜好进行选择）。

图7.18　挑战任务示意图

scratch

programar
compartir
crear

知识卡片

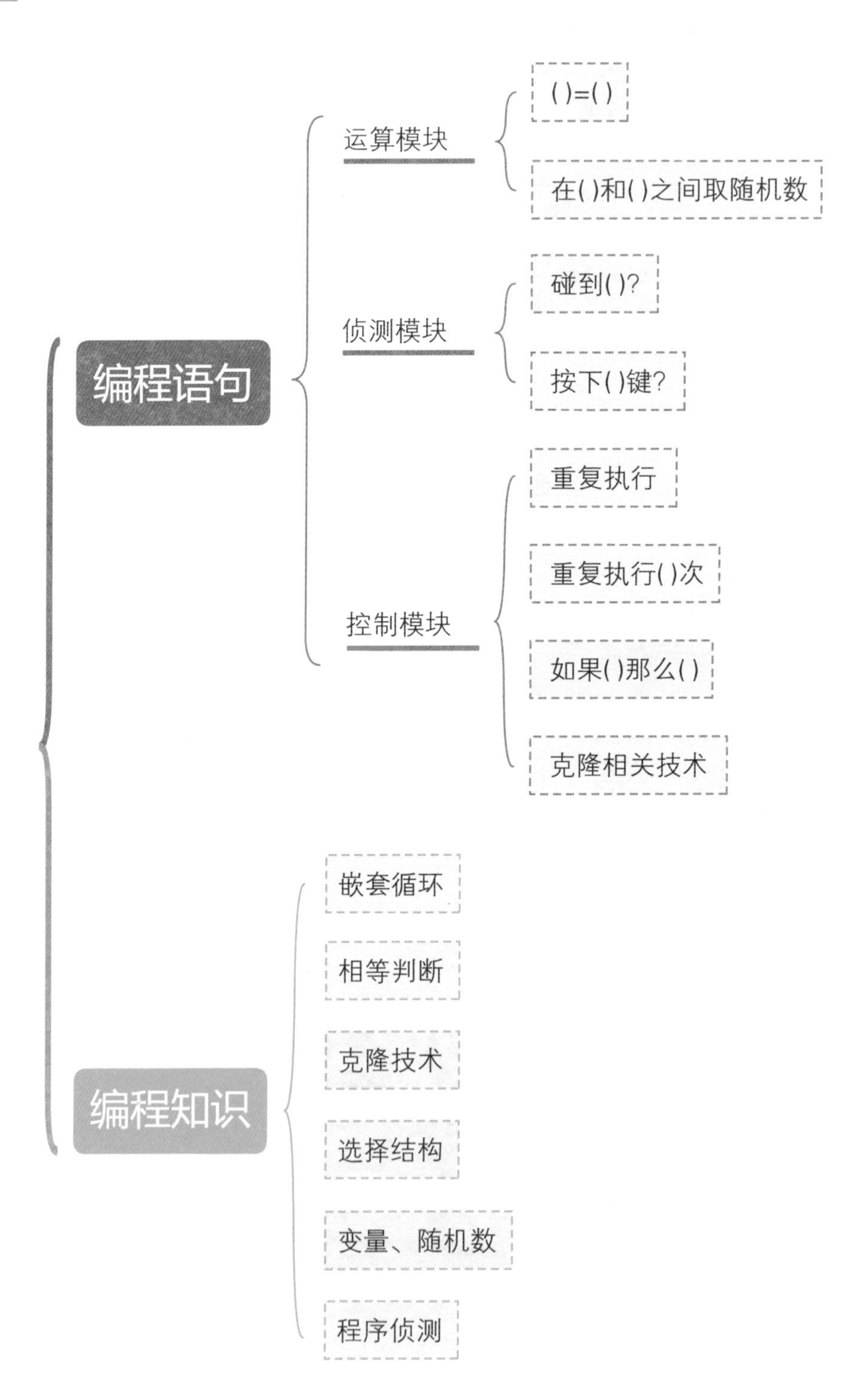
编程语句
运算模块
()=()
在()和()之间取随机数
侦测模块
碰到()?
按下()键?
控制模块
重复执行
重复执行()次
如果()那么()
克隆相关技术
编程知识
嵌套循环
相等判断
克隆技术
选择结构
变量、随机数
程序侦测

第8课

弹球蹦蹦蹦

本课学习目标

- 熟练掌握逻辑运算——与、或的使用方法
- 掌握使角色垂直反弹的实现方法
- 巩固“当按下 ( ) 键”事件积木的使用
- 能根据需求综合应用循环结构与条件结构设计程序流程

扫描二维码
获取本课资源

任务探秘

本课的任务是设计一个弹球蹦蹦蹦的游戏，具体要求为：按下键盘上的左、右方向键可以控制球的左右移动，当球的颜色和舞台底部色块的颜色相同时，球将向上弹起，而当球的颜色和色块颜色不同时，游戏结束。任务示意如图8.1所示。

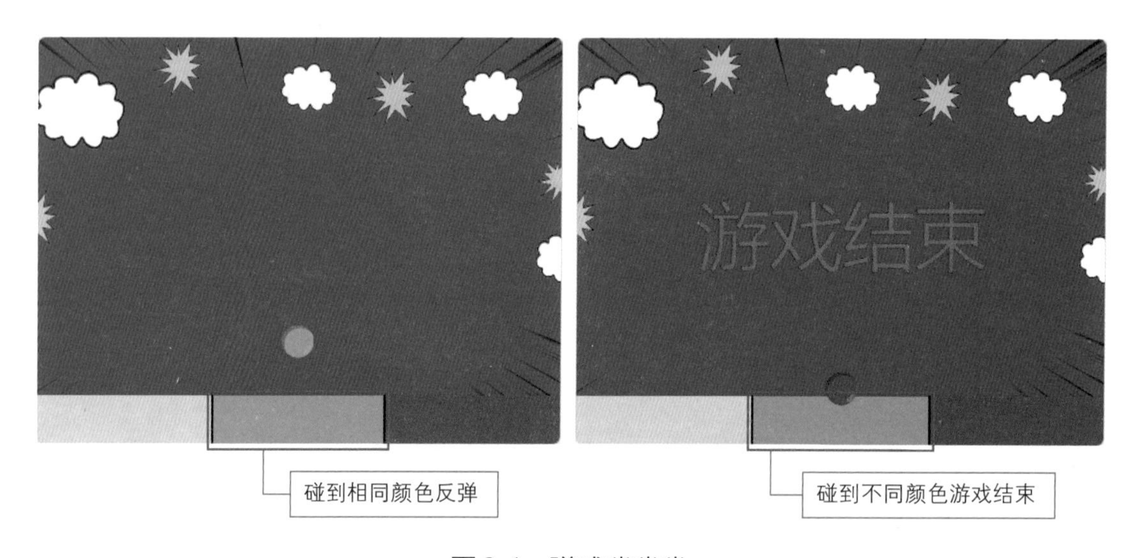

图8.1　弹球嘣嘣嘣

规划流程

分析上面的任务，首先初始化球的位置、颜色以及舞台背景等，然后通过改变球的y坐标值使球能够上下移动。当球下落时，判断是否碰到相同色块，如果碰到，则向上反弹，并随机改变球的颜色，重新开始下一次的反弹操作；如果没有碰到相同色块，则切换游戏结束背景，同时结束游戏；另外，需要使用事件积木设置按下键盘上的左、右方向键时控制弹球左右移动。根据上面的任务探秘分析，规划本任务的流程如图8.2所示。

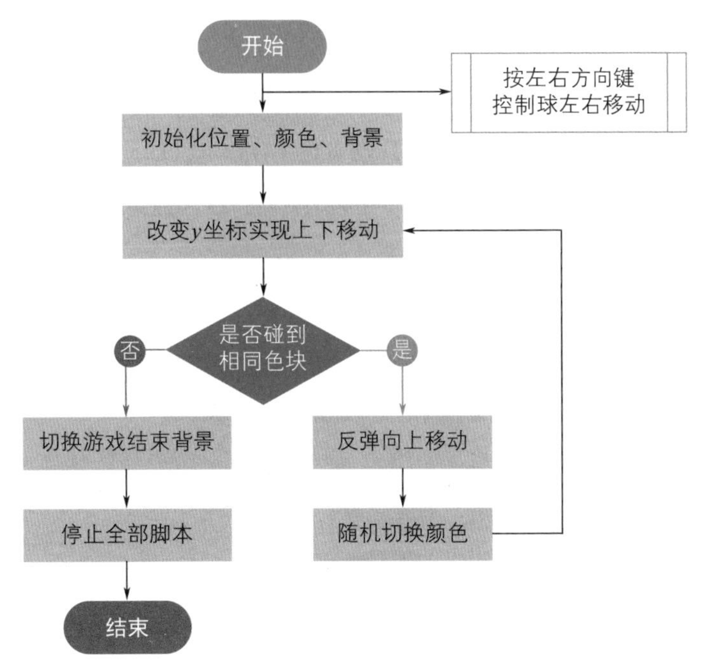

图8.2　流程图

1.碰到相同色块时向上弹起

在实现弹球碰到相同色块向上弹起功能时，可以使用“如果( )那么( )”积木进行判断，判断条件使用“碰到颜色( )？”积木，并且在符合条件时，使用“在( )秒内滑行到x：( )y：( )”积木将球移至指定位置。积木组合如图8.3所示。

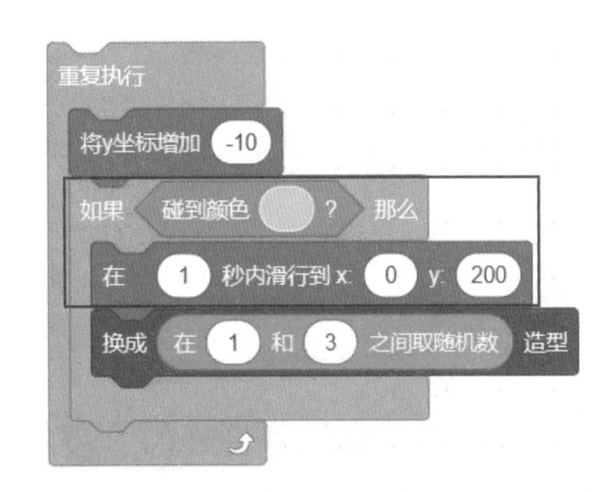

图8.3　碰到相同颜色向上弹起的积木组合

使用图8.3所示的积木组合，虽然解决了弹球碰到相同色块向上弹起的效果，但是每次弹球弹起后都会向着中间固定的坐标位置移动，这是因为在“在( )秒内滑行到x：( )y：( )”积木中的x坐标设置成了0造成的。要解决该问题，可以使用运动模块中的“x坐标”来解决，积木位置如图8.4所示。

图8.4 x坐标积木

使用“x坐标”积木，可以实时获取角色当前的x坐标，这样弹球横向移动至哪里，弹起时就可以保持垂直弹起。修改后的积木组合如图8.5所示。

图8.5 修改后的控制球弹起位置积木组合

说明

运动模块中的最后3个积木为数值类型的积木，可以实时调取角色当前的x坐标、y坐标及面向的角度。

2. 逻辑运算——或

本课任务实现时，首先需要保证弹球在碰到黄色、绿色和红色时能够弹起来，可以使用多个“如果( )那么( )”积木实现，如图8.6所示。

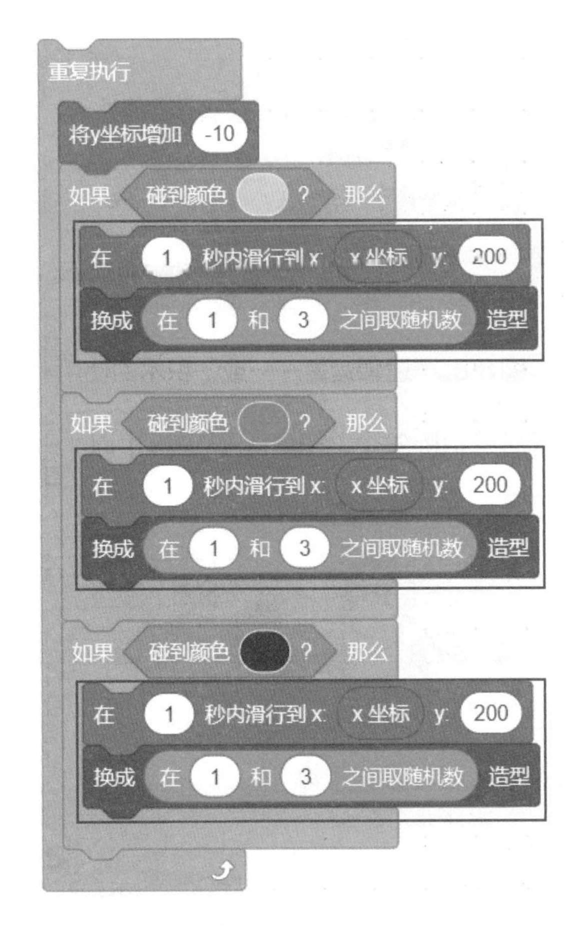

图8.6　碰到色块后弹起的积木组合

但观察图8.6，我们可以发现，在3个判断条件中执行的积木都是相同的，这时可以使用运算模块中的逻辑运算——“或”积木来进行优化。积木位置如图8.7所示。

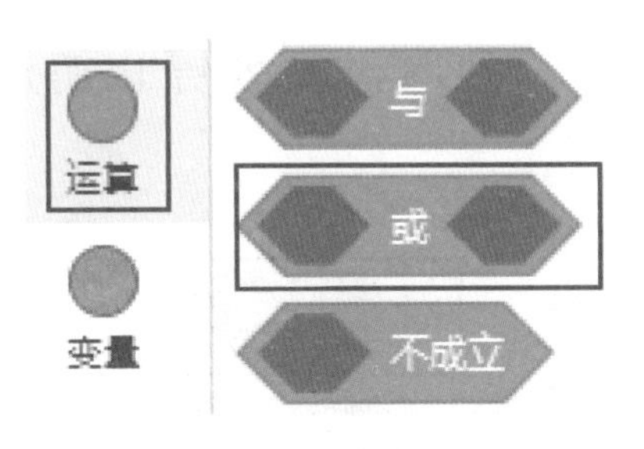

图8.7　逻辑运算——或

在逻辑运算——“或”积木中，默认可以判断两个条件中的某一个是否成立，如图8.8所示。

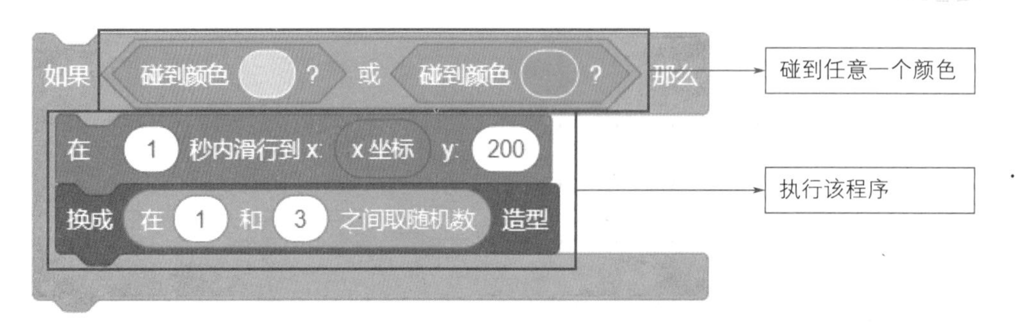

图8.8 “逻辑运算——或”积木的使用

但在图8.7中需要判断3个条件，这时可以将两个逻辑运算——“或”积木嵌套在一起，如图8.9所示。

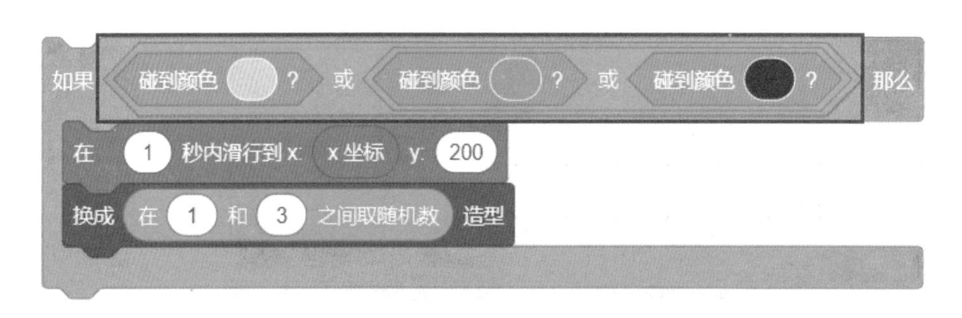

图8.9 使用嵌套的“逻辑运算——或”积木判断多个条件

3.逻辑运算——与

与逻辑运算——“或”积木对应的，有一个逻辑运算——“与”积木，如图8.10所示。“与”积木默认用来判断是否同时满足两个条件，也可以通过嵌套使用，判断同时满足多个条件。例如，本课任务中，弹球的颜色与色块不一致时，需要停止游戏，此时会出现以下3种情况：

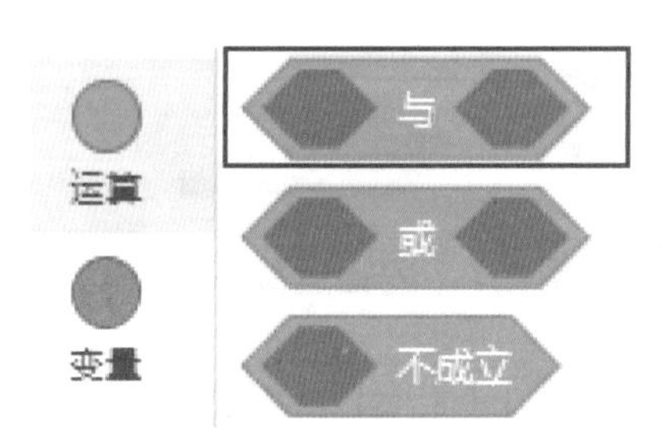

图8.10 逻辑运算——与

- 红色球碰到黄色或是绿色的色块停止游戏；
- 黄色球碰到红色或是绿色的色块停止游戏；
- 绿色球碰到红色或是黄色的色块停止游戏。

这时就可以使用嵌套的逻辑运算——“与”积木来实现。例如，当球是绿色时，如果碰到红色或黄色的色块，需要停止游戏，实现代码如图8.11所示。

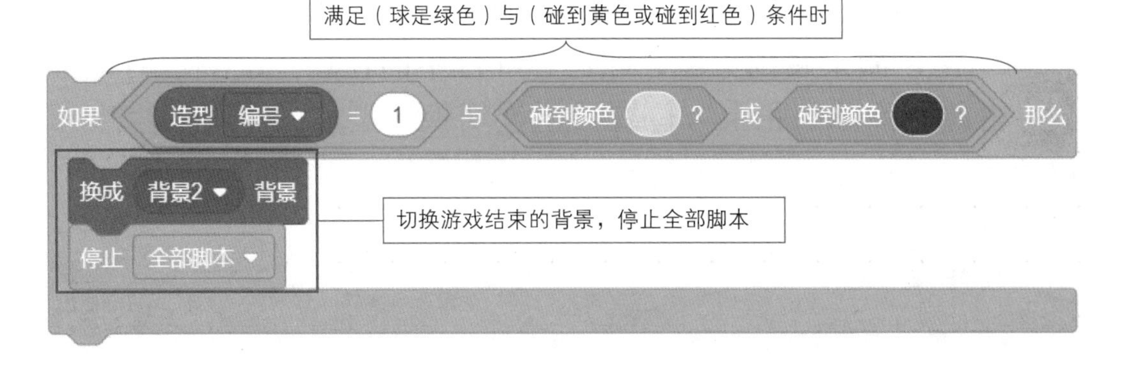

图8.11　判断绿球碰到红色或黄色色块时停止游戏的代码

说明

当弹球的造型编号为1时，说明弹球当前的颜色为绿色，编号为2是黄色，编号为3是红色。

编程实现

本节讲解如何实现本课任务中的功能。游戏开始后，当按下左右方向键时，需要将球向左或者向右移动，这需要通过事件积木实现，程序如图8.12所示。

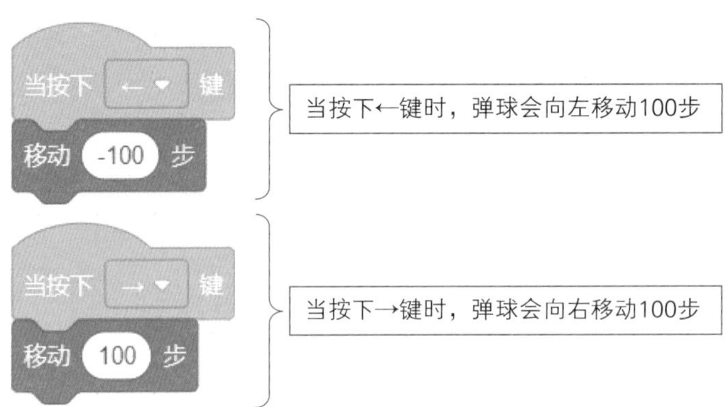

图8.12　控制弹球左右移动

当绿旗被点击时，弹球会初始化自己的位置，并切换随机造型后不断下落，如果碰到黄色、绿色、红色中的任意一个颜色时，都会在1秒内移到弹球的正上方位置，再次切换造型后向下落，程序如图8.13所示。

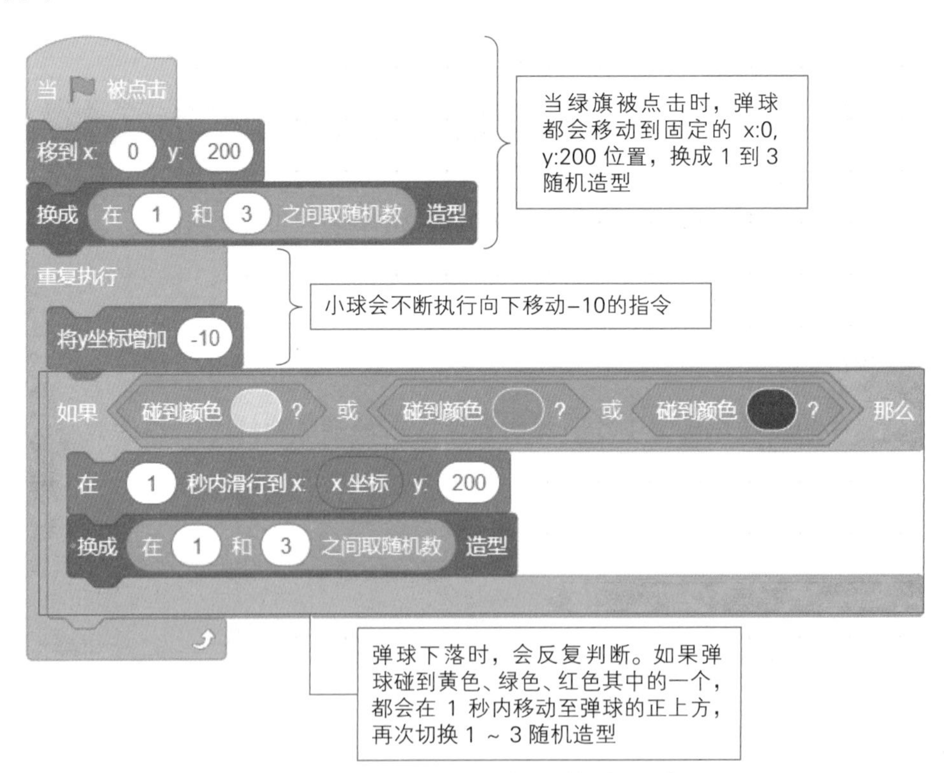

图8.13　弹球下落时碰到颜色程序

上面代码实现了弹球碰到底部颜色块垂直向上弹起，但实际游戏时，需要球的颜色与碰到的色块颜色一致，才可以弹起，否则，游戏结束。这可以使用上面讲解的“与”积木实现，程序如图8.14所示。

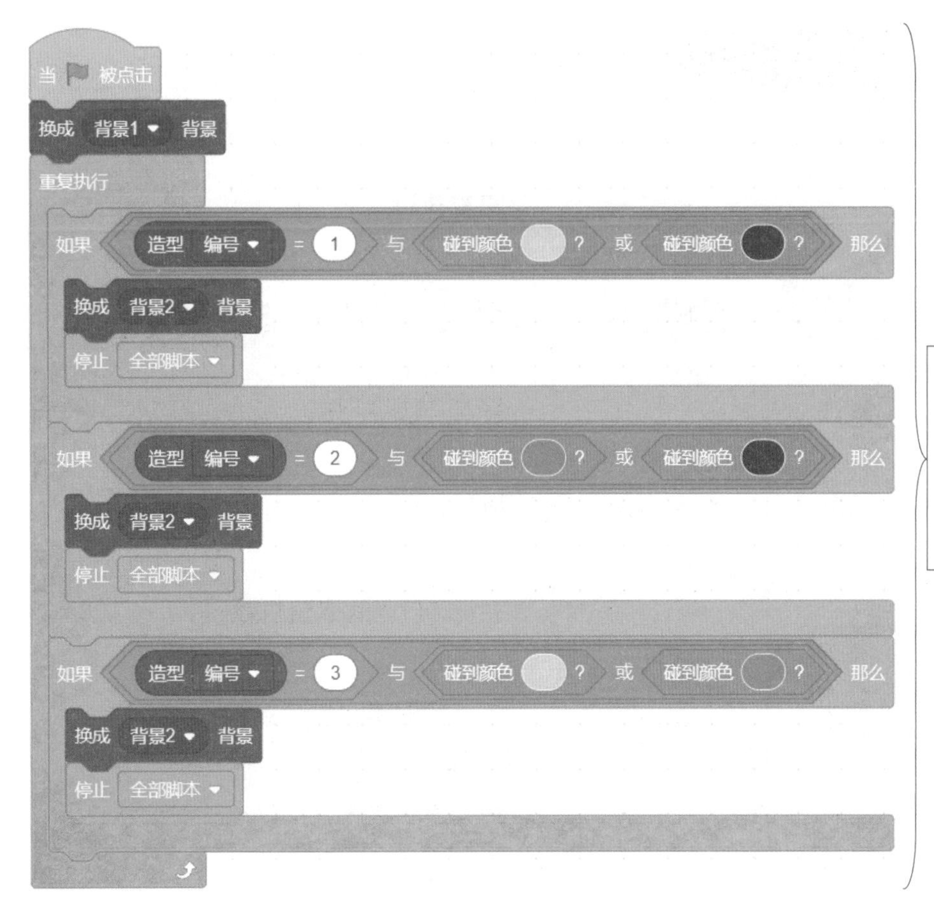

图8.14　弹球碰到错误色块的程序

挑战空间

升级本课任务，为其添加分数奖励，即，当弹球碰到相同的色块时，获取相应的分数奖励，如图8.15所示（提示：可以借助变量实现）。

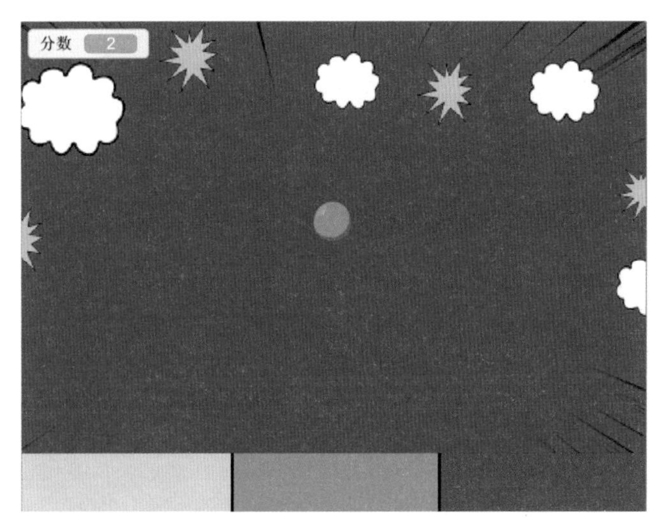

图8.15　挑战任务示意图

知识卡片

- 编程语句
  - 控制模块
    - 重复执行
    - 如果()那么()
    - 停止(全部脚本)
  - 运算模块
    - ()=()
    - 在()和()之间取随机数
    - 与：同时满足多个条件
    - 或：至少满足多个条件中的一个
  - 事件模块
    - 当按下()键
  - 侦测模块
    - 碰到颜色()?
- 编程知识
  - 逻辑运算
  - 选择结构
  - 循环结构

第9课

绚丽烟花秀

本课学习目标

- 掌握如何在程序中与用户进行交互
- 掌握如何设置角色的特效
- 掌握角色逐渐变大、变色的实现方法
- 巩固克隆技术的使用

扫描二维码
获取本课资源

任务探秘

本课要求设计一个播放烟花的程序，具体要求为：舞台上询问放几次烟花，可以按照自己的想法输入对应的数字，舞台上就会按照输入的数字播放指定次数的烟花秀。任务示意如图9.1所示。

图9.1　绚丽烟花秀

规划流程

分析上面的任务，首先需要设置在舞台上可以进行询问的对话框，程序会根据用户的回答来克隆烟花出现的次数，而烟花作为克隆体启动时，需要在不同的位置随机切换造型，并且逐渐升空，呈现烟花秀效果。根据上面的任务探秘分析，规划本任务的流程如图9.2所示。

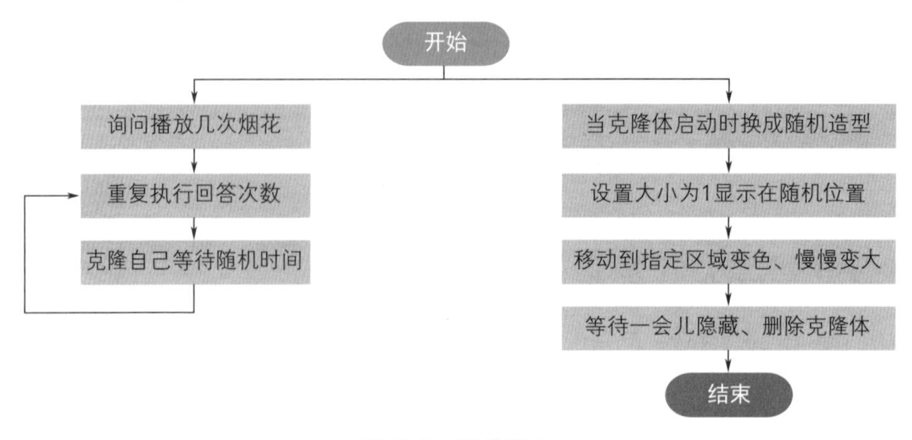

图9.2　流程图

1. 游戏开始的询问与回答

烟花秀的呈现次数是通过用户输入进行控制的，这需要用到侦测模块中的“询问( )并等待”积木和“回答”积木。积木位置如图9.3所示。

图9.3　询问与回答积木位置

例如，本课任务中，在程序开始运行时，首先会询问用户“你想看几次烟花”，当用户输入次数后，按下回车键，即可重复执行指定次数的烟花表演，实现关键代码如图9.4所示。

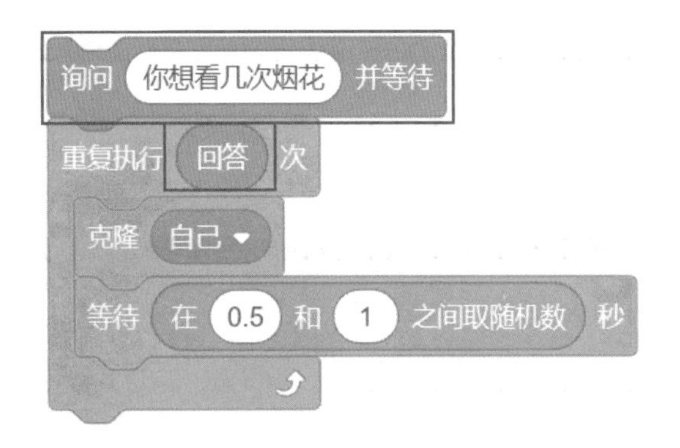

图9.4　重复执行指定次数烟花表演

技巧

在多数挑战类游戏中，都可以使用“询问( )并等待”积木和“回答”积木实现相应的问答功能。

2.烟花的颜色特效

在实现烟花的颜色特效时，可以使用外观模块中的“将( )特效增加( )”积木来实现，积木位置如图9.5所示。

单击“颜色”下拉倒三角符号，我们可以看到很多特效设置。这里可以分别设置角色的“颜色、鱼眼、漩涡、像素化、马赛克、亮度、虚像”等特效，如图9.6所示。

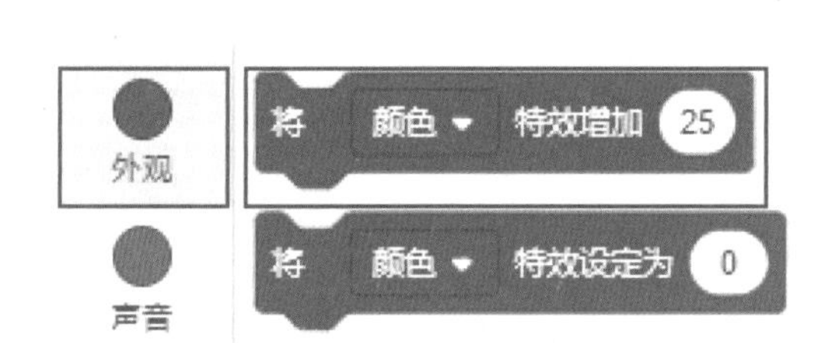

图9.5　改变颜色特效的积木位置

图9.6　选择不同特效

试一试

巧妙使用外观特效积木，可以轻松做出诸如闪烁、烟花、贺卡等炫酷效果，可以动手试一试。

3.烟花大小变化

在实现烟花大小变化时，可以使用外观模块中的“将大小增加( )”积木来实现。在外观模块中，大小及特效都有“增加”和“设定”两个不同的积木，“增加”是指在原有的大小或特效上进行改变，“设定”是指为大小或特效设定固定的值。积木对比如图9.7所示。

例如，本课任务中，烟花滑行到指定位置时，需要从小慢慢变大，这时就可以将“将大小增加( )”积木放在一个“重复执行( )次”循环中，实现烟花逐渐变大效果的积木组合如图9.8所示。

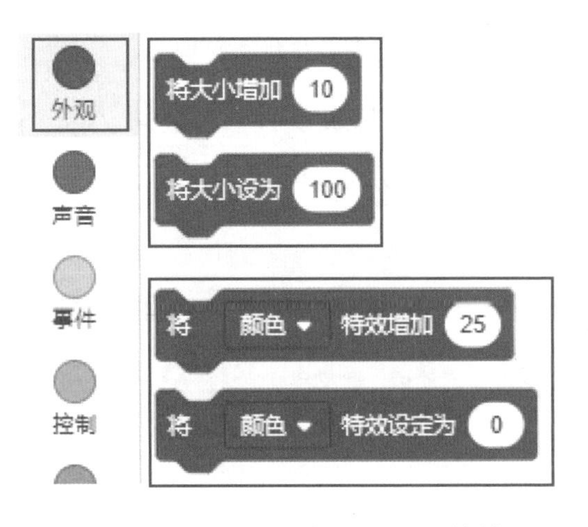

图9.7　外观模块中的大小及特效改变相关积木

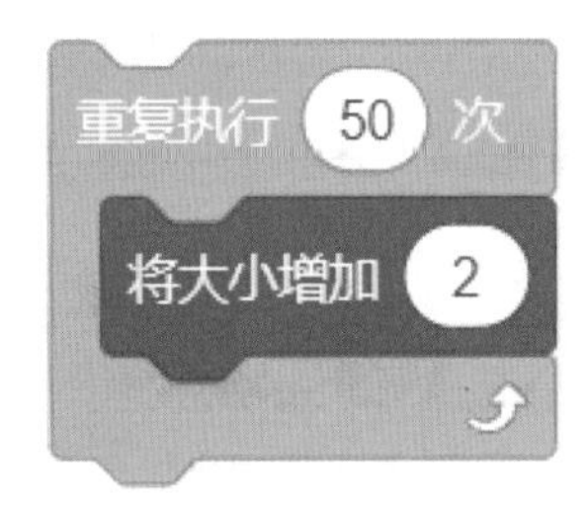

图9.8　实现烟花逐渐变大效果

本节将讲解如何实现本课任务中的功能。当绿旗被点击时，首先需要隐藏烟花角色，并询问用户想要看几次烟花秀，等待用户输入完成后，程序会按照用户回答的次数来进行烟花克隆。为了实现烟花有顺序地出现，在程序中设置了等待随机秒数，这样就可以每隔一定时间后才出现下一个烟花，程序如图9.9所示。

图9.9　询问看几次烟花程序

当烟花作为克隆体启动时，会随机切换烟花造型并显示，然后从舞台区底部的随机位置不断上升，并且在上升过程中逐渐变大、变色，等待0.3秒后隐藏并删除相应的克隆体，程序如图9.10所示。

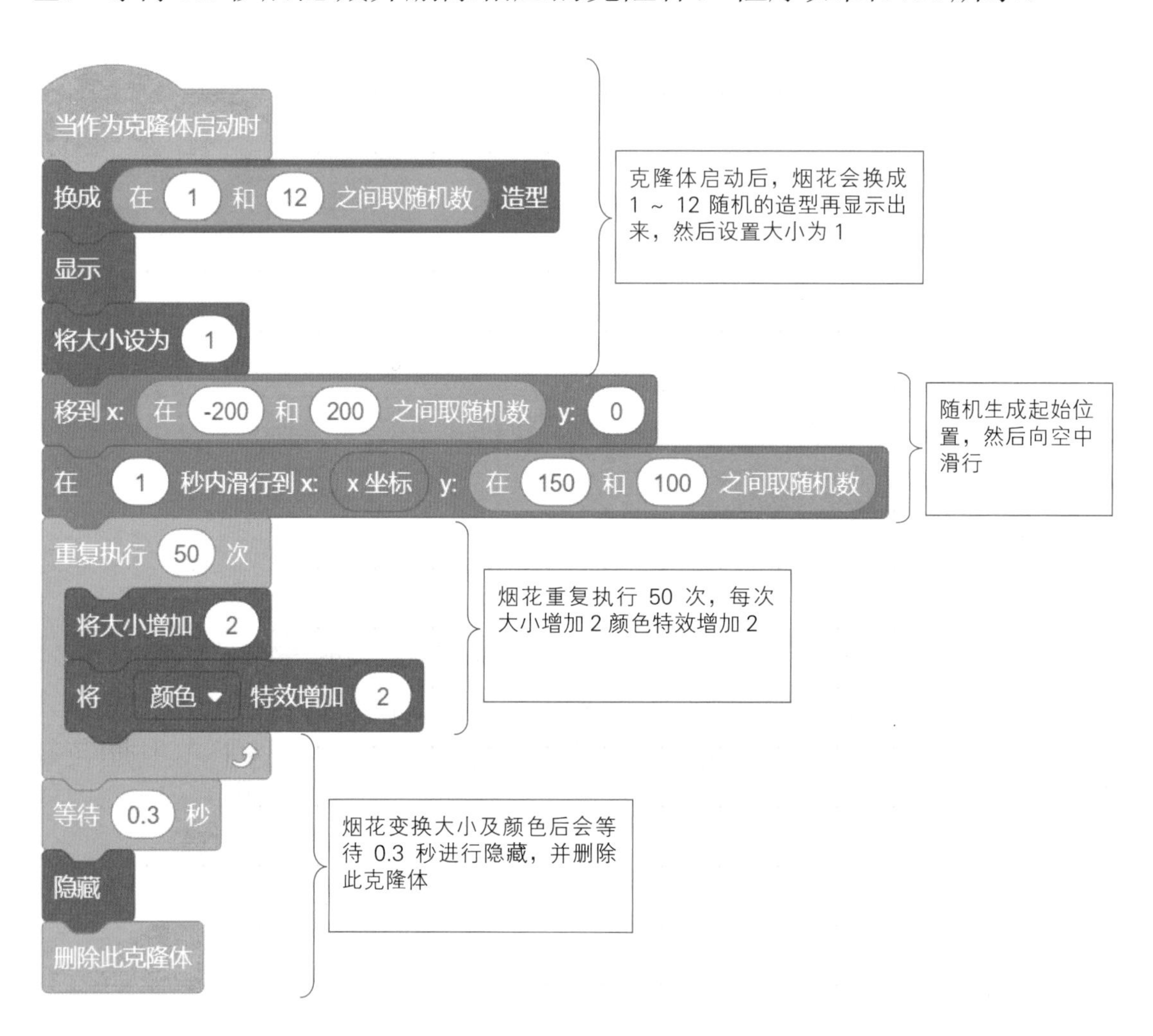

图9.10 克隆体启动后的烟花程序

挑战空间

尝试设计一个程序，具体要求为：程序开始后询问想在海底出现几条鱼，程序将按照输入的数量，显示对应个数的小鱼，效果如图9.11所示。

图9.11　挑战任务示意图

知识卡片

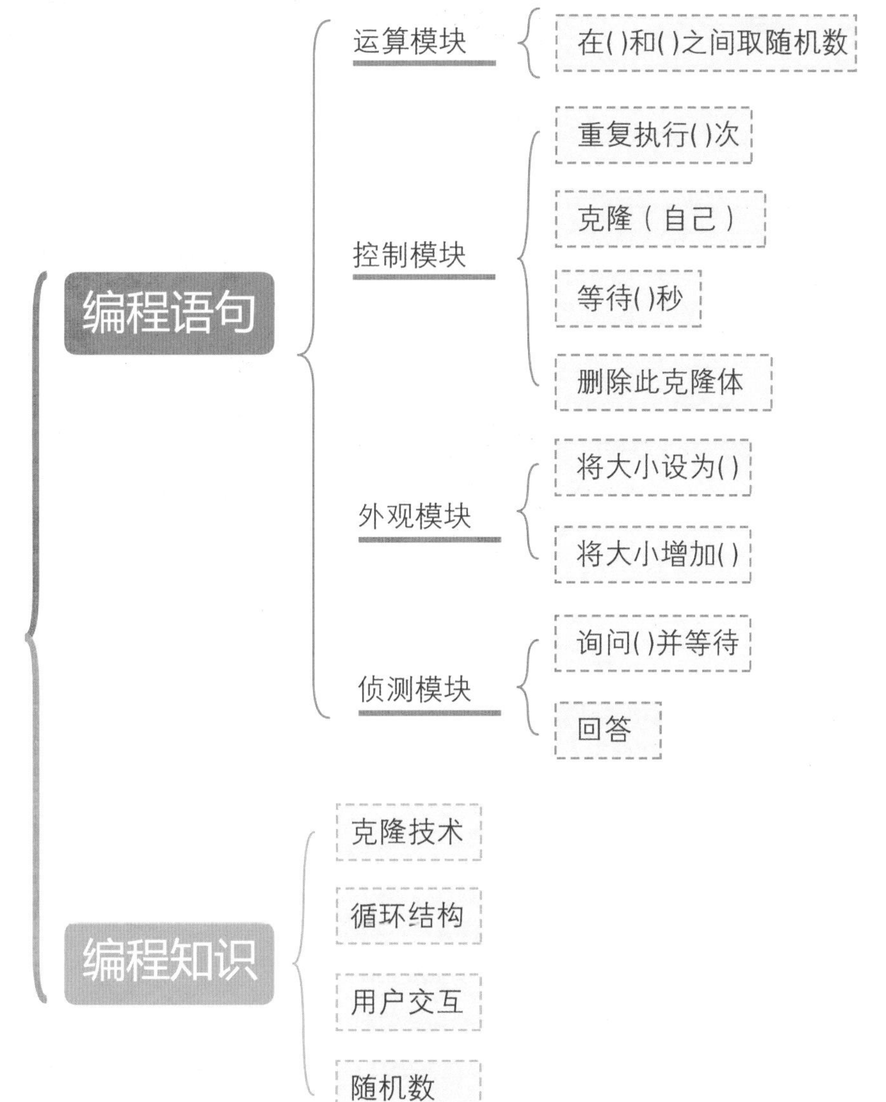

第10课

水果选择器

本课学习目标

- 熟悉列表的作用
- 掌握列表的创建及基本使用
- 掌握如何获取列表中的元素
- 巩固广播技术的使用

扫描二维码
获取本课资源

任务探秘

本课要求设计一个随机选择水果的程序，具体要求为：程序运行时，自动在水果单中为木木随机选择一种水果，并将该水果显示到屏幕当中。任务示意如图10.1所示。

图10.1　水果选择器

规划流程

分析上面的任务，主要涉及两个角色：水果和木木。当绿旗被点击后，首先需要在水果角色中初始化大小，并创建一个存储水果的列表，然后随机选择水果编号并实现循环滚动效果；当滚动结束后，显示随机选中的水果并放大，然后发送广播；木木角色接收到广播后，公布选中的水果名称。根据上面的任务探秘分析，规划本任务的流程如图10.2所示。

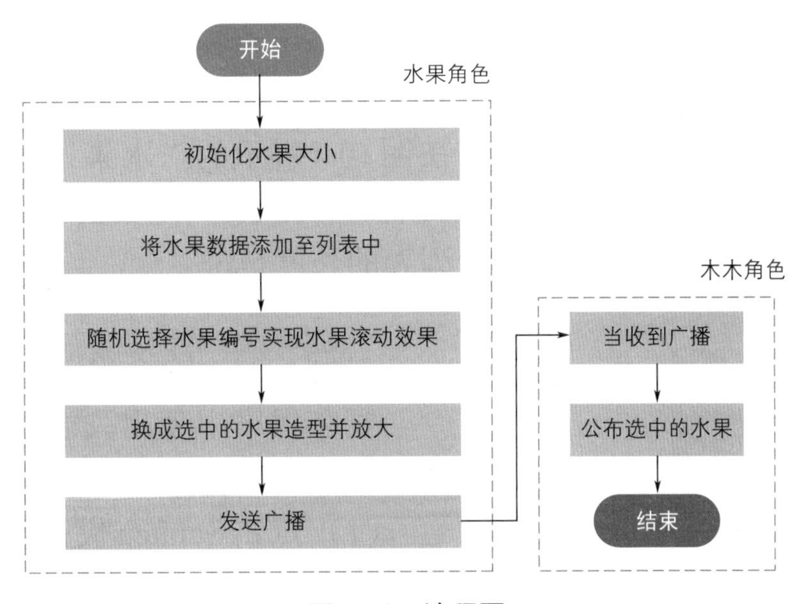

图10.2　流程图

图10.3 生活当中的列表

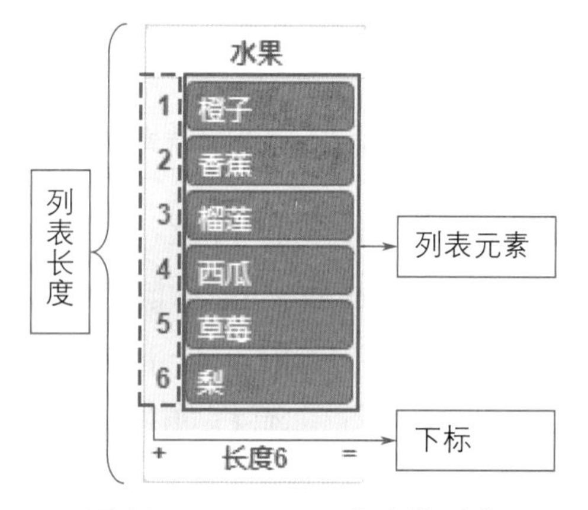

图10.4 Scratch当中的列表

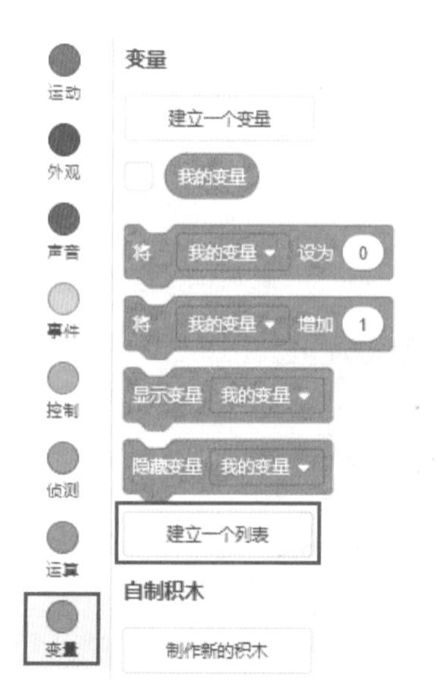

图10.5 点击“建立一个列表”

1.认识列表

本课中想要从多种水果中随机选择一种水果，需要用到编程中一个非常重要的概念——列表。

列表相当于一个存放着许多变量的容器，它可以存储数据，也可以从中获取数据。例如，生活当中我们在去超市购物时，通常会列一个清单，这个清单就相当于一个列表，它们有自己对应的序号和内容，如图10.3所示。

Scratch中的列表如图10.4所示。

列表中存储的数据称为元素，每一个元素都有一个对应的序号，这个序号叫作下标。例如，在图10.4所示的“水果”列表中，香蕉是第2个元素，它的下标就是2。

如果一个列表中存放了n个元素，我们就把n叫作列表的长度。例如，在图10.4所示的“水果”列表中，一共有6个元素，所以我们说“水果”列表的长度是6。

2.列表的创建及删除

要在程序中使用列表，首先需要创建列表，步骤如下：

（1）点击Scratch代码区的变量，然后点击“建立一个列表”，操作如图10.5所示。

（2）在弹出的窗口中，填写列表名称，并选择适用于所有角色，点击“确定”即可。如图10.6所示。

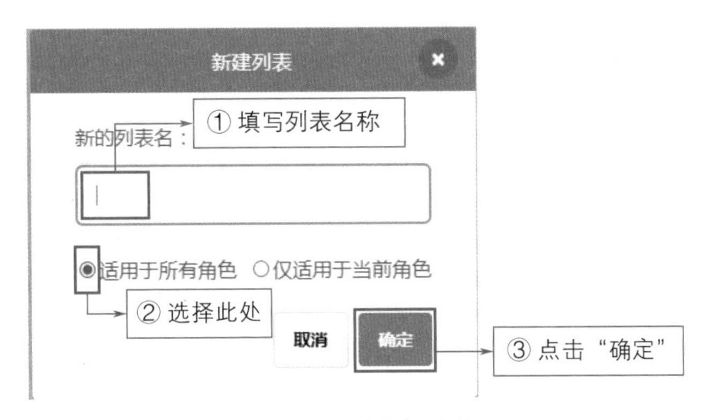

图10.6　创建列表

说明

在Scratch中，列表命名没有严格要求，可以为任意形式，而选择“适用于所有角色”，表示所有角色均可以使用该列表，如果选择“仅适用于当前角色”，则表示其他角色不可以使用当前角色所创建的列表。

（3）列表创建完成后，默认会显示在舞台区的左上角，新创建完的列表中没有元素（空），长度为0，如图10.7所示。

图10.7　新创建的列表

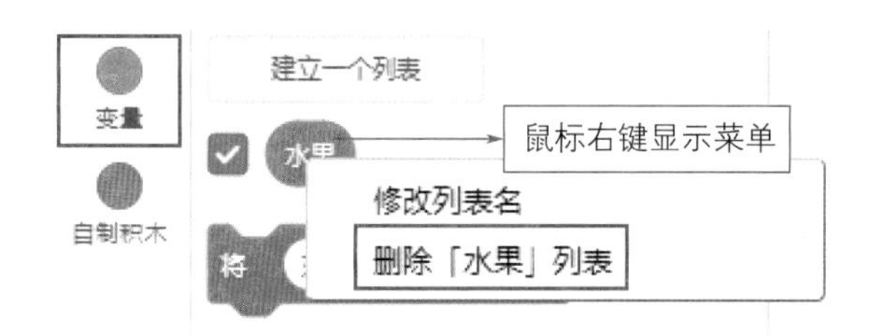

图10.8　删除指定列表

如果想要删除一个列表，只需要点击代码区的变量，找到对应的列表名称，单击鼠标右键，选择“删除××列表”即可，操作如图10.8所示。

3.添加列表元素

列表创建完成后默认为空，可以使用以下两种方法向列表中添加元素：

- 点击舞台区列表当中的“+”，在出现的输入框中输入要添加的数据，按下键盘上的<Enter>回车键即可，添加多个元素重复上述步骤，如图10.9所示。

水果
1 橙子　② 单击此处编写元素名称
2 香蕉
3 榴莲
4 西瓜
5 草莓
6 梨
+ 长度6 =　① 单击此处添加新元素

图10.9　添加列表元素

- 使用代码区中的积木进行添加，共有3个积木可以添加列表元素，如图10.10所示。

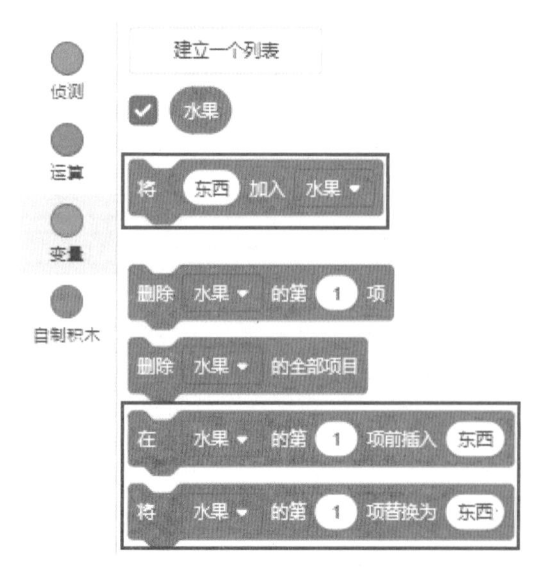

图10.10　添加列表元素的3个积木

图10.10中3个添加列表元素积木的具体含义如下：

✓ 将( )加入( )：表示将指定元素添加至指定的列表当中。

✓ 在( )的第( )项前插入( )：表示在指定列表的第（几）项前面插入1个指定元素。

✓ 将( )的第( )项替换为( )：表示将指定列表中的第（几）项元素替换为指定的元素。

例如，本课任务中，在向创建的“水果”列表中添加元素时，使用了“将( )加入( )”积木进行添加，代码如图10.11所示。

图10.11　向水果列表中添加数据

技巧

在Scratch中，每运行一次向列表中添加数据的积木，列表就会添加一次元素，因此，在实际开发中，通常在向列表中添加元素之前，都需要使用“删除( )的全部项目”来清空列表中的数据。

4.使用列表中的元素

在“水果”列表中选中一种水果后，木木需要说出该水果的名称，这时就需要获取列表中的元素，需要使用“( )的第( )项”积木来实现，如图10.12所示。

图10.12　获取列表中的元素

其中，单击图10.12中“水果”后面的倒三角符号，可以切换列表，而修改数字“1”，则可以指定获取列表中的第几项。例如，让木木说出列表中的第1项水果名称，则可以使用如图10.13所示的积木组合。

当接收到 抽中水果
移到x: -185 y: -86
说 水果 的第 1 项 5 秒

图10.13　使用列表中的指定元素

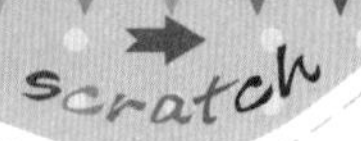

说明

舞台中的列表数据是可以选择是否显示的，在模块区选择变量，然后勾选需要显示的列表，即可在舞台上显示对应的列表数据，如图10.14所示。

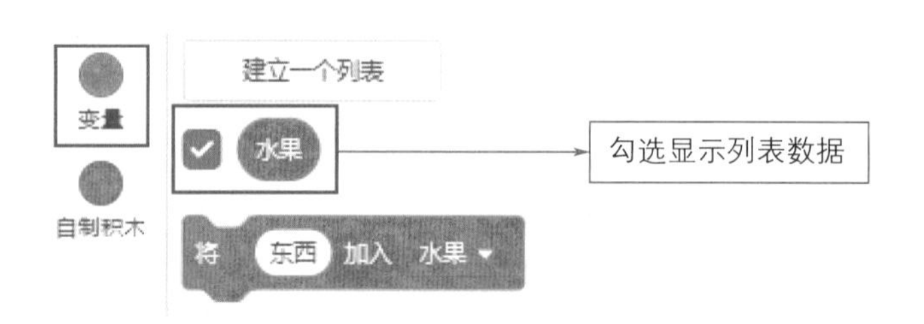

图10.14　显示列表数据的操作方式

本课任务中木木需要说出随机选择的水果名称，因此这里需要创建一个变量，用于保存随机选择的水果编号，然后使用该编号替换图10.12中的数字，这样就可以通过随机生成的编号获取到“水果”列表中对应的水果名称，最后由木木说出即可，代码如图10.15所示。

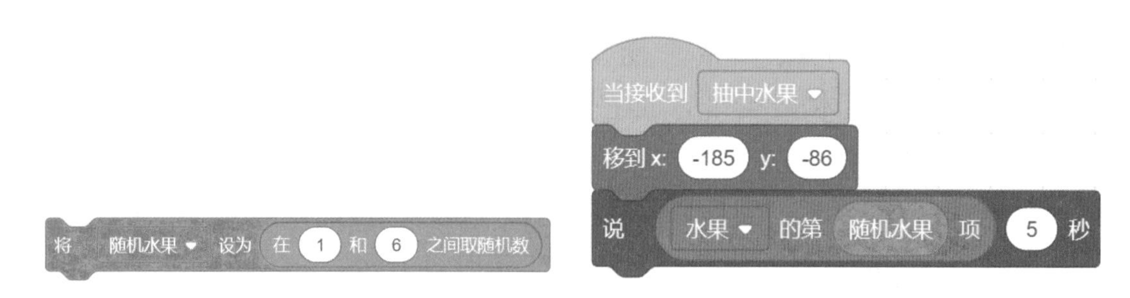

图10.15　说出随机抽中的水果名称

要实现本课任务程序，主要为水果和木木这两个角色编写程序，下面分别讲解。

- “水果”角色程序

当绿旗被点击时，首先设置水果的大小，并清空水果列表，然后将所有的水果添加到列表中，程序如图10.16所示。

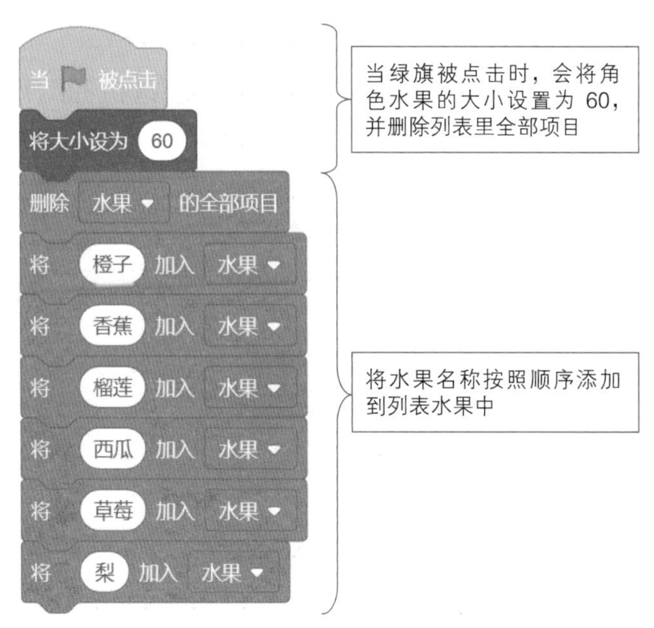

图10.16　水果初始化程序

接下来需要实现水果循环滚动选择的效果，这里直接使用随机数积木随机选择一种水果；然后反复切换30次水果造型，最终换成随机选择的水果，并逐渐放大；最后向木木发送抽中水果的广播。程序如图10.17所示。

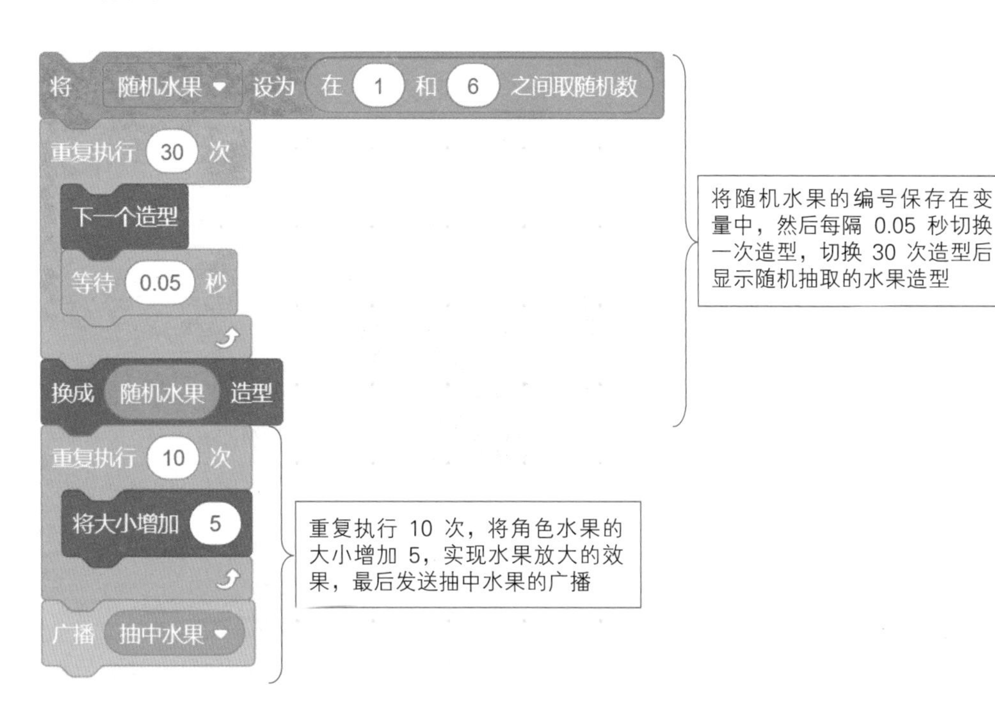

图10.17　随机选择水果的程序

●“木木”角色程序

当木木接收到抽中水果的广播后，会把随机抽中的水果说出来，程序如图10.18所示。

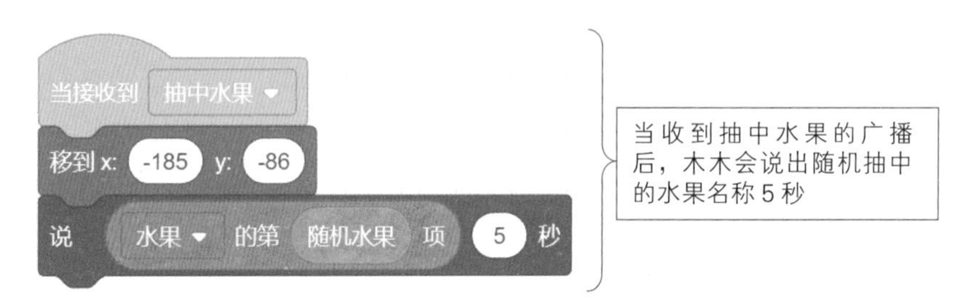

图10.18 “木木”角色的程序

尝试修改本课任务中的程序，使用手动操作的方法向“水果”列表中添加“火龙果”和“苹果”，然后在这8种水果中随机选择一种，如图10.19所示。

图10.19 挑战任务示意图

scratch

知识卡片

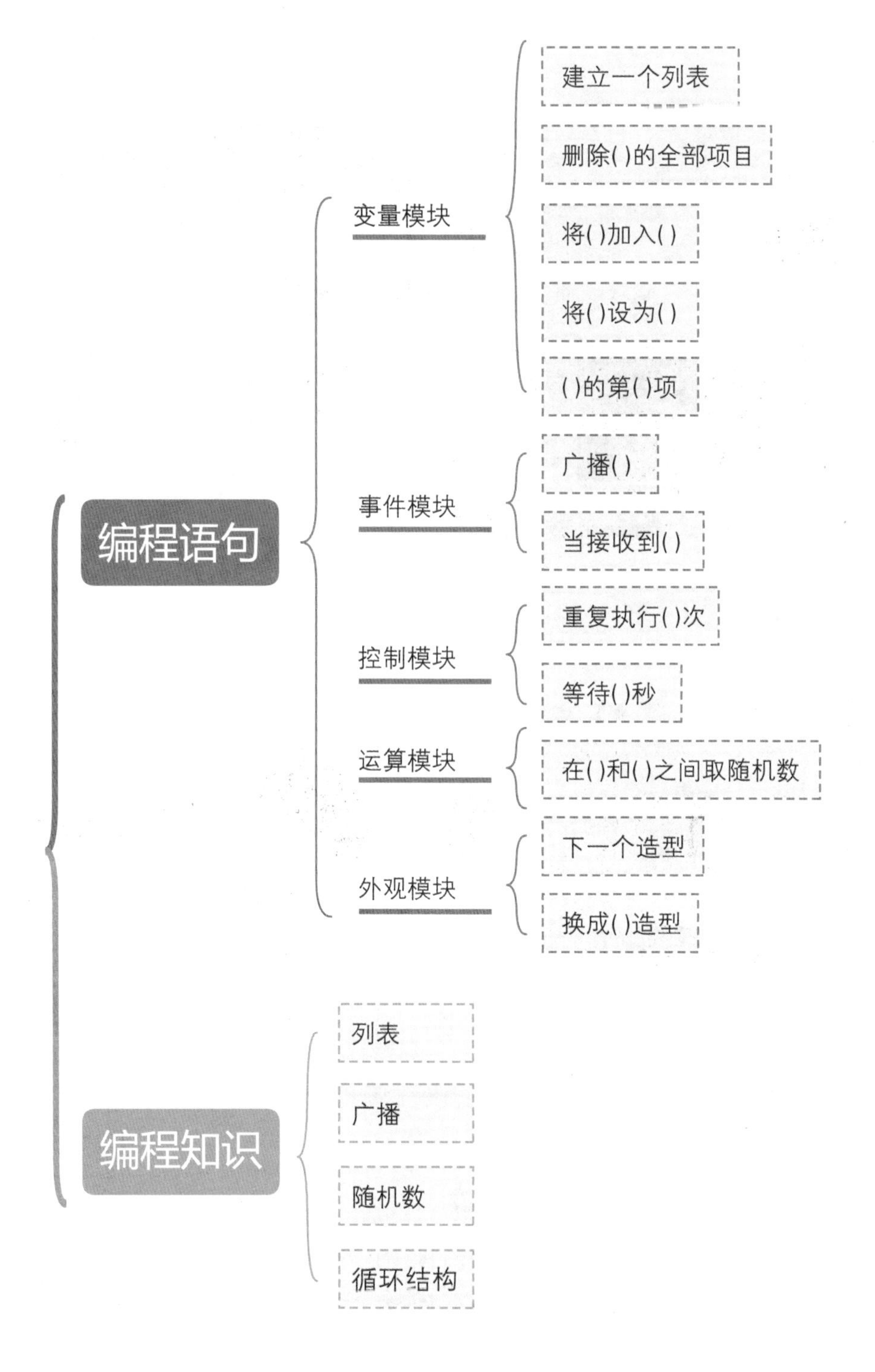
编程语句
变量模块
建立一个列表
删除( )的全部项目
将( )加入( )
将( )设为( )
( )的第( )项
事件模块
广播( )
当接收到( )
控制模块
重复执行( )次
等待( )秒
运算模块
在( )和( )之间取随机数
外观模块
下一个造型
换成( )造型
编程知识
列表
广播
随机数
循环结构

第11课

智力问答

本课学习目标

- 掌握如何显示和隐藏列表
- 掌握多个不同列表的搭配使用
- 巩固列表的基本创建及使用方法
- 巩固变量的使用

扫描二维码
获取本课资源

任务探秘

本课要求设计一个智力问答程序，具体要求为：程序运行后，木木会提问各种问题，如果回答正确，加1分，回答错误，则减1分，所有题答完后程序结束。任务示意如图11.1所示。

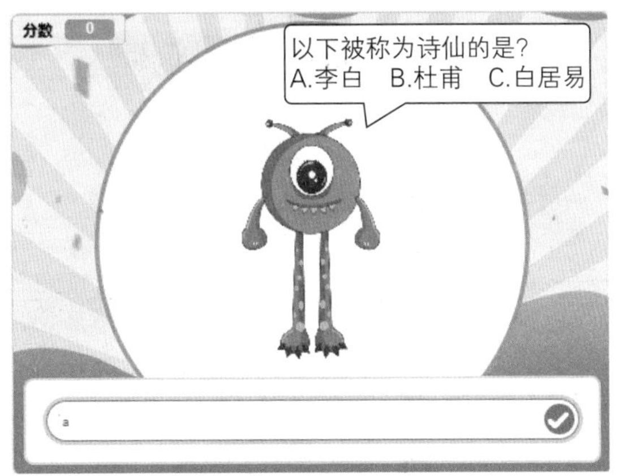

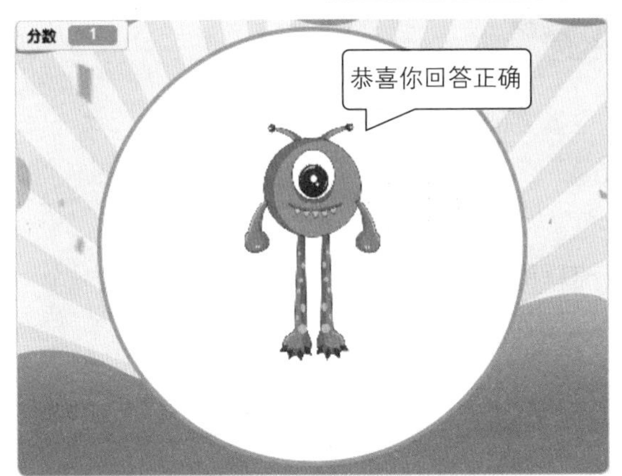

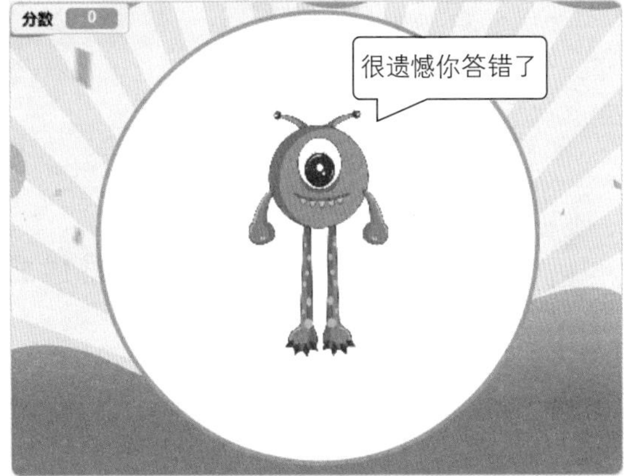

图11.1 智力问答

规划流程

分析上面的任务，首先需要对分数、题号、答案以及题库等信息进行初始化，然后根据题号进行问答，答对加1分，答错减1分，当回答完最后一题时，停止整个程序。根据上面的任务探秘分析，规划本任务的流程如图11.2所示。

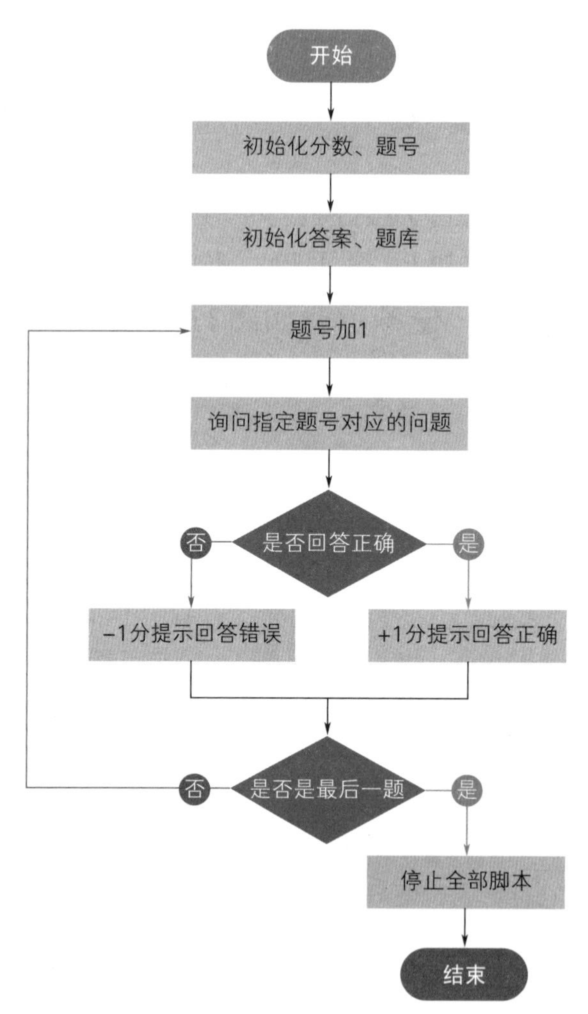

图11.2 流程图

1. 隐藏和显示列表

本课任务在存储答案和题库信息时用到了列表，但用到的列表并不需要显示在舞台中，那么，该如何隐藏创建的列表呢？下面进行讲解。

隐藏列表有两种方法，分别如下：

- 在模块区的变量中找到对应的列表名，将列表名前面的复选框选中可以显示，取消选中则表示隐藏。如图11.3所示。

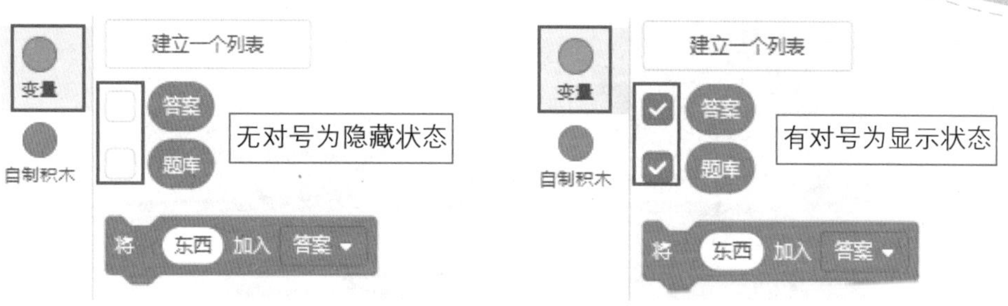

图11.3　列表的隐藏和显示

● 在程序中使用变量模块中的“显示列表( )”和“隐藏列表( )”积木，如图11.4所示。

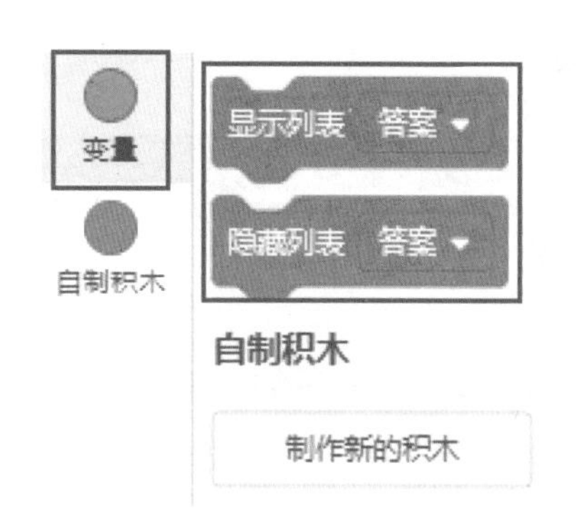

图11.4　显示、隐藏列表积木所在的位置

2. 多个列表的搭配使用

在设计Scratch程序时，我们可能会需要多个列表的搭配使用。例如，需要存储一个班同学的语文成绩，那么就可以设置两个列表，一个列表用于存储学生姓名，另一个列表存储对应的成绩，如图11.5所示。

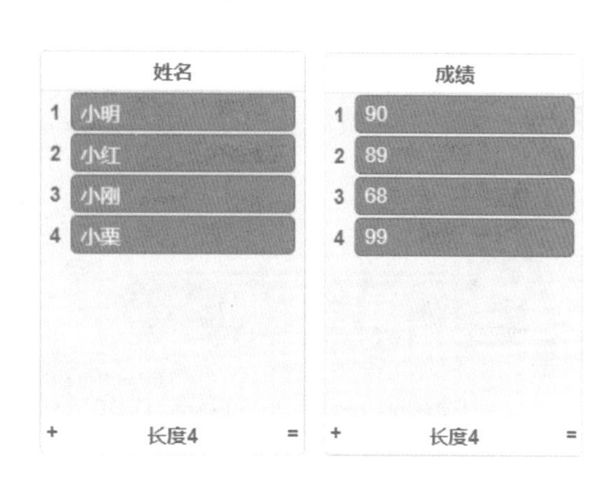

图11.5　学生姓名和对应成绩

本课任务中，题库列表与答案列表中的数据也是一一对应的，所以在题库列表中添加一条题库数据，就需要向答案列表中添加对应的答案数据，添加数据的积木组合如图11.6所示。

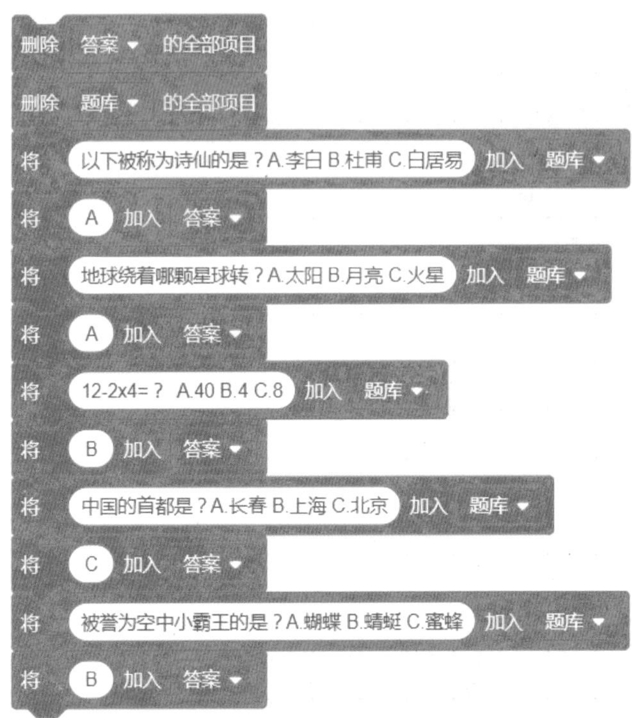

图11.6　题库与答案添加数据的积木组合

执行如图11.6所示的积木组合后，题库与答案中的数据如图11.7所示。

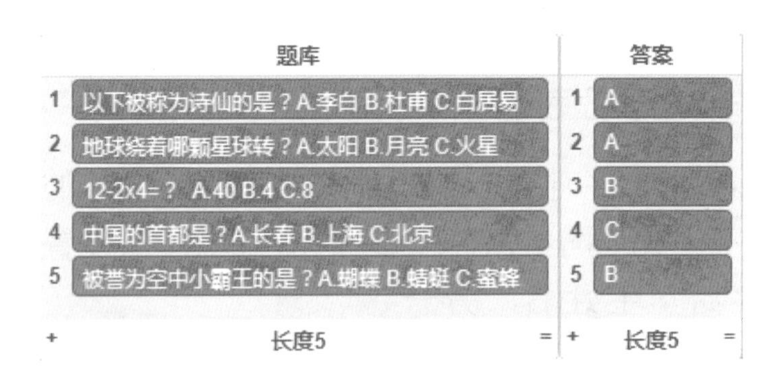

图11.7　题库与对应答案

编程实现

本节将讲解如何实现本课任务中的功能。当绿旗被点击后，首先需要对表示分数和题号的变量、答案和题库的列表进行初始化，然后按照顺序添加题目及相应的答案，程序如图11.8所示。

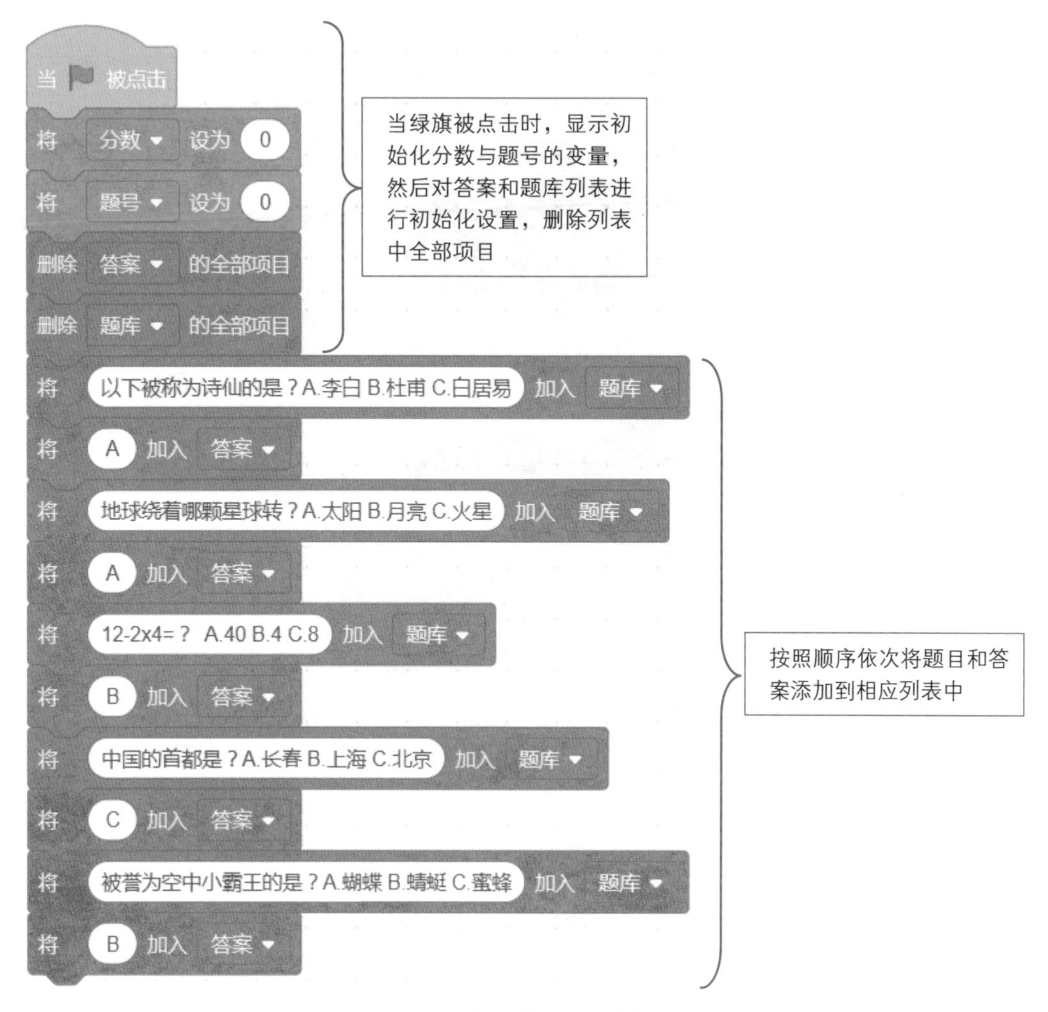

图11.8　初始化程序

初始化是指在编程中给指定的数据设置一个初始值。

然后在重复执行循环中，根据当前题号进行提问，如果回答正确，加1分，并且木木提示“恭喜你回答正确”；如果回答错误，减1分，木木提示“很遗憾你答错了”；如果已经答完所有题目（本课中设置了5题），程序就会结束；如果没有答完所有题目，则进入下一次问答过程。程序如图11.9所示。

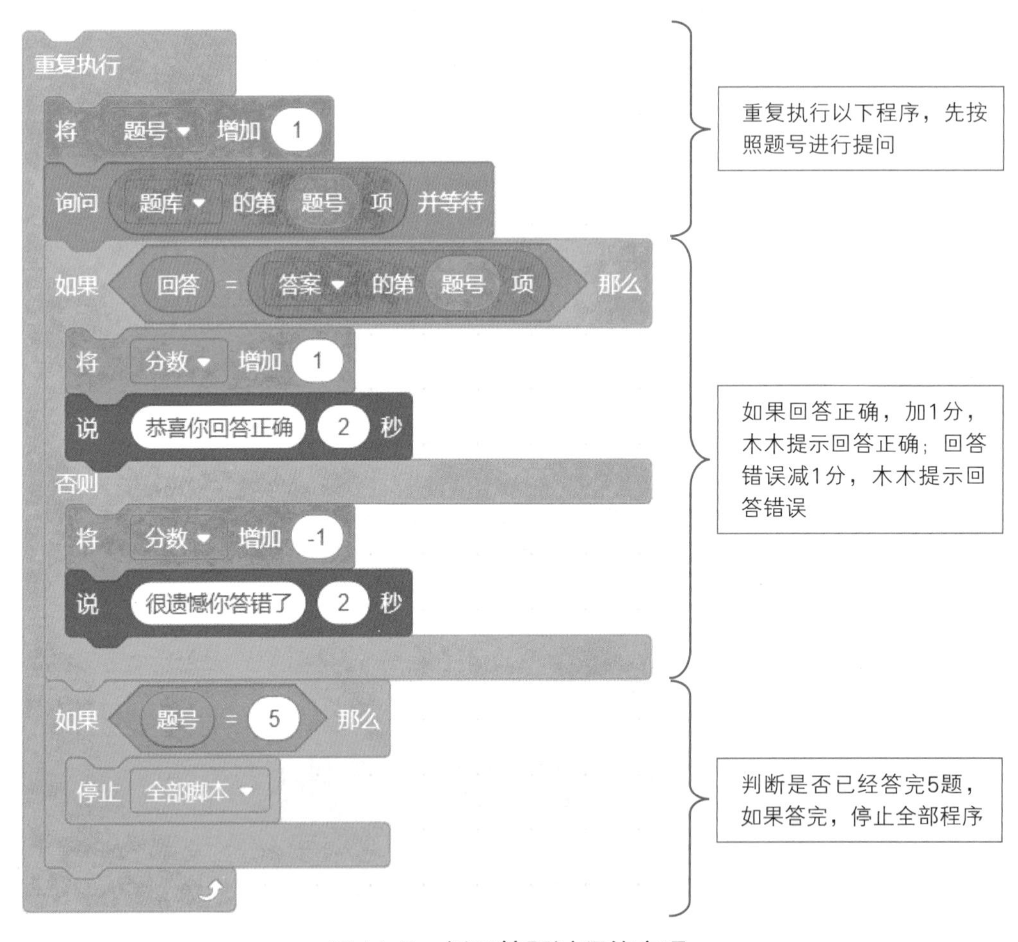

图11.9　循环答题过程的实现

挑战空间

本课任务实现智力问答时，每次都是按照题号依次进行的，现在要求对程序进行优化，要求每次随机选题进行问答，并且答完的题不能再出现在后续题目中，答完5题后，停止程序。效果如图11.10所示。

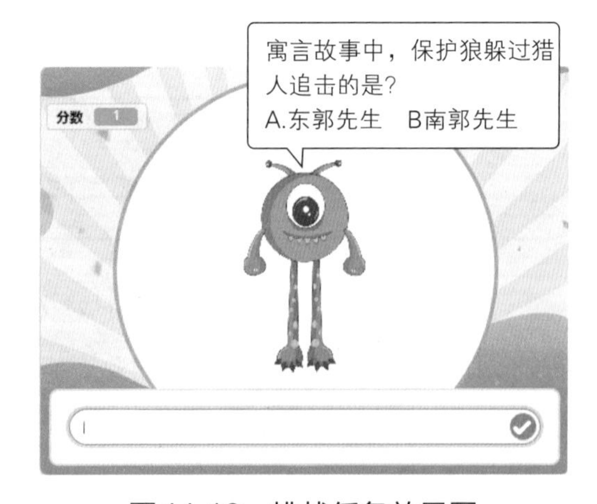

图11.10　挑战任务效果图

Scratch

知识卡片

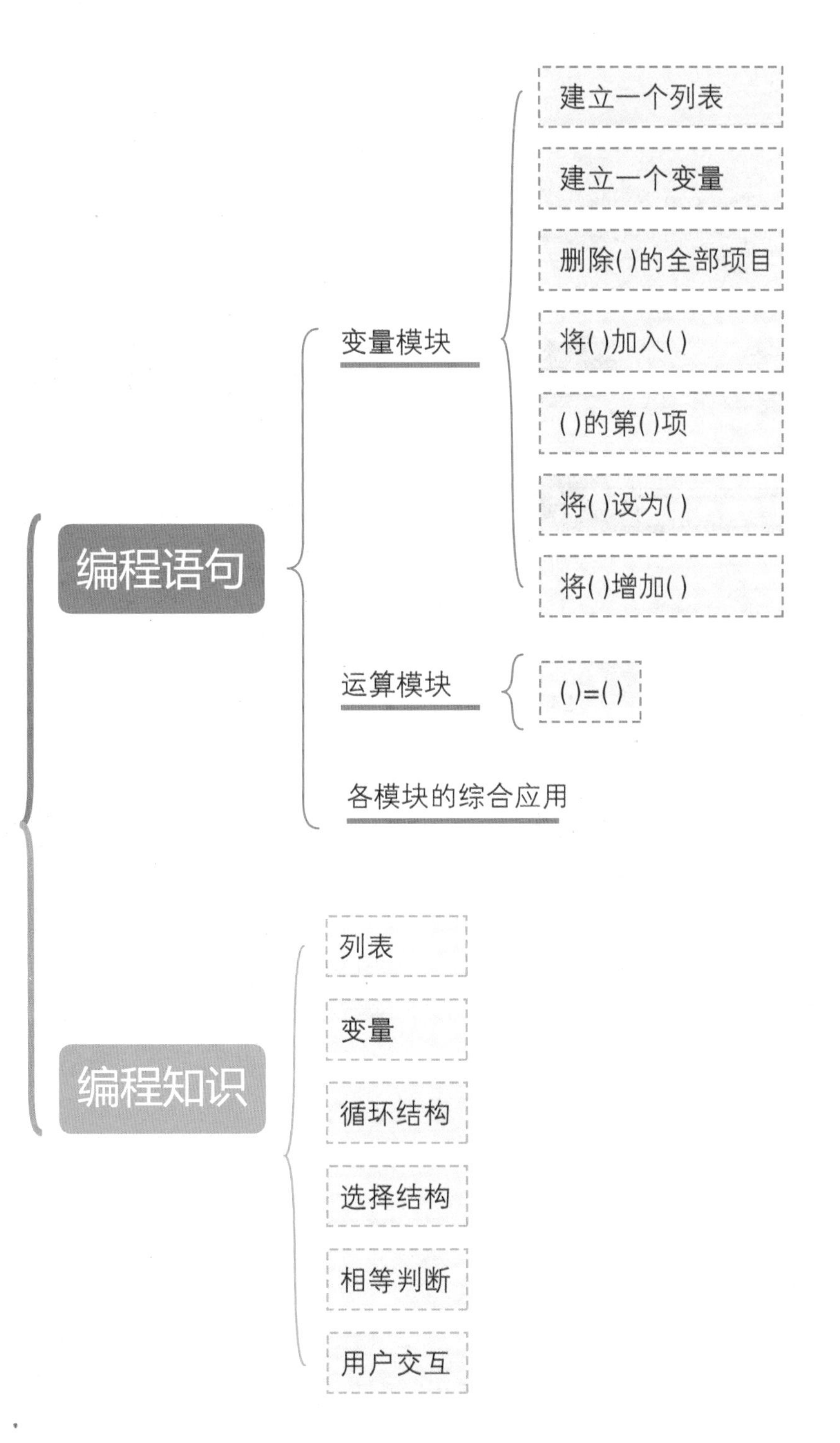
编程语句
变量模块
建立一个列表
建立一个变量
删除( )的全部项目
将( )加入( )
( )的第( )项
将( )设为( )
将( )增加( )
运算模块
( )=( )
各模块的综合应用
编程知识
列表
变量
循环结构
选择结构
相等判断
用户交互

第12课

百变花

本课学习目标

- 熟悉函数的基本概念及作用
- 掌握如何创建一个函数
- 掌握为函数添加参数
- 能够使用函数简化程序代码
- 能够根据实际需求综合使用各个模块的积木

扫描二维码
获取本课资源

任务探秘

本课要求设计一个智力问答程序，具体要求为：程序开始运行后，首先会询问用几边形作为花瓣，待用户输入数字按回车键后，继续询问绘制多少个花瓣，再次等待用户输入数字按回车键后，程序会自动根据用户的回答绘制出相应的花朵形状，如图12.1所示。

图12.1　绘制百变花

规划流程

分析上面的任务，首先需要创建两个变量，分别用于保存几边形与花瓣数，并对画笔进行初始化，包括画笔的属性、位置等；然后显示画笔，并通过交互确认花瓣的形状及数量；最后根据用户的回答使

用画笔绘制多边形的花瓣，并隐藏画笔。根据上面的任务探秘分析，规划本任务的流程，如图12.2所示。

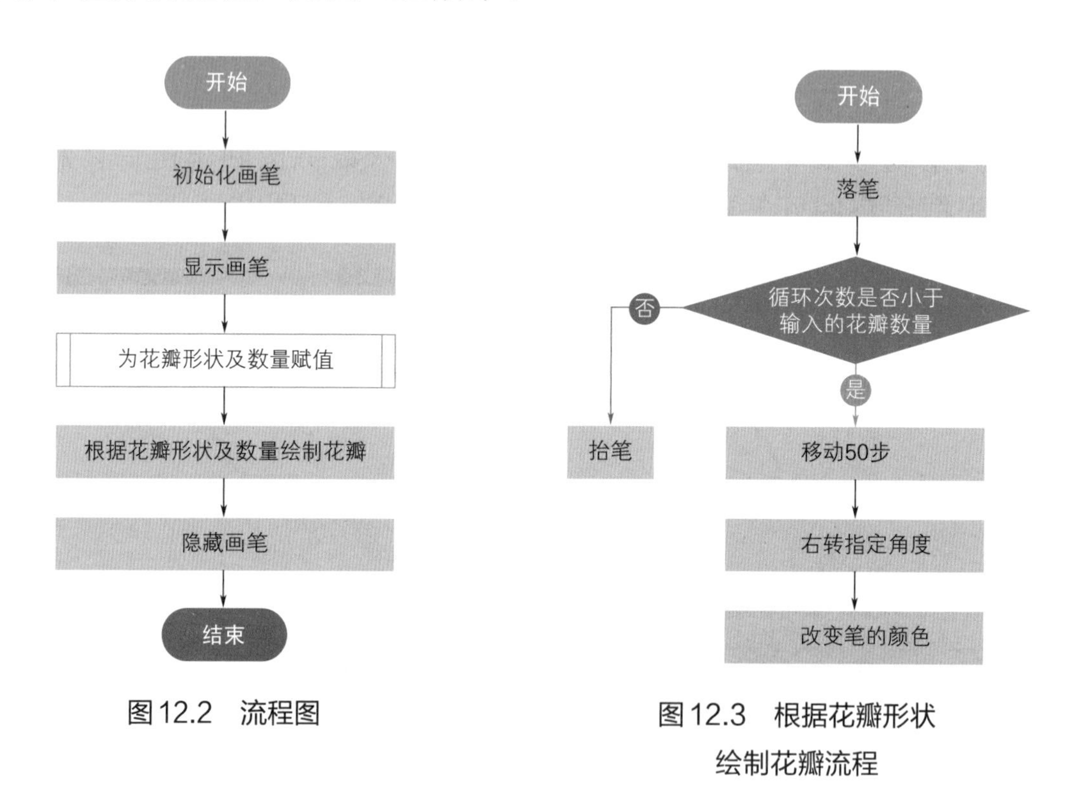

图12.2　流程图

图12.3　根据花瓣形状绘制花瓣流程

根据输入的花瓣形状绘制花瓣的流程如图12.3所示。

1.函数的概念

在设计程序时，有时候会用到很多重复的代码，这时候可以使用“自制积木”实现，“自制积木”也叫函数，使用它可以直接对重复的代码进行封装，其他地方需要使用时，直接使用创建的函数积木即可。

这个过程就好比把一连串代码装到了一个盒子当中，当角色需要用到时，直接把盒子拿过来就可以，如图12.4所示。

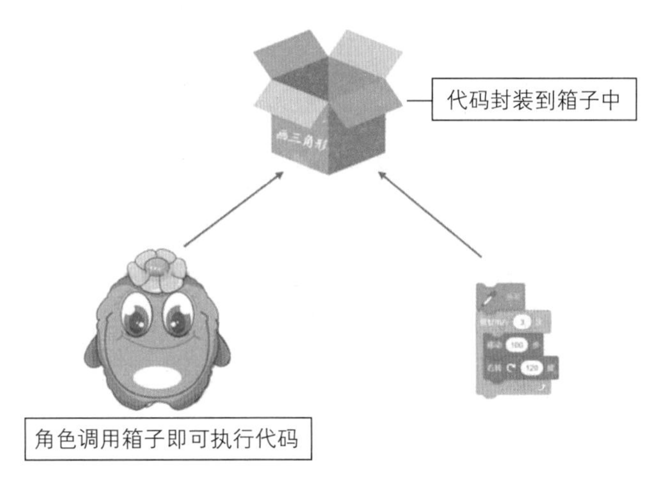

图 12.4　函数使用原理

封装是将能够重复利用的代码放在一个函数、模块或者类中，以便在后期用到同样或类似的代码时，可以通过函数名、模块名或者类名直接使用。

使用函数有助于简化代码量，并且使程序变得更加清晰易懂。例如，本课任务中，绘制多边形花朵时，不使用函数与使用函数的代码对比如图 12.5 所示。

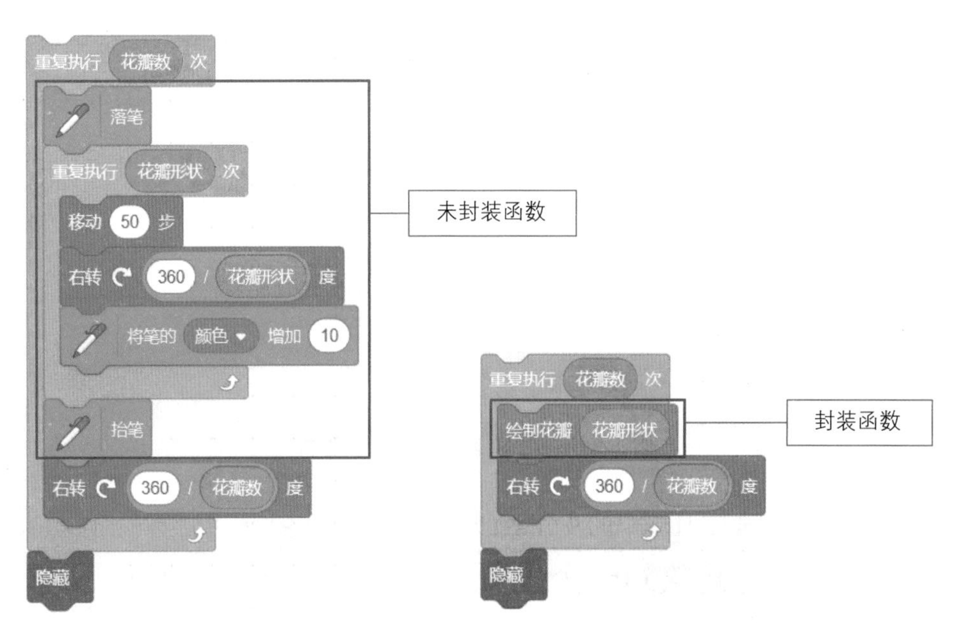

图 12.5　不使用函数与使用函数的代码对比

2. 创建函数

在Scratch中，创建函数其实就是自制了一个积木，我们需要找到模块区中的自制积木，点击后选择“制作新的积木”，如图12.6所示。弹出如图12.7所示的“制作新的积木”对话框，我们需要在被选中的积木名称中输入函数的名称（注意：Scratch中的函数名称可以是数字、中文或者英文及特殊符号，但要注意函数命名一定要通俗易懂，让别人一看就知道其作用），然后单击“完成”按钮。

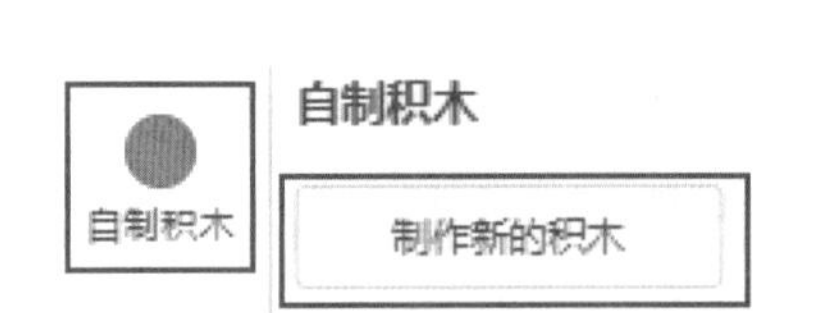

图12.6　选择“制作新的积木”

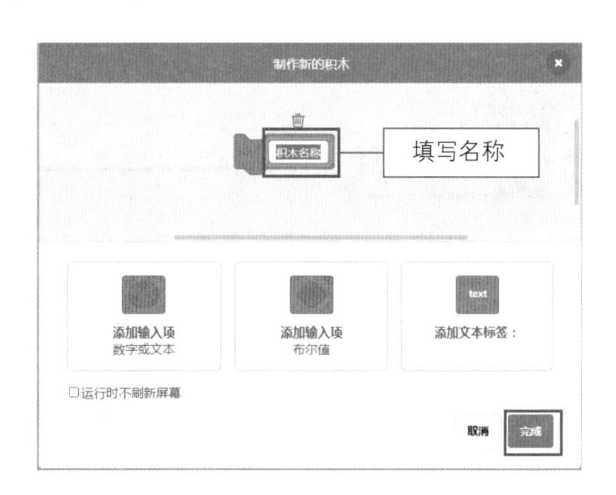

图12.7　“制作新的积木”对话框

创建好函数后，编程区将显示需要自制的积木组合，积木组合完成后可以在“自制积木”显示，并且可以直接拖拽至编程区使用，如图12.8所示。

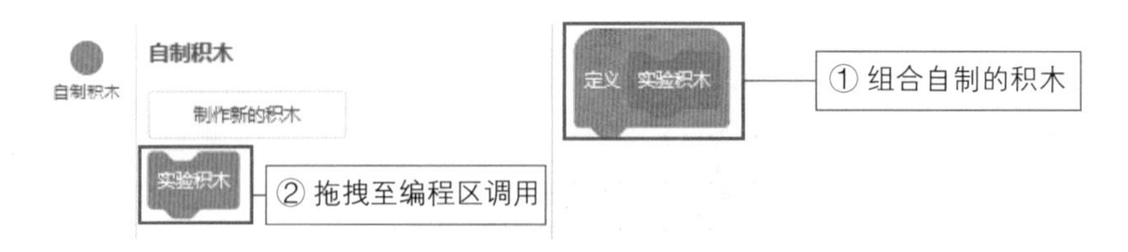

图12.8　定义函数内容并显示

例如，想在舞台中绘制4个五边形时，可以先创建一个绘制五边形的函数，然后将其放到一个重复执行4次的循环中即可，代码如图12.9所示。

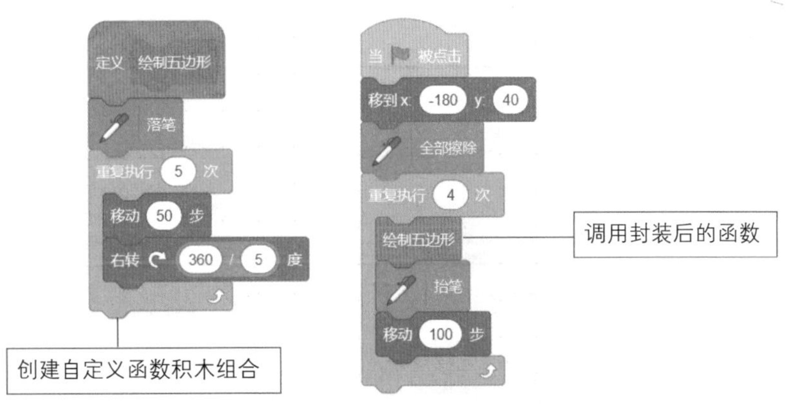

图12.9　通过创建并调用函数绘制4个五边形

3. 为函数添加参数

上面创建的函数是没有参数的，直接拖放即可使用，但在有些情况下，我们需要为函数设置参数。比如本课任务中绘制的花瓣形状是根据用户输入确定的，这时就需要创建函数时设置参数。

在图12.7所示的“制作新的积木”对话框中创建函数时，下面列了3个选项，通过单击前两个选项都可以为函数设置相应的参数（数字、文本或者布尔值），参数可以是0个，也可以是多个，如图12.10所示。

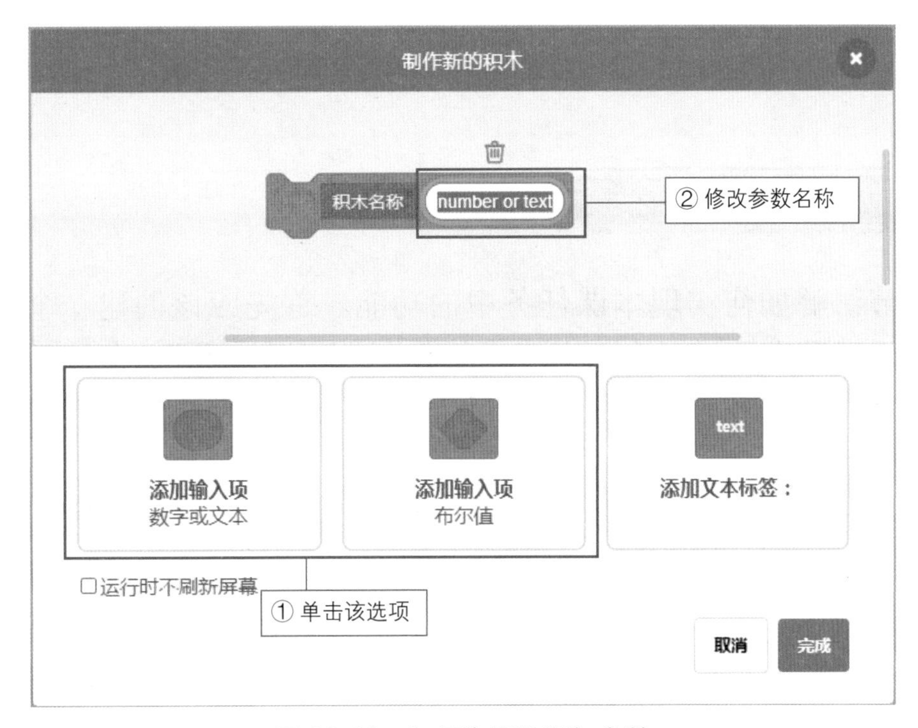

图12.10　如何为函数添加参数

小知识

参数其实就是一个变量，它用在函数中，用来根据其值的变化控制其他变量的变化。

例如，本课任务中通过自定义函数绘制多边形花瓣时，就使用了传递数字参数，代码如图12.11所示。

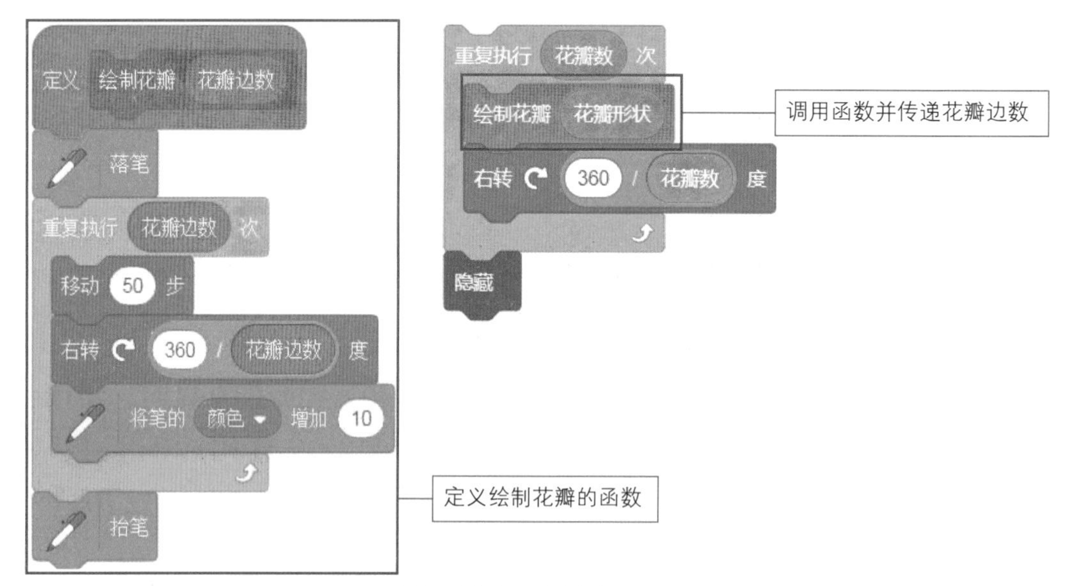

图12.11 通过传递数字参数确定绘制的花瓣形状

编程实现

本节讲解如何实现本课任务中的功能。首先应该创建一个带参数的函数，函数名为“绘制花瓣”，参数为“花瓣边数”。在该函数中先落笔，然后根据花瓣边数来绘制每个花瓣，绘制完成后抬笔，程序如图12.12所示。

当绿旗被点击时，首先将“花瓣数”和“花瓣形状”这两个变量隐藏，并初始化画笔的粗细、颜色及位置；然后询问花瓣是几边形，将回答设定为花瓣形状，再次询问需要几个花瓣，并将回答设定为花瓣数；最后调用自定义的函数按照多边形公式来进行绘制指定数量的花瓣，程序如图12.13所示。

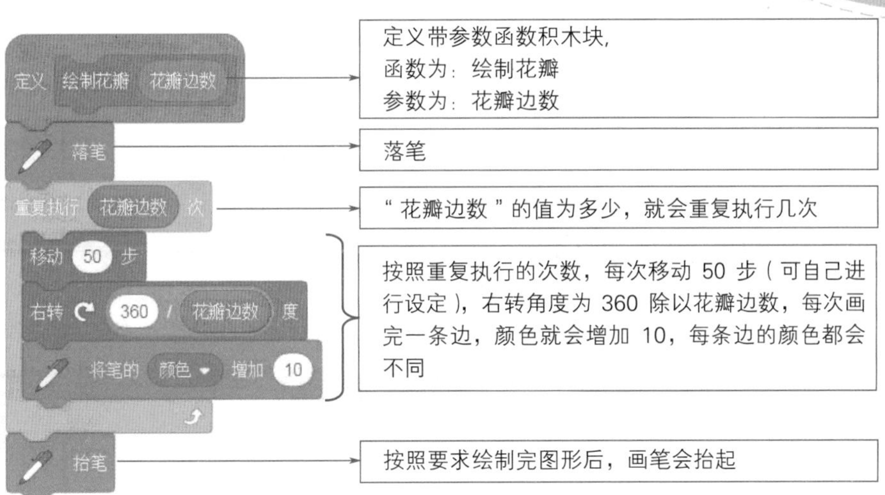

图 12.12 “绘制花瓣”函数

图 12.13 绘制百变花主程序

尝试优化本课任务，使其能够根据用户的输入在舞台中绘制两个完全相同的百变花，如图12.14所示［提示：可借助“重复执行( )次”积木］。

图12.14　舞台中绘制两个百变花

知识卡片

- 编程语句
  - 自制积木模块
    - 又称“函数”
    - 制作新的积木
    - 定义( )积木
    - 调用自制积木
  - 画笔模块
    - 全部擦除
    - 将笔的粗细设为
    - 将笔的颜色设为
    - 落笔
    - 将笔的( )增加( )
    - 抬笔
  - 运算模块
    - 除(/)
  - 各模块的综合使用
- 编程知识
  - 函数
  - 变量
  - 绘图技术
  - 循环结构

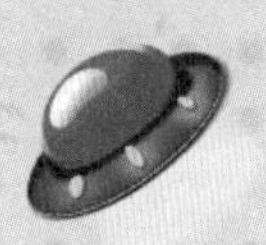

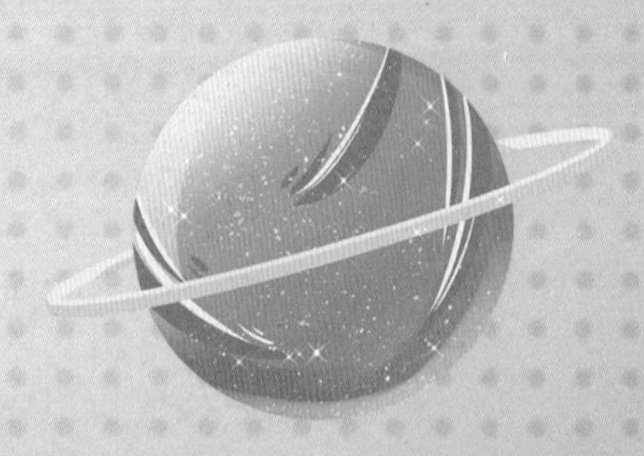